U0262726

黄河水沙实体模拟设计理论及应用

姚文艺　申震洲　侯礼婷　著

科学出版社

北京

内 容 简 介

本书是以作者多年来承担的有关河道整治、水土保持等水沙实体模型试验研究的国家级、省部级相关科研计划项目所取得的主要成果为基础撰写而成。全书系统论述了水沙实体模型一般设计理论、方法与量测技术，河型变化段河道实体动床模型设计理论与方法，河道实体动床模型"人工转折"设计理论与方法，河道实体动床模型"松弛边界"试验理论与方法，土壤侵蚀实体模型模拟理论与技术，以及研发的实体模型模拟技术的应用实例和对河床演变、河道整治规律与原理的认识等。

本书可供水利、水土保持、河流地貌、地理与环境等专业的科学研究人员、工程技术人员、管理人员和相关大专院校师生参考。

图书在版编目（CIP）数据

黄河水沙实体模拟设计理论及应用 / 姚文艺，申震洲，侯礼婷著 . —北京：科学出版社，2022.12
ISBN 978-7-03-073341-2

Ⅰ.①黄⋯　Ⅱ.①姚⋯ ②申⋯ ③侯⋯　Ⅲ.①黄河–泥沙运动–水文模型
Ⅳ.①TV152

中国版本图书馆 CIP 数据核字（2022）第 184578 号

责任编辑：刘　超 / 责任校对：樊雅琼
责任印制：吴兆东 / 封面设计：无极书装

科 学 出 版 社 出版
北京东黄城根北街 16 号
邮政编码：100717
http://www.sciencep.com
北京建宏印刷有限公司 印刷
科学出版社发行　各地新华书店经销
*
2022 年 12 月第 一 版　开本：787×1092　1/16
2022 年 12 月第一次印刷　印张：14 3/4
字数：350 000
定价：180.00 元
（如有印装质量问题，我社负责调换）

前　　言

实体模型试验（又称物理模型试验）是按照一定比例将研究对象制作成可用于试验的实物来揭示原型（即试验模拟对象）的形态、特征和本质的科学方法。进一步说，实体模型试验是人们基于相似的概念和理论，对某些自然现象进行实体模拟，并据此定量或定性揭示自然现象的内在规律，借以满足工程设计和理论研究需要的一种科学方法。本书所说水沙实体模型特指涉及水流、泥沙模拟问题的河工实体模型（简称河工模型）和土壤侵蚀实体模型。长期以来，在河流工程技术问题、水土保持技术问题及河床过程复杂、三维性突出的河床演变和土壤侵蚀过程的规律研究中，实体模型试验一直扮演着重要的角色。例如，几十年来，在葛洲坝、三峡、小浪底等大型水利水电工程的建设中，均为配合规划、设计、施工及管理开展了大量的实体模型试验研究工作；在长江、黄河、钱塘江、淮河等大江大河河道治理、防洪及航道整治中，也都借助实体模型试验的方法，对有关的应用基础问题及关键技术开展了一系列的试验研究，有力地支撑了水利工程等实践的科技需求和水科学的发展。

达芬奇（Leonarda da Vinci）提出的水科学研究原则、实验思想和牛顿（Isaac Newton）创立的相似理论为水沙实体模型试验方法的建立和发展奠定了重要的理论基础。以 Smention 于 1795 年制作的第一个水工模型为标志，河工模型试验方法正式建立；之后，1841 年美国第一座水工实验室在马萨诸塞州的卢韦尔建立；以法国科学家法齐（L. Fargue）于 1875 年建设的加龙河波尔多城河段实体模型为标志，河工实体比尺模型试验方法得以问世。其后，尤其在 20 世纪 60 年代以前，河工模型试验理论、方法与技术在国外得到广泛发展，河工模型试验在解决诸如密西西比河、莱茵河、伏尔加河等河道整治、水利枢纽建设的重大关键技术方面都得到了广泛应用。历届的国际水利与环境工程学会（IAHR）召开的学术大会、河流泥沙国际学术讨论会（IRTCES）、世界水土保持学会（WASWAC）国际学术研讨会均有河工实体模拟、土壤侵蚀实体模拟研究方面的议题或论文，由此也从一个侧面说明了实体模拟试验的方法在国际水科学问题研究中占据重要地位。自 20 世纪 70 年代以来，随着计算机技术的迅猛发展，在美国等一些国家，数值模拟的方法在解决水问题中逐渐居于主导的地位，而实体模拟的方法则发展趋缓。

我国在 20 世纪 50 年代才开始大量开展水流和泥沙模型试验，尤其是除野外标准径流小区（或称自然径流试验小区）试验外的室内土壤侵蚀实体模型试验开始得更晚。中国水利水电科学研究院、南京水利科学研究院、黄河水利科学研究院、清华大学、天津大学、河海大学、武汉大学、西北农林科技大学等，对水流挟沙河工模型的相似律问题、土壤侵蚀野外自然小区模拟试验和土壤侵蚀比尺实体模型等分别开展了不同程度的探索。同时，这些研究机构对空气动力学模型试验在河道模型试验、风蚀模型试验中的应用，关于自然河工模型模拟方法、模型沙絮凝及板结问题的处理技术等也开展了卓有成效的研究。从 70

年代初开始，为了解决葛洲坝水利枢纽工程部分关键技术问题，建造了 10 个大型的水流、泥沙整体模型，进行水沙试验研究工作，这在国际、国内是没有先例的。随后，为建设小浪底水利枢纽、三峡水利枢纽及其他大型水利工程，国内相关单位又开展了大量的模型试验工作，与此同时，也促进了对模型相似律问题的讨论，特别是关于正态与变态的问题、细颗粒模型沙问题、阻力平方区问题等。此外，还对各类模型沙的物理特性及水力特性、模型沙选择技术、高含沙水流模拟理论与技术、床面加糙技术、河道水流比尺模型变态的限制条件、全沙模型相似律、不同河型河道模型相似律、人工转折模型的概念及设计进行了不同程度的研究，并取得了丰富的研究成果。这些大大促进了水沙实体模拟理论与技术的发展。早在 1977 年，水利电力部就专门组织有关科研单位、高校等召开了泥沙模型试验及测试技术经验交流会，对系统总结我国水沙实体模型试验理论与技术，提高泥沙模型试验水平起到了推动作用。在 90 年代，我国实体模型试验的理论和技术得到进一步发展。例如，进一步完善并提出了较为系统的高含沙河道水流比尺动床模型相似律，发展了河口泥沙及潮汐动床比尺模型模拟理论方法及技术，深入研究了细泥沙平原河流实体模型试验的相似律问题，进一步探讨了异重流的相似律及模拟方法，初步形成了数值模拟与实体模型试验相耦合的新的模拟技术等，同时对土壤侵蚀比尺模型相似律及模拟方法也做了一些有价值的探索。

近年来，随着我国水利事业的快速发展，实体模拟的方法再次得到我国水科学领域的专家和工程师们的重视。1998 年 10 月在武汉召开的"全国河流模拟理论与实践学术讨论会暨第三届全国泥沙基本理论学术讨论会"，以及进入 21 世纪水利部黄河水利委员会提出的"模型黄河"概念和制订的《"模型黄河"工程规划》、水利部长江水利委员会建设的投资 1.68 亿元的长江防洪实体模型等就是最好的例证。进入 21 世纪，为满足我国经济社会可持续发展的重大需求，我国已将水利建设提升至国家基础设施建设的重要地位，对大江大河的治理开发与管理提出了更高的要求。尤其近年来，随着经济社会的快速发展，人类对自然环境的干预日趋强烈，使得黄河等大江大河出现了许多新情况和新问题，从而水利科研需要应对更多更复杂的科学问题和技术问题。毫无疑问，实体模拟的方法在水利科研中必将起到更为重要的科技支撑作用。因此，开展河道水沙、土壤侵蚀实体模拟理论和方法的研究是 21 世纪我国水利事业发展的重大需求。

我国在水利科技发展规划中将河流与侵蚀模拟技术研究作为优先发展领域，并把水沙实体模型的相似理论及试验技术方法列为重要发展方向。显然，开展实体模型模拟理论与试验技术方法研究也是我国水利科技发展的重大需求。

本书基于河床演变学、河流地貌学、水动力学、土壤侵蚀动力学及相似理论等多学科的原理和观点，采用理论推导、逻辑推理及数值计算等方法，通过设计理论分析、试验方法设计、数值计算及实体模型验证试验等技术途径，以黄河为例，紧密结合黄河治理工程建设的模型试验实际需求，对多泥沙河流河型变化段河道实体模拟理论及技术、模型几何比尺限制与试验场地长度限制之间相协调的理论与方法、合理缩短试验周期的试验方法、土壤侵蚀实体模拟相似律等方面开展研究，提出了目前亟须解决的水沙实体模型的一些设计理论和方法。

本书共为 9 章，第 1 章绪论，论述研究的目的及意义、国内外研究现状，以及研究内容、学术思想和技术路线；第 2 章为水沙实体模型一般设计理论、方法与量测技术，主要阐述水沙实体模型的一般设计理论、模型试验方案优化设计方法，包括水沙运动基本方程，河道实体模型相似准则及对一般问题的处理、模型试验正交设计理论与方法等，还介绍常用的测控技术及有关测量仪器设备等；第 3 章研究河型变化段河道实体动床模型设计理论与方法；第 4 章研究河道实体动床模型"人工转折"设计理论与方法；第 5 章探讨河道实体动床模型"松弛边界"试验理论与方法；第 6 章介绍本研究提出的设计理论与方法在模型试验中的应用及成果；第 7 章为土壤侵蚀实体模型模拟理论与技术，重点介绍就目前研究提出的土壤侵蚀实体模型相似条件、试验设计方法；第 8 章为土壤侵蚀实体模型人工降雨系统设计等相关技术，以期为土壤侵蚀实体模型的理论与技术发展提供借鉴；第 9 章对研究成果进行总结，归纳主要创新点，并展望水沙实体模型试验研究未来发展方向，提出有待进一步研究的问题。

本书的突出特点是从理论上研究上述有关的水沙实体模型设计方法和试验方法，将这些方法直接应用于黄河治理工程规划、设计及建设方案论证的模型试验，并由此对黄河河道整治等问题进行研究，得到这方面的多项研究成果和新的认识。

本书内容是根据黄河治理工程建设中列设的包括国家科技攻关计划、国家自然科学基金在内的多个科技计划专项所取得的研究成果提炼编撰而成的，科技部、国家自然科学基金委员会、水利部、水利部黄河水利委员会给予了宝贵的资助。先后参与研究的人员主要有姚文艺、李占斌、王德昌、董年虎、刘海凌、侯志军、王卫红、肖培青、焦鹏、李勉、申震洲、管新建、王玲玲、杨春霞、陈江南、侯礼婷、马劲松、刘利、邵苏梅等。姚文艺、申震洲、侯礼婷主要负责本书的编撰工作，其中姚文艺负责全书章节安排、主要章节撰写和统审工作。研究工作得到了赵业安、张红武等专家的悉心指导，作者十分感谢。尤其还需要特别感谢河海大学金忠青、严忠民教授，在本书的编撰方案、成果凝练和学术指导方面，他们付出了很多心血，再次表示由衷的谢意！

本书是在得到黄河水利职业技术学院的资助才得以出版的，其对此给予的支持彰显了黄河水利职业技术学院领导对推动黄河科研事业发展所具有的高度站位，作者致以衷心感谢！同时，还要感谢科学出版社为本书的编辑出版付出的努力。

作 者

2022 年 2 月 16 日于郑州

目 录

第1章 绪 论

1.1 研究目的及意义

实体模型试验（又称物理模型试验）是在按照比例缩小或等比例制作的实物模型上对自然现象进行的相应反演模拟，以揭示某一自然现象（亦称之为原型或模拟对象）的形态、特征和本质的科学方法。通过采用适当比例和相似材料制成的与原型相似的试验物体（或构件）称为实体模型（又有称之为"物理模型"的），其具有实际物体结构的全部或部分特征。按照事先设定的不同试验方案，在模型上施加比例荷载，将模型受力后获取的相关数据还原至原型物体上，既可用以揭示模拟对象的内在规律，又可用于检查工程设计缺陷。实体模型尺寸一般要比原型小。实体模型试验以客观事物、现象和过程之间存在的相似性为客观依据（辞海编辑委员会，1999）。因而也可以说，实体模型试验是人们基于相似的概念和理论，对某些自然现象进行实体模拟，并据此定量或定性揭示自然现象的内在规律，借以满足工程设计和理论研究需要的一种科学方法。

显然，实体模型试验可以抓住研究对象的主要影响因子，在较短时间内复现研究对象某一演化或运动过程，演示某一主要因子发生变化后所产生的响应，可以动态直观地反映数学方法还难以模拟的一些自然现象的复杂过程。总而言之，作为一种科学研究方法，与野外原型定位观测资料分析及数值模拟等研究方法相比，实体模型试验具有多项特殊功能，主要有：①事件可重复功能。自然界的事物运动现象复杂多变，完全相同的事件很难重复出现，但是在实体模型上可以按照需要，在一定相似程度上复现某个事件，对其进行深入研究。②事件可预测功能。实体模型可以在给定的边界条件下，对未来可能发生的事件进行预演和预测。例如，在河流模拟的洪水预测试验中，可以按照地形、地物和河道边界条件制作河流模型，通过预设的洪水过程在模型上施放径流，可以开展洪水预演试验，可直观地观测和掌握洪水演进过程、水位表现、滩区淹没状况、河道工程险情等，从而为防洪预案的制定提供参考。再如，对于河道整治方案，可以通过试验检验，论证其设计的合理性，做到事前直观了解整体效果。③实现事件过程完整性功能。对自然界中诸多物理现象即原型的观测往往受技术、经济和安全的限制，使得对有些事件的观测难以做到过程完整、详尽，从而制约了对自然现象演变基本规律的研究，实体模型对此可做有益的补充，实现事件过程观测的完整性。④因素可分离功能。自然界的物质运动往往受众多因素影响，而这些因素相互交织在一起，也就是说，各种物理、化学及生物等诸多过程往往是多种因素相互作用的结果，而这些因素又往往是相互关联或相互耦合的。由此，也就大大增加了人们对一些复杂自然规律的认识和了解的难度，从而造成人们对有些问题的认识长期不能突破。实体模型可以实现因素的分离，研究每个因素的作用及其贡献的大小。⑤边界条件及初始条件可调控功能。在实体模型上可以对边界条件进行调整，如在土壤侵蚀模型试验及小流域综合治理试验中，可以通过设计不同的地表下垫面状况（如植被覆盖度）、降雨强度及过程、地面坡度或布设不同治理方案等工况，试验研究土壤侵蚀发生发展规律，或对各种治理方案的效果进行比较并加以优选。⑥直观可视化功能。由于实体模型是对模拟对象进行三维空间的复演和预测，因而实体模型试验可以将其试验结果直观地反映出来，如河道在什么地方发生冲刷或淤积，以及冲刷体或淤积体的形态、规模等。

实体模型试验具有上述突出功能，使其在开展诸如河流演变规律及河流治理、小流域治理的应用基础和关键技术等水科学问题研究中，往往起着其他研究手段所难以替代的作用。尤其近年来，实体模型试验与数值模拟的耦合已成为试验研究手段发展的新趋势，这无疑将会进一步拓展实体模型试验这一科学方法的使用功能和应用范围。

我国最早开展的实体模型试验最早的当属 20 世纪 30 年代开展的黄河河工模型试验（屈孟浩，2005）。我国流域面积在 1000km² 以上的河流有 1500 多条，其流域面积占到陆地面积的 2/3（蔡守允等，2008），河流治理与开发成为水利事业发展的重要任务。我国因幅员辽阔，地理、气候空间分异性突出，河流类型多样，具有不同演变规律，因此往往需要通过实体模型试验的方法，为江河治理开发与管理提供科技支撑。几十年来，我国在长江、黄河、珠江、淮河、汉江、赣江、湘江等河流的河床演变、河道整治、航道整治、跨河建筑物等有关问题的研究中，均开展了大量的实体模型试验；在葛洲坝、三峡、小浪底等大型水利水电工程的建设中，均配合规划、设计、施工及管理工作开展了大型的模型试验研究；在土壤侵蚀治理和流域水沙变化研究中，也开展了较多的土壤侵蚀机理、治理措施效益等方面的试验研究。特别是由于黄河问题的复杂性，诸多问题的研究更有赖于模型试验的手段。

国务院批复的《黄河流域综合规划（2012—2030 年）》（水利部黄河水利委员会，2013）明确提出了科技支撑体系建设规划，其中"模型黄河"工程建设是一项重要内容。"模型黄河"工程是以黄河水沙监测数据和实体模型试验结果为基础，通过对黄河各种自然现象进行反演和试验，不断揭示黄河的内在规律和联系，为黄河治理开发保护与管理提供方案和决策依据的一种手段。《黄河流域综合规划（2012—2030 年）》同时提出黄河实体模型建设的重点任务，包括黄土高原野外试验场及宁蒙河段实体模型等，以及模型试验自动化测控系统关键技术研究等，还明确提出需要进一步解决的科技问题，包括黄河下游河道演变规律、水库异重流运动规律、黄土高原土壤侵蚀机理等，通过模型试验的方法，可有效地对这些问题进行研究解决。水利部黄河水利委员会为适应治黄现代化的需求，提出了建设"三条黄河"的理念（李国英，2005），即"原型黄河"、"数字黄河"和"模型黄河"。其中制定的《"模型黄河"工程规划》已得到水利部批复，现已进入实施阶段（水利部黄河水利委员会，2004）。根据"模型黄河"工程建设规划，"模型黄河"主要由黄土高原模型、水库模型、河道模型和河口模型构成。"模型黄河"工程建设可以为研究和解决黄河诸多问题搭建有效的科学试验条件平台，从而提高治黄现代化的科技水平。

黄河是我国第二大河流，发源于青藏高原巴颜喀拉山北麓，流经青海、四川、甘肃、宁夏、内蒙古、山西、陕西、河南、山东九省（自治区），在山东垦利区注入渤海。干流河道全长为 5464km，流域面积为 79.5 万 km²（包括内流区 4.2 万 km²，下同），其中上、中游地区面积占流域总面积的97.1%。黄河流域所处的地理位置和上、中、下游的流域面积分布决定其有着不同于其他江河的显著特点，主要表现在：一是流经的黄土高原水土流失严重，水流含沙量高且水沙组合差异大；二是泥沙输移形式多样；三是河床演变极为复杂。这些特殊的水沙输移形式和复杂的河床演变特性，不仅使得对黄河规律的认识非常困难，而且使得对其他一般河流的现有认识和结论大多不能直接应用于黄河上，甚至现有的一些水动力学理论也难以完全适用于求解黄河的高含沙水流等问题。从研究手段上而言，实践证明，目前还难以仅靠原型实测资料分析和数值模拟的方法完全解决黄河治理的诸多应用基础问题和关键技术。例如，鉴于黄河问题的复杂性，加上种种条件的限制，黄河的定位观测资料难以达到系统、全面，尤其是缺乏对洪水过程和水土流失过程的详细观测，很难对影响自然现象各要素的作用和它们之间的相互转换关系给出明晰的结果。另外，原型观测的周期较长。因此，仅靠原型观测资料进行分析研究，对黄河的一些基本规律还难以取得深入认识，从而直接影响治黄措施和治黄方略的重大决策。以往，在黄河治理开发中曾有过这方面的经验教训。例如，在原建设黄河花园口、位山、王旺庄等拦河坝工程时，由于对黄河水沙条件及河床演变等自然规律缺乏深入认识，没有进行必要的模型试验，前期试验论证分析不够，致使工程失败，造成人力、物力的很大程度的浪费。又如，在黄河下游河道整治初期，个别河段河道整治工程是因险而建的，前期缺乏对全河段工程规划方案的充分论证试验，加之受投资的限制，工程修建慢，致使该工程建成后仍不能有效控制河势，成为"晒太阳工程"，流路调整难以到位等。再如，一些水利工程的建设因不符合黄河多泥沙河流的特点而导致工程建成后不能正常运行，有的不断改建，有的甚至失去作用。随着流域及其相关地区经济社会发展，黄河防洪、减淤、供水、灌溉、发电和生态环境保护之间的矛盾将越来越突出，管理与决策的多目标性将更为明显。显然，仅靠已有的理论和实践经验决策各种重大的治理开发方案已满足不了现代治黄的要求。

另外，黄土高原水土流失规律异常复杂，对治理措施布局和配置的技术要求高，治理难度大，必须以模型试验的方法进行研究。尤其是在黄土高原一些典型区域，水土流失规律极为复杂。例如，面积1.67万 km²的砒砂岩地区，是冻融、风力、水力、重力侵蚀的多相复合侵蚀区和黄河粗泥沙来源的核心区，生态退化严重，水土流失剧烈，目前其丘陵区侵蚀模数仍在13 000t/（km²·a）以上，甚至高达18 000t/（km²·a），风沙区侵蚀模数也有7000~8800t/（km²·a），尽管其面积只有黄河流域面积的2.2%，但产生的粗泥沙约占黄河下游河道多年平均淤积量的25%，年均入黄泥沙量仍有1.6亿 t，较20世纪90年代的减幅不足16%（姚文艺等，2020）。因此，很难通过一般的原型观测手段揭示其复杂侵蚀规律。为筑牢黄河流域生态安全屏障，砒砂岩地区的治理既是迫切的又是最难的，因此在揭示砒砂岩地区复合侵蚀机理时，实体模型试验将成为一项有效的研究手段。

将实体模型试验与数学模型反演模拟相结合成为近年来试验研究方法的一个主要发展方向。与实体模型试验方法相比，数学模型模拟方法出现得较晚。不过自20世纪60年代起，随着电子计算机和计算方法的飞速发展，数值模拟方法与技术也取得了长足的进展。国内外开发了很多数学模型，特别是国外开发了很多具有代表性的数学模型，如美国密西西比大学国家水科学与工程计算中心的 NCCHE 模型、美国陆军工程兵团水文工程中心的

HEC 模型、丹麦水力学研究所的 MIKE 模型、荷兰的 Delft3D 模型、英国沃林福德（Wallingford）水力学研究所的模型等。这些模型在世界上很多国家的河口治理、河道整治、洪水预报、水污染防治等方面得到了广泛的应用，并在河流治理研究中逐渐形成目前的以数值模拟计算为主的技术途径。与此同时，与数学模型发展相比，实体模型试验技术的发展则相对缓慢。目前，在河床演变与河道整治的研究中，人们利用数学模型模拟的方法，在一定程度上解决了不少问题，提供了工程实践的基础数据支撑。然而，黄河的演变规律极其复杂，经模拟计算验证，国外开发的如 Delft3D 模型、HEC 模型、GSTAR 模型等数学模型用于黄河河床演变计算中均存在很多问题。可以说国内外已开发的数学模型仍不能有效地模拟黄河河床平面摆动、河势调整、工程局部变形及水库近坝区冲淤过程等二维及三维性较强的河床演变现象，难以完全满足治黄重大实践问题研究和治黄科技支撑的需要。因而，黄河治理开发的很多应用基础问题和关键技术的研究需要采取结合模型试验或以模型试验为主的综合研究手段。

黄河流域生态保护和高质量发展的国家战略对水土保持工作提出了新要求新使命，水土保持事业将进入一个高质量发展的新阶段；提出了黄河中游要突出抓好水土保持的国家战略目标任务。2021 年 10 月 8 日中共中央、国务院印发的《黄河流域生态保护和高质量发展规划纲要》把提升黄河中游水土保持作为构建国家生态安全重要屏障的战略定位目标之一，而且将黄土高原塬面保护、小流域综合治理、淤地坝建设、坡耕地综合整治等纳入国家的水土保持重点工程；《中华人民共和国国民经济和社会发展第十四个五年发展规划和 2035 年远景目标纲要》也进一步将"科学推进水土流失和荒漠化、石漠化综合治理"纳入推进绿色发展、促进人与自然和谐共生的重点任务之一；国家发展和改革委员会、水利部制定的《"十四五"水安全保障规划》也把"科学推进水土流失综合治理"列为"十四五"期间水安全保障 8 项重点任务之一。为揭示黄河流域水土流失规律，优化水土保持空间格局，科学推进水土保持与生态治理发展，土壤侵蚀实体模拟试验作为一项重要的科学手段，也必将起到重要的技术保障作用。

我国政府在制定国家中长期科技发展规划中，已将研究实验方法、设施和观测技术、仪器设备等方面的支撑体系建设作为重要的发展方向；水利部制定的《"十四五"水利科技创新规划》提出的多项水利科技重点攻关领域及任务，是需要借助实体模拟试验的方法进行攻关研究的。因此，开展黄河水沙实体模型设计理论与应用的研究也是我国科技发展的重大需求，是提升水科学研究实验水平和治黄科技水平的迫切需求。无疑，这对促进水科学的发展具有很大的意义。

当前国内外有关实体模拟理论与技术的发展距我国水利事业的发展需求还是有一定差距的。尽管我国在河工动床模型试验、土壤侵蚀实体模型反演技术方面的发展居于国际先进水平，但对解决新时期我国水利工程建设、水土流失治理重大实践中的一些水科学问题还是力所不及的。存在的突出问题体现在目前还难以完全从理论上建立完整的模拟相似律体系，尤其是对于土壤侵蚀模拟来说尤为突出，成为提高模拟精度的瓶颈；模型几何变率、河床演变与泥沙运动的时间比尺协调等仍往往需要通过试验场地规模、模型沙的比选等经验方法确定；还缺乏实体模型与数学模型耦合模拟的理论、技术体系；就土壤侵蚀实体模拟而言，还难以成为解决诸多水土流失规律研究、水土保持措施优化布局论证的有效手段，其相似理论、技术的发展严重滞后。

因此，无论是从国家决策需求还是科技发展需求方面，开展黄河水沙实体模拟理论与技术研究都是很有必要的。

1.2　国内外研究现状

实体模型与"原型"相对，是研究对象的替代物。实体模型可分为相似模型和非相似模型。严格来说，相似模型是指所有的模拟参数都与原型的相应参数存在一定的关系，这些参数是由若干个模型比尺决定的。而非相似模型是指不能满足上述要求或仅能部分满足的模型。在国外，一般是将模拟与水等流体运动有关的实体模型统称为水力模型。本书所论及的水力模型研究的范围包括水利工程、水土保持和工程流体力学的领域，并主要以黄河为对象，研究与水利工程、水土保持及河流演变、土壤侵蚀相关的相似模型（简称河工模型、土壤侵蚀实体模型）问题。实际上河工模型和土壤侵蚀实体模型都是水力模型的延伸与发展，其功能都是对水沙过程的实体模拟。河工模型和土壤侵蚀实体模型试验所研究的物理现象属于机械运动的范畴。按照模拟对象的不同，又可以将河工模型分为河道模型、库区模型、河口模型，以及以水利枢纽水力学或泥沙问题为研究对象的水工模型，同理也可将土壤侵蚀实体模型按模拟对象分为小流域模型、坡面模型等。

河道模型试验是在远郊原型河道为小的模型中进行的，以研究河流在自然情况或在建筑物作用下的河势变化及河床变形，这种模型是根据水流和泥沙运动的力学规律，通过复制与原型相似的边界条件和动力学条件建立起来的。生产实践中所遇到的河流问题大都属于三维问题，河道边界条件往往极端复杂，很难单凭现有水流及泥沙运动知识进行精确的分析计算，此时，采用模型试验与理论分析相结合的方式，往往是解决问题的有效途径。对于相似河工模型而言，要达到和原型的相似，必然具备三个基本的相似特征，即几何相似、动态（运动）相似和动力相似。

河道模型由于边界形式复杂，且河床经常变化，在理论和实践上都远较一般水力模型复杂。尽管包括河道模型在内的河工模型试验已有近百年历史，但至今还存在不少问题，有待进一步改进。

河道模型试验方法包括定床模型和动床模型。模型水流为清水，河床在水流作用下不发生变形的模型称为定床模型；模型水流挟带固体颗粒或为清水水流，河床在水流作用下可以发生变形的模型称为动床模型。定床模型也称为水流模型，动床模型也称为泥沙模型。

土壤侵蚀实体模型以土壤侵蚀过程为研究对象，一般是以径流或降雨为动力输入条件，但无论是对于坡面还是小流域，输入的径流尤其是降雨产生的径流，其径流深往往很小，与河道模型远不是一个数量级，这就给模拟带来诸多问题，如降雨与径流几何变率、降雨强度和雨滴几何尺寸的协调等，这也在一定程度上制约了土壤侵蚀实体模型试验技术的发展。

1.2.1　国外研究现状

1.2.1.1　河道实体模型

如果达芬奇（Leonarda da Vinci）提出的"论述水流问题时，应首先引述经验再讲道理"的水科学研究原则催育了水力模拟方法的产生，那么，牛顿（Isaac Newton）所创立的相似理论，则为河工模型试验方法提供了重要的理论基础。河工模型试验的方法自 19 世纪末才得以建立并至今仍在不断发展之中。

18 世纪中叶，Smention 于 1795 完成了公认的第一个水工模型试验研究（简森等，1986）。1875 年法国学者法齐（Fargue）为研究加龙河波尔多城河段的航运问题，制作了一个水平比尺为 1∶100 的动床河工模型，对该河段的河道疏浚措施进行了试验研究。1885 年，Osborne Reynolds 继法齐之后，也开展了河道模型试验，并首次将时间比尺引入模型设计中。其后，河道挟沙水流的模型试验及与之相伴的河道挟沙水流比尺模型的相似理论得到较快发展。尤其在 19 世纪末和 20 世纪初的欧洲，模型试验已被较多的工程师和学者用于研究河流演变及河流治理的工程问题。Jaggar（1908）在实验室复演了弯道、河流发育的过程。1917 年 Gilbert（1917）进行了水流输沙规律的试验研究。

在 19 世纪末和 20 世纪初，一批德国工程科学家为了解决水利工程问题开展了大量的河工动床模型试验，大大发展了河工动床模型试验方法。例如，1891 年 H. 恩格斯（Hubert Engels）在德累斯（Dresden）工科大学建立了德国第一个河流水力学实验室；1901 年雷伯克（Theodor Rehbock）在卡尔斯鲁厄（Karlsruhe）工科大学也建立了一座河流水力学实验室。继而，克雷（Hans- Deflef Krey）、定普朗特（Ludwig Prandtl）、卡普兰（Victor Kaplan）等都先后建立了河流水力学实验室或流体力学实验室。与此同时，意大利等一些国家的科学家也利用河道模型试验的方法对相关河流问题开展研究。在此期间，利用因次分析法则确定模型相似比尺的方法已得到广泛应用，如 Glazebook、B. F. Groat、E. Buckingham、R. C. Tolman 等都有所研究。在 20 世纪 20 年代末期，美国开始关注模型与原型的相似性问题。例如，齐克在费礼门（J. R. Freeman）的指导下，归纳了当时的研究成果，提出了河工模型试验的几何相似、机械相似、动态相似和动力相似四方面的相似要求。在随后的研究工作着重于进一步完善相似条件。早期的模型相似理论的研究还不够成熟，大多是通过在实验室内塑造"人工小河"开展研究的。例如，Tiffany 和 Nelson（1939）利用"人工小河"试验的方法研究河床变形规律；Friedkin（1945）利用"人工小河"定性研究弯曲型河流的演变规律；英国水工研究站（Hydraulics Research Station of the Department of Scientific and Industrial Research，1960，1961）利用"人工小河"研究冲积性土渠的稳定问题。

Blench（1955）为了研究河渠自动调整问题，探讨了河道动床模型的比尺关系。其后，Einstein 和 Chien（1956）基于水流运动泥沙输移方程，提出变态河工动床泥沙模型相似律，其相似律表明，在水流运动方面必须满足佛汝德数相似及阻力相似，在推移质运动相似方面必须满足输沙量及河床冲淤相似，对于细泥沙还应同时满足沙粒雷诺数的相似。

但根据 Zwamborn（1966）的研究，关于细泥沙的相似律对模型沙的选择具有相当严格的限制，在实际应用中此条件是允许有偏差的。相比较而言，1960 年以后河工模型进入鼎盛时期，人们开展了比较多的模型试验和相似理论的研究工作。但是，关于比尺模型问题，近年国外进行的专门探讨并不多。于 20 世纪 80 年代以前出版的这方面的专著有 Ivicsics（1975）于 1975 年编写的手册 *Hydraulic Models*；Allen 在 1963 年和 1977 年美国土木工程师协会编写的手册；Yalin（1971）的专著 *Theory of Hydraulic Models*，Yalin 对那一时期实体模型试验的加糙技术、相似律、典型河工模型设计、试验案例等做了系统介绍。1960 年 Birkhoff 对比尺模型的基本原理也做过专门的应用研究。

Hartung 曾分别于 1965 年和 1970 年对河道模型的率定、模拟糙率的方法进行了较为系统的研究（Kobus，1980）。其后，Knauss 以 Hartung 提出的方法为依据，利用德国奥伯纳赫（Obernach）实验室曾于 1963 年建立的野外变态模型，研究了多瑙河雷根斯堡（Regensburg）至施特劳宾（Straubing）河段修建拦河坝对防洪的影响问题。该模型长约 590m，模拟原型长度为 59km。在 20 世纪 70 年代中期，Foster（1975）总结了河工模型发展的进程，对河道比尺模型的模拟技术问题进行了评述，回顾了模型试验精细模拟的一些基本考虑，定义了模型类型，研究了比尺确定、数据收集、精度期望和各种技术的应用。Yalin（1982）对河工模型相似准则又做了进一步的论述。Yalin 和 Da Silva（1990）基于 Yalin（1982）的相似准则，建立了以沙和卵石为模型沙的变态物理模型，研究冲积河流形成机理。模型主要考虑佛汝德数相似，阻力系数为一般化的 Engelund-Yalin 公式，将流量作为自变量，输沙率作为输出变量。美国水道试验站水力学实验室在河工模型应用研究上取得了丰富的研究成果。Pokrefke（1988）系统地回顾了美国水道试验站水力学实验室所开展的各种河工模型试验，包括定床和动床、正态和变态模型试验。

德国学者 Kobus（1980）主编的《水力模拟》一书对以前的实体模拟理论与方法做了系统总结，分别详细介绍了河道定床模型和河道动床模型设计的一般方法，并着重介绍了德国莱茵河的模型试验情况，其方法对于粗沙少沙河流模型设计具有指导意义，而对于细沙多沙河流模型设计是不适宜的。

伴随着河工模型的发展，20 世纪上半叶，地貌学试验在美国也得到了较快发展（Lauson，1925）。Sonderegger（1935）、Hathaway（1948）等在 20 世纪三四十年代都曾利用河流实体模拟的方法研究大坝对河流地貌的影响问题。1945 年美国陆军工程兵团水文工程中心 Friedkin（1945）在维克斯堡水道实验室中，运用沙质材料在比降为 0.06 ~ 0.0015、平滩水位平均流速为 24 ~ 36cm/s 的条件下，塑造成最大水深达 3.05cm 的深泓弯曲河型，研究模型沙为细沙和淤泥混合物的模型对模拟弯曲型河流的适用性。Schumm（1956）在新泽西州 Perth Amboy 劣地进行了坡地演化的观测。Leopold 等（1964）进行了分汊河型的实验，研究了江心洲的发育过程等河流地貌演变规律。

自 20 世纪 30 年代，河工模型试验在苏联也有了一定的发展（张瑞瑾，1996a）。如 M. A. Великанов 作为负责人，自 1947 年开展了大型的河流演变试验研究，探讨在不同流量与原始地面比降条件下，河流侵蚀发育的过程（金海生和倪晋仁，1995）。

随着模型相似问题的不断研究，模型试验方法在解决涉水工程和水科学问题中的应用也不断得以发展。Einstein 与 Harder（1954）曾建立了多种弯道实体模型，用于探讨弯道河流边界层上的流速分布特征，通过试验认识到在弯曲河道中，环流的横向分布存在一个大的环流和一个小的环流，并认为这种双环流模式受摩擦系数的影响。

在20世纪50年代初期，美国为研究密西西比河河段防洪方案和河道治理规划，制作了密西西比河水系整体大型的野外变态定床河道模型（尚宏琦等，2003），占地达4000hm²。模型水平比尺为1∶2000，垂直比尺为1∶100，时间比尺为1∶200，模型与原型的流量比尺为1∶1 500 000，每组试验流量为3.785m³/min，此流量代表密西西比河下游的设计洪水。模型试验操作采用自动化仪表自动控制技术，包括入流装置、水位量测和出流控制系统，与时间控制设备同步运行。由模型入流处的控制器和控制程序装置组成进口装置系统；由程序装置、阀门调节器、传感器、记录器以及测量流量的V形堰组成出流控制系统；由带有遥感性能的传感器和记录器组成水位测量仪；由主定时器和试验时记录月、日、时的日历组成时间控制设备。随着技术的积累，模型试验的控制技术也日趋得到完善，自动化水平不断提升（许明等，2012；刘春晶等，2019）。

密西西比河流域模型不仅可以看成整个密西西比河水系的模型，而且也可以看成组成这个水系的单个流域模型的集合体。模型能复演历史上的大洪水，预演可能发生的更大洪水，优化防洪堤的顶高，确定全流域的防洪方案。通过模型试验，开展了多项工程的论证与开发方案优化，列举以下工程。

（1）圣菲支流工程。圣菲支流是密西西比河的一条重要支流，该支流的河底比降小，生物群落单一。河道管理者及生物学家们想改变这种状况以达到生态的多样性，为鱼类和野生动物开发出更多的栖息地。借助于微尺度模型，工程师们在圣菲支流的河床上布置了一些丁坝来改变水流的流态和流场，以达到增大流速和河床比降、适合多种河道生物生存的目的。该工程从设计、试验模拟到完成施工仅仅花了几个月的时间。当工程建成后，支流的河床和流态与模型的模拟结果基本一致，同时也形成了新的生物栖息地。

（2）24#船闸和大坝工程。24#船闸和大坝位于密西西比河上游以北。24#船闸和大坝于1940年完工，但是在运用中发现，当船只驶向船闸时，水流对船只产生了非常大的推力，对大坝安全及船员生命安全都构成了威胁。根据1980~1991年的统计，发生的事故达36起，其中有23起对大坝和船闸造成了损害。河道管理者曾尝试找出原因并加以解决，但都没有成功。工程师们应用微尺度模型模拟实验技术，在原有工程的基础上采取了相应的补救措施，有效地改善了流态，船只得以平稳地进入船闸。

实体模型试验的方法在各项工程的规划和设计的应用中得以逐步发展，人们也不断注重将最新的科学技术成果运用于治理的实践之中，以最大限度地优化开发方案。密西西比河水系整体大型的野外变态定床河道模型即使在今天，仍具有较大的使用价值，在美国科学技术政策办公室（OSTP）发布的《21世纪的美国环境科学与技术》报告中表明（美国科学技术政策办公室，1999），在设计密西西比河大堤结构时，为了防止河水泛滥，大堤被抬高，使得工程师第一次能够运用综合的密西西比河水力模型，研究结果正在改变人们对大堤的普遍看法。模型清楚显示，大堤不仅能很快对上游或下游产生影响，而且会影响到整修航道。这一发现将对那些保留或重建了大堤的地区产生影响。

航道整治试验是河工模型主要应用研究的内容之一。Letter 和 McAnally（1975）进行了河口航道整治试验。Hartung 和 Scheuerlein（1975）开展了河流交汇处水流泥沙实体模型试验，模型沙采用塑料沙。通过试验，对泥沙淤积部位的研究取得了定性和定量的满意结果，对确定航槽位置具有参考价值。Song和Yang（1979）以无量纲单位水流能量作为相似准则，建立曲佩瓦河（Chippewa）和密西西比河交汇处实体模型，研究维持航深的最好办法与措施。

河工模型应用研究的另一个主要方面是河床演变。Amorocho等（1980）曾系列地开展了加利福尼亚州萨克拉门托河（California Sacramento）市政取水工程取水口附近水流特性和泥沙淤积情况的水力模型模拟，模型自动控制系统可以模拟非恒定流和潮汐作用。Alam和Laukhuff（1995）采用轻质模型沙，在1:100的正态模型上，复演河流细沙和淤泥输移，研究河道出流改善措施和护岸措施。Lambert和Sellin（1996）在一个大尺度模型上研究了复杂河型河道水流流速分布问题。

Johnson和Kotras（1980）对河道冰块进行了模型试验，模型自密西西比河支流俄亥俄河河口至圣路易斯（St. Louis），模拟了冰块对河道整治工程的影响；Myers（1990）进行了复式断面河工模型试验。

国外还开展了不少的河口模型试验，如德国易北河口动床模型，以及美国水道试验站开展的一系列港湾和河口模型试验等。易北河口动床模型试验表明（Vollmers，1980），利用动床模型研究泥沙问题时，变率不能大。Hudson等（1979）认为，对于河口模型，变率达到20时，平面上大范围流态还是可以相似的。

近年来，国外仍有利用水力实体模型试验的方法开展给水工水力学、河流治理及河流生态问题研究的例子。例如，Bell和Bryant（2021）通过建立实体模型试验研究了河流分洪闸的水力学问题，试验验证了设计的闸门结构的过流能力，为降低Fargo-Moorhead市的洪水风险提供了依据。Claude等（2018）以实体模型试验，模拟研究了通过改变大坝运用管理模式来改变Isère河的水文状况，并进而研究了其河流地貌形态及河岸植物的生长。Sharp等（2021）构建了一个1:25.85的实体模型，研究了Rough River出口工程的渠道、进水口、过渡段、消力池等的设计问题。Van Dijk等（2013a）在欧洲水槽中进行的河流试验，证明了黏性漫滩形成对复制蜿蜒河道的重要性。在没有植被的情况下，通过细粒沉积形成的漫滩足以维持一个蜿蜒的单线河道。

自20世纪60年代以来，随着计算机技术的发展，河流数值模拟的方法取得了长足的进展，也成为与实体模型融合的重要试验研究手段。国外开发出很多类型的数学模型，并形成了一些专用的或通用的商业软件。这些数学模型在世界上很多国家的河道整治、河口治理、洪水预报、水污染防治等方面得到了广泛的应用，并在河流治理研究中逐渐形成了目前的以数值模拟计算为主的技术途径。近十多年来，GSTARS、CCHEZD等一批一维、二维和三维的河流模拟数学模型得到更快发展，对于诸如河流泥沙输移、河床演变、河道微地貌变化和整治工程所引起的河道水力学问题的研究发挥了很大作用。虽然数学模型得到很大发展，但国外仍开展了不少实体模型试验研究工作，只是开展的大比尺、大尺度的模型相对20世纪60年代以前有所减少，减少的主要原因是试验人员费用太高。而在开展基础理论和重要工程技术研究方面，仍主要依靠模型试验的方法。近些年来美国、英国、荷兰等国家仍分别开展了有关工程泥沙、河道整治、堤坝破坏、洪水演进、溢洪道水力学及河道水力学问题的模型试验研究。例如，美国农业部泥沙研究实验室近年进行了不少

"地方专项"模型试验研究项目。1996 年英国学者 Gregory 等（1996）通过试验研究了梯度化对河道演变的影响，试验模拟了一系列的凹型河流纵剖面逐渐达到局部平衡纵剖面的变化过程，也模拟了局部基面上升对河床演变的影响。Lise 和 Smitn（2003）开展了砂砾河床河道在萎缩过程中河流输沙能力的试验研究。Sellin 等（2003）对河道实体模型中滩区糙率模拟的方法作了进一步探讨，在对运用经验和理论关系描述滩区糙率方法适用范围评价的基础上，比较了在大比尺水力模型上常用的两种滩区加糙方法，并用英国的一条河流模型对两种方法进行了试验比较，得出了在模型试验中糙率模拟的改进方法。取得的各类代表试验成果还有很多（Barfuss et al.，1997；King et al.，1996；Fathi- Maghadam and Kouwen，1997；Turner and Channeesi，1984；Breteler and Bezuijen，1991；Allsop and Mcconnell，1999；Breteler and Bezuijen，1998；Alonso, et al.，2005；Hanson et al.，2005；Dabney et al.，2004；Temple et al.，2004；Hanson et al.，2004a，2004b；Hanson et al.，2003；Sarpkaya et al.，1980；Chakrabatl，1981；Chakrabatl，1982；Wolfram and Naghipour，1999）。

不少模型试验选取轻质材料作为模型沙，往往使得模型河床糙率与原型很难做到相似，为此，模型河床糙率的模拟技术与方法也随之得到很大发展。例如，目前国内外先后提出了模型河床加糙的多种方法（李甲振等，2017 ；Mcgahey et al.，2009；马健等，2009），诸如密实加糙（Cheng，2015）、梅花加糙（Ingham et al.，1990；Carvalho and Lorena，2012）、刨坑加糙（李纯良，1991）、凹槽加糙（马健等，2006；张土乔等，2007）、水中拉线加糙（Asim 等，2008）、黏条加糙（卞华等，1998；Hyun et al.，2007）、插签加糙（Thompson and Roberson，1976）、黏膜加糙（Tao et al.，2012）等。

目前，利用实体模型的方法研究解决数学模型的构建问题是国外不少科学家和工程师常采用的重要技术途径。例如，在密西西比大学、美国农业部国家泥沙试验室及内务部农垦局等，数学模型的研制、开发和改进都与实体模型试验进行了有机的结合，利用实体模型试验量测的数据为数学模型提供物理参数和用于率定数学模型的模拟结果；利用实体模型试验发现的现象和规律，为构建和改进数学模型构架或模块提供理论基础。

与此同时，将实体模拟和数值计算两种方法结合起来或进行耦合，对一些复杂的水力学问题及工程技术进行研究的途径逐渐得以建立起来。例如，Ma 等（2002）利用数值模拟与实体模型试验相结合的方法，研究了高原地区城市河流在洪水作用下泥沙搬运对河床演变的影响、流速分布等问题；Sloff 等（2004）研究了水库库区河道形态演变及冲淤变化规律；Mullarney（2003）研究了河道中非线性罗斯比波调整的规律等。较早提出复合模型设想的是华尔兹（Holz，1976），他是经过一个简单的水槽试验论证后提出这一试验技术的，且其后在圣劳伦斯河口模型试验和缅因一芬地湾模型试验中都得到应用和发展（Funke and Crookshank，1978；Prandle et al.，1980）。Sres（2009）利用实体模型试验与数学模型模拟结合，研究了工程渗流问题，并通过试验验证了数学模型。尤其是对研究包括植物等因子在内的长期试验中，实体模型试验往往都与数学模型模拟试验的方法结合起来。例如，Braudrick（2009）、Van Dijk（2013）；Lokhorst 等（2019），逐步探索了将实体模型与数学模型的集成运用研究河流的复杂问题。

随着对生态环境问题的日趋重视，一些国家已开始利用模型试验的方法开展有关生态与水环境方面的研究（姚文艺，2002）。例如，美国内务部农垦局为改善某条河流中鱼类生存的环境，进行专门的河工模型试验研究，模型长约 15m，宽约 5m。在天然情况下，该河流流速较适合于鱼类生存，但在该河流上修建水工建筑物后，水流集中下泄，流速增大，破坏了鱼类生存的自然环境。为恢复其天然水流情势，拟在河流中按一定密度摆放石块，一是减缓水流流速，二是可以利用石块回流区提供给鱼类一个栖身休息的场所。试验的目的是研究石块摆放的合理密度及合理的间隔距离，其密度要满足减缓流速的需要，间隔大小要满足鱼类在游程中休息的需要。另外，还开展了污染物在河流中的输移和扩散试验研究。密西西比大学还配合 RIO Grand 河流河道整治模型试验，利用数学模型的方法，计算修建潜丁坝后，如何保证丁坝回流区有利于鱼类生息的有关水力学问题，如丁坝回流区大小、流场、丁坝局部冲坑深度及形态等。河道、渠道中的植物对水流结构及水生态的影响日益受到人们的重视，也逐渐成为利用实体模型试验研究的对象。Shi 和 Hughes（2002）利用水槽试验研究了水生植物的水力学环境，探讨了流速、摩阻流速、粗糙度、粗糙雷诺数和边界切应力的规律等问题，随后模拟刚性植物对水流影响的研究成果不断涌现（Hygelund and Manga，2003；Järvelä，2002；Stephan and Gutknecht，2002；Yen，2002；Murphy et al.，2007）。

　　总的来说，近几十年来在研究河流问题时，国外逐渐转向以数值模拟方法为主，而对实体模拟的理论和技术的研究进展较缓，新的研究成果不多。这主要是因为相对来说，国外诸多大江大河的水流含沙量较低，河床演变较缓，即水力边界条件相对较为简单，现有的数值模拟理论和技术在一定程度上可以满足河流治理、水利工程建设关键技术等方面研究的需求。然而，作为研究河流问题的一种有效手段，美国等不少国家的科学家和工程师研究较为复杂的河流水力学问题、河床演变过程、河道整治工程、重要的水利工程及水环境水生态关键技术问题时仍采用实体模型试验的方法，而且正在将此方法逐渐应用于河流生态学的研究领域内。

1.2.1.2　土壤侵蚀实体模型

　　美国最早于 1915 年在犹他州布设了第一个土壤侵蚀径流试验小区，可视为原型的土壤侵蚀实体模型。据此实验，开始收集坡面径流量和坡面土壤流失量。美国密苏里大学 1917 年在土壤系主任 M. F. Miller 的推动下于密苏里农业试验站布设了一批径流观测小区，由此开始了定量化因子作用的首次综合性研究工作，整理分析了不同降雨情况下的野外试验径流小区的土壤径流量、侵蚀量、含沙量等观测结果，并进行了公开发表。1930 年后，在贝内特局长的大力支持和推动下，美国农业部为了研究降水量的大小、降雨时间与降雨强度等与土壤侵蚀量的关系，以及地面的覆盖度的多少、地面坡度的大小与土壤侵蚀径流量和侵蚀量的关系，在各地共设立了 19 个土壤保持试验站，在这些试验站针对以上内容开展了大量的研究（张洪江，2006）。20 世纪 30 年代初，美国研究者开始利用人工降雨模拟土壤侵蚀试验，1932 年美国的 Duley D. Hbys 在尺寸为 1.5m×0.85m 的试验小区开展侵蚀试验研究；1934 年 Hendzinksen 在一个尺寸为 3.2m×0.99m 的试验小区通过"人工模拟降雨"的方法研究了土壤侵蚀。其后，不少人均通过人工降雨试验小区的方法开展土壤侵蚀产沙规律的研究。尤其在 20 世纪 60 年代以后，随着科学技术的进一步发展，出现了能模拟更高的降雨强度、更广的降雨覆盖面积、更长的雨滴下落距离的人工模拟降雨装置，使得野外试验小区人工降雨试验得以更好地开展。研究者不再受限于天然降雨的条件限制，随时可以利用人工模拟降雨在任一时间内对农地或其他试验小区施加设计暴雨，大大方便了在各种降雨条件下研究试验区产生的径流量和土壤流失量。在 20 世纪五六十年代末与 70 年代中期，Moldenhauer（1965）及 Meyer 和 McCune（1958）等不少学者都曾分别使用人工降雨的方法在野外研究土壤侵蚀特性、细沟和细沟间的侵蚀量，但是野外小区人工降雨试验方法存在的最大问题是试验小区范围有限、受天气制约作用大、水电及其他试验环境与条件往往难以满足要求等。

Mamisao 在研究农业流域土地利用影响时，提出了模拟流域特性试验的动力相似问题。通过因次分析推导了正态佛汝德定律的无因次参数，但在分析中将几个无因次量集中到"糙率"项中。其要点是时间比为 $t_r=h/i$（t 为时间，h 为雨深，i 为雨强），模型几何形状和降雨强度为变比尺，但几何尺寸与雨强显然相互独立，用简单推理公式分析畸变雨强的影响，而主要问题在于模型难以检验。Chery 以 1∶75 的正态比尺建立流域实体模型，尽管严格依据佛汝德定律进行试验，但径流过程不能重复实现。他在研究报告中指出，在何种程度上室内模型能代表或模拟天然流域系统，是个值得深入探讨的问题。

Grace 和 Eagleson 于 1964 年全面分析了室内变比尺模型在动力相似上的要求，并推导出动力方程的无因次参数。与水工模型相比，地表渗透增加了问题的复杂性，无法同时满足重力、黏滞力、表面张力对比尺的要求。因而，进行试验时不得不选择主要因子来选择模型比尺。此后，人们对模拟准则和缩尺比率进行了若干研究，但至今未能取得突破。

然而总的来说，国外水工模型试验的理论与技术发展相对成熟，模型的相似理论和模拟技术都相当成熟，已广泛应用于水工、河工、潮汐、波浪、水流诱发力及空蚀、管道、地下水、冰等试验，并在各方面都取得巨大成功，但是土壤侵蚀实体模型的试验理论与技术的发展仍比较慢。

长期以来，对土壤侵蚀的研究仍然是以野外小区定位试验为主。这些试验也大大推动了土壤侵蚀数学模型的发展。例如，1965 年，Wischmeier 和 Smith（1965）收集整理了美国各地 30 个州近万个野外试验径流小区近 30 年的径流量、泥沙量等观测资料，并进行了系统分析，概括总结出通用土壤流失方程（USLE），该方程通过预测片蚀和细沟侵蚀造成的年平均土壤流失量来进行预测预报土壤的流失，考虑了降雨因素、土壤可蚀性特征、作物管理措施、坡度坡长和水土保持措施五大因子，即降雨侵蚀因素、当地坡面土壤可蚀性因子、地形因子、植被覆盖或耕作措施等因素，以及水土保持措施或人工治理措施因子。

通用土壤流失方程定量评估农地土壤侵蚀程度或潜在发展趋势，可以为当地政府管理政策和农民耕作经营方式的确定提供技术指导。该方程由于是基于丰富的野外试验资料、广泛区域而建立的，在世界不少国家得到了应用。不少国家基本上是根据本国的实测资料，对该方程的参数计算做些修改后再推广使用的。1978 年，Wischmeier 和 Smith（1978）针对该方程实际运用中存在的一些短板及问题进行了改良，对通用土壤流失方程进行了修正，使其更具普遍性，更容易被世界各地使用，以作为估算田间年平均土壤流失量和进行坡地水土保持规划设计的指导性文件。1985 年以后，美国又开始开展修正通用土壤流失方程（RUSLE）（Renard et al.，1997）的研究，并在 1993 发展成软件系统。RUSLE

被世界上许多国家的学者进行一定的修正后形成了适合于各自国家的土壤流失预报方程。但是以年侵蚀资料建立起来的通用土壤流失方程，无法预测预报次降雨条件下的土壤侵蚀量的大小。同时，其在预测预报有垄作、水平梯田、等高耕作等方面的田地的土壤流失量时也存在一定的困难。

美国农业科学家 Foster 从 1985 年开始研究土壤水蚀预报模型（WEPP），并由美国农业部推出，研发 WEPP 模型的目的主要是想利用对机理模拟能够做到更精细的模型，从而替代通用土壤流失方程，更进一步完善对土壤侵蚀的预测。WEPP 模型研究 1989 年基本完成，后经过多次改进和完善，在 1995 年对外公开发布，是美国农业部组织农业研究机构、自然资源保护部门、林务部门和土地管理部门等，以及十几所高校进行开发的科研项目。在开发过程中，先后采集了 2000 个左右的土样，同时模型里用到的基础数据也用了近 30 年的降雨气候资料。截至目前已经向用户公布了 3 个版本的预测预报模型，包括一个坡面版（profileversion）、一个流域版（watershedversion）和一个网络版（gridversion）。WEPP 模型作为新一代的用于坡面土壤侵蚀预测预报的机理性模型，可以预测土壤侵蚀以及农田、荒草地、牧场、水平梯田、山地、开发建设项目工地和城区等不同地区和状况地面的产沙状况与输沙状况。WEPP 模型是一种基于侵蚀过程的模型，是对沟蚀和沟间侵蚀及泥沙运动机理的物理描述。该模型模拟范围可以从 $1m^2$ 大小的坡面到大约 $1km^2$ 的末端小流域（Foster and Lane，1987；Nearing et al.，1989；Nearing et al.，1990；Laflen et al.，1991；Foster et al.，1995）。

美国近些年主要致力于综合利用水肥土气等方面的研究，也包括如何监测农业土地资源及生产能力的新方法新技术的研发，同时也研究高效用水、节约用水的新技术新方法和管理制度的提高。此外，在机理方面如雨滴溅蚀作用、泥沙起动、输移及沉积等也开展越来越深入的研究。

俄国从 18 世纪 50 年代开始研究土壤侵蚀问题，进入 19 世纪以后，开展了土壤侵蚀特征等基础数据方面的调查以及径流小区观测等活动。

俄政府有关部门于 1917 年 10 月在奥尔诺夫斯克州成立了国际上最早的土壤保持试验站。半个世纪后，苏联仅从事水土流失试验研究以及综合治理的高校和科研机构就有 200 余家。之后一段时期，苏联这些科研机构致力于水土流失研究方法的探索和提高，研究取得了可喜的进展，手段上也有了较大的进步，制定了土壤侵蚀分区图并标定了危险等级，使土壤侵蚀研究逐步趋向于正规化和定量化，并出版了多部专著，如 1972 年发布的《土壤保持措施体系区划》等，也发表了很多具有很高学术价值的水土保持科学文献。

在欧洲阿尔卑斯山区，各国由于经常遭受山洪和泥石流等灾害带来的困扰，首先开始了这方面的研究，然后随着社会的进一步发展，欧洲其他国家也逐渐开展相关研究。奥地利于 1884 年制定了国际上第一部《荒溪治理法》，用来推动防治土壤侵蚀工作。联合国粮食及农业组织于 1950 年成立了欧洲山区流域管理小组，主要来推动国际合作以防治山地的土壤侵蚀。

欧洲各国拥有较高的山地森林覆盖率，而且很多土地主要用来放牧，因此土壤面蚀造成的破坏较轻微，起主要破坏作用的主要是山洪、泥石流和滑坡等灾害。他们目前已建立起卓有成效的综合治理体系，如将生物措施和农业措施、工程措施、法律措施等多类措施相结合开展综合治理。

17 世纪后期，日本通过把工程措施和封山育林措施相结合的管理手段来治理荒山，并取得了较好的治理效果，随后又在此基础上开展了治沙防沙的沙防工程。1897 年日本政府制定《森林法》，主要用于加强山区的泥石流、山洪等灾害的防治工作，中间经修订后一直延续使用。

第二次世界大战以后的日本，从 20 世纪 50 年代初至 1978 年是日本土壤侵蚀研究学科的形成期。三原义秋（1951）、种田行男（1971）收集了大量的降雨资料，在不同的径流小区开展了大量的试验，分析研究了坡面土壤的流失量、小区径流量与降水量、植被覆盖度、下垫面条件等各影响因子之间的关系。此外，多家高校和研究机构也开始对水土流失的各影响因素开展了大量的研究。日本该方面的研究工作主要开展了土壤侵蚀过程与不同降雨强度等气候因子之间的关系研究、土壤侵蚀发生的临界雨强研究、土壤可蚀性的研究、土壤流失量与地面坡度的关系研究、降雨雨滴击溅作用研究、不同水土保持措施的减水减沙效益分析，以及沟蚀发育过程及其定量统计模拟等。日本在国内相关科学工作者的努力下，取得了较为丰富的土壤侵蚀研究成果，培养了一批较为有经验的研究人员。随后，许多高校的农业院系及省部所属的研究机构也开始进行相关的水土保持研究。1979 年农业土木学会专门创立了水土保持研究分会管理协调各方活动。此后，日本进入土壤侵蚀研究的高速发展期。随着美国通用土壤流失方程被细山田健三和藤原辉男（1984）引进介绍到日本后，许多研究人员在研究该模型的基础上开展了大量降雨侵蚀力和不同土壤的可蚀性在不同地区的变化的研究（福樱盛一，1982；深田三夫和藤原田，1989；日下达郎和田中宏平，1981；松本康夫和五十崎恒，1980；长泽澈明等，1993；高木东，1986）。1985 年以后，全国多个地方相继按照通用土壤流失方程的要求设置了标准径流小区以用来进行观测各类参数。同时也开始开展了坡面侵蚀沟发生发展的规律研究、运用新技术新方法等监测手段定量化研究土壤侵蚀的历程。近年来，有关土壤侵蚀研究的年轻科学家越来越多，研究内容也更加深入和广泛。

总的来说，由于土壤侵蚀理论的发展相对不够成熟，目前国外关于具有严格相似意义的土壤侵蚀实体模型却一直并未能建立起来。

1.2.2 国内研究现状

1.2.2.1 河道实体模型

我国主要在 20 世纪 50~60 年代才开展大量的水流和泥沙模型试验，最初也是通过自然模型法制作"人工小河"来开展一些研究（屈孟浩，1959）。后来中国水利水电科学研究院、南京水利科学研究院、黄河水利科学研究院、清华大学、天津大学及武汉水利电力大学等，逐渐对河道实体模型的相似律问题进行了诸多探讨，如钱宁（1957）、李昌华和金德春（1981）、彭瑞善（1988）、李保如（1994）、李保如和屈孟浩（1985）、张红武等（1994）开展的卓有成效的工作。同时，我国对空气动力学模型试验在河道模型试验中的应用（李保如，1958），以及自然河工模型模拟方法（李保如，1963）、模型沙絮凝及板结问题的处理技术等也开展了卓有成效的研究。例如，黄河水利科学研究院针对黄河高含沙水流河道实体模型的模拟相似理论和模拟技术开展了大量的研究，并取得了许多具有创造性的成果；武汉大学水利水电学院对河工模型相似律、变率等问题提出了具有重要意义的研究成果；南京水利科学研究院先后对悬沙模型及其后来的全沙模型的模拟理论和技术均进行了卓有成效的探讨，以及其他不少单位都取得了显著的成果。

相对来说，我国在河工动床模型试验方面起步较晚。黄河河工模型试验最早的应该是1932 年恩格斯所开展的黄河动床河工模型试验。在 20 世纪 30 年代中期我国成立了中央水工试验研究所（现为南京水利科学研究院），开始了包括水工模型试验研究在内的水利工程科学研究工作。1956 年在南京水利科学研究院建设的推移质动床模型当属较早的。但半个世纪以来特别是近几十年发展相当快，进行过并正在开展着大量的河工动床模型试验，在水平上居于世界领先地位，已出版了不少专著，如早期出版的《动床变态河工模型率》《水工模型试验》（钱宁，1957；南京水利科学研究院，1959）等。

近年来有学者根据国外研究动态曾预言，河工模型试验将逐步被河流数学模型计算替代。事实上，由于实体模型具有的独特功能，而今模型试验却越来越多。仅黄河水利科学研究院和清华大学，目前都运行一些实体模型，如黄河小浪底至苏洒庄河段模型、小浪底水库模型及黄河宁夏河段模型等。

实体模型相似律是动床模型试验的关键，而模型相似理论又可根据试验河段泥沙运动特点，分为推移质动床模型相似律和悬移质动床模型相似律。

无论推移质还是悬移质泥沙，为保证运动与原型相似，都必须满足水流运动相似条件，主要为重力相似条件：

$$\lambda_V = \sqrt{\lambda_h} \tag{1-1}$$

及阻力相似条件：

$$\lambda_V = \frac{1}{\lambda_n} \lambda_R^{2/3} \left(\frac{\lambda_h}{\lambda_L} \right)^{1/2} \tag{1-2}$$

式中，λ_V 为流速比尺；λ_n 为糙率比尺；λ_R、λ_h、λ_L 分别为水力半径、垂直、水平比尺。

在推移质泥沙运动相似方面，现有的模型相似律大都保留着 1933 年 H.D·维格尔提出的相似条件：

$$\lambda_{\tau_c} = \lambda_R \tag{1-3}$$

或

$$\lambda_{V_c} = \lambda_V \tag{1-4}$$

式中，λ_R 为水流的剪切力比尺；λ_{τ_c} 为底沙的起动剪切力比尺；λ_{V_c} 为底沙的起动流速比尺。式（1-3）及式（1-4）形式虽然不同，但物理意义类同，均为底沙起动相似条件。

对于底沙的起动剪切力，广泛采用谢尔兹的公式，即

$$\frac{\tau_c}{(\gamma_s - \gamma)d} = f\left(\frac{u_* d}{v} \right) \tag{1-5}$$

式中，γ_s、γ 分别为泥沙、水流的容重；d 为泥沙粒径；u_* 为摩阻流速；v 为水流黏滞性系数。不难看出，上式中自变量与因变量中同时出现了水流剪切力。如果将著名的谢尔兹曲线改绘在普通坐标图上，就根本看不出明显的变化趋势（横坐标变幅为几百倍时，纵坐

标也只不过变化了两倍多）。显然在模型设计过程中采用式（1-3）确定底沙临界起动相似条件是不确切的。

因此，应该采用式（1-4）作为起动相似条件。

爱因斯坦、列维等认为细沙起动相似还应满足沙粒雷诺数相等这一条件：

$$\lambda_d = 1/\lambda_{\gamma_s-\gamma}^{1/3} \tag{1-6}$$

此条件在实践中很不易与其他重要比尺关系式同时满足，而在研究过程中，李昌华（1966）及 Zwamborn（1966）都指出，实际上是否满足条件［式（1-6）］，对于冲淤相似并无重要影响。

如前述，关于定床河工模型的加糙试验已探索出多种方法，根据需要达到的不同粗糙程度，通常采用不同的加糙方法，如将模型表面打毛，在河底粘贴卵石、碎石、混凝土立方体、角铁、橡皮条、塑料管、铁丝、平板、十字板等，以及将模型表面做成凹槽等。加糙方式有密铺加糙和梅花形加糙，所需阻力较小时常用密铺加糙，较大时常用梅花形加糙。目前除了梅花形排列的碎石加糙有较系统的研究成果，十字板加糙有一定的研究成果，其他糙体的加糙方法往往是根据具体的验证试验进行调整，其阻力计算和对水流结构的影响尚无系统的研究。明渠水力阻力计算是明渠水力学最基本的问题，前人做了大量的试验研究工作。

根据相对淹没度，即有效水深 h 与粗糙元素平均高度 Δ 的比值大小将粗糙体分为大、中、小三种尺度：

Ⅰ：小尺度糙体（$h/\Delta>15$）
Ⅱ：中等尺度糙体（$4<h/\Delta\leq15$）
Ⅲ：大尺度糙体（$h/\Delta\leq4$）

虞邦义（1990）认为大尺度糙体的 $h/\Delta\leq5$，而王晋军（1994）认为中等尺度糙体与大、小尺度糙体的 h/Δ 分界值分别为 1 和 5。

对于非密布加糙，糙体的形状、尺寸及排列方式对水流结构影响很大，阻力规律比密布加糙更为复杂。对于河工模型，小尺度糙体对水流结构、水量平衡影响小，所以应用于模型试验更多的是小尺度糙体。虽然针对不同的糙体都有不同程度的研究探讨，但还没有人比较完整地对不同糙体以及不同加糙方式下的水流阻力规律进行综合分析比较，没有比较全面系统的模型加糙理论，因此无法对多种加糙方法进行比选择优，以及方便快捷地用理论去指导实践。

另外，大多的阻力试验研究都是在管道或者矩形明渠中进行的，而天然河道和模型河道都并非规则的矩形明渠，甚至有的明渠断面形状与矩形有相当大的差别，明渠断面形状以及糙体分布又都是水流阻力的影响因素，因此，深入开展与实际河道断面更加相似的水槽阻力试验研究，从而揭示试验水槽到模型河流的水力阻力特性转换规律。

随着河工模型尺度的加大，河工模型对模拟精度的要求越来越高，这就对加糙方法提出了更高的要求，要求对原始的加糙方法进行改进，期望加糙不仅能达到要求的糙率，而且要对水流结构的影响小，给行蓄洪区的库容和河道槽蓄量带来的误差小，另外，对洪水过程的模拟还要求加糙能使水流在较小雷诺数时进入阻力平方区。由于卵石或者碎石加糙所占水体的体积较大，因而会给水量平衡带来较大误差，而且其能达到的糙率值有限，不能满足大变态模型的糙率要求。目前应用角铁、橡皮条、塑料管、铁丝等作为加糙体的还不多，且研究少，很难掌握加糙规律。平板和十字板以及凹槽加糙能达到较大的糙率，但是他们对水流结构的影响比较大，不太适合弯曲型河流。另外随着现有的加工技术和工艺水平的提高，加工成本的降低，使得研制一些更加科学的加糙体的可行性增强。针对以上要求和条件，长江科学院研制了 Y 形塑料加糙体，并将其应用于长江防洪实体模型试验中。

从 20 世纪 70 年代初开始，为了解决葛洲坝水利枢纽工程部分关键性技术问题，建造了 10 个大型的水流泥沙整体模型，进行试验研究工作。这在国际、国内是没有先例的。随后，为建设黄河小浪底水利枢纽、长江三峡水利枢纽，国内相关单位又开展了大量的模型试验工作，与此同时，也促进了对模型相似律问题的讨论，特别是关于正态与变态的问题、细颗粒模型沙问题、阻力平方区问题等。李昌华（1966）、李昌华和金德春（1981）、李保如和屈孟浩（1989）、李保如（1992）、屈孟浩（2005）、窦国仁（1977）、张瑞懂（1980）、张瑞瑾等（1983）、左东启（1984）等所提出的河道模型相似理论、相似律和模拟技术与方法等就是重要代表性成果。此外，我国还对各类模型沙的物理特性及水力特性、模型沙选择技术、加糙技术、河道水流比尺模型变态的限制条件、全沙模型相似律、不同河型河道模型相似律、人工转折模型的概念及设计进行了不同程度的研究，并取得了丰富的研究成果。所有这些都大大促进了河道挟沙水流比尺模型模拟理论与技术的发展。

朱鹏程（1986）曾对动床河工模型的变态及变率问题进行系统研究，提出了边壁阻力和河底阻力的比值在原型和模型应该接近相等的原则、不应该破坏流速垂线分布的原则，以及根据泥沙颗粒运动三种状态（层流、过渡、紊流）选择模型沙比尺的方法。同时，分析了在数值计算及模型试验中采用的糙率系数不准确引起的误差，并提出了估计的方法。之后，彭瑞善（1986）针对朱鹏程（1986）所提出的模型设计中的一些问题发表了不同的看法。彭瑞善（1988）还对冲淤相似等问题进行了研究，包括从含沙量垂线分布重心高度（以含沙量为权重的加权平均沉降高度）的概念出发，提出了计算淤积相似的新方法；分析了冲刷相似与起动相似的区别，以及对比降二次变态、河床演变与水流运动时间比尺不一致的问题也进行了探讨。吕秀贞和戴清（1989）进一步针对时间变态往往在一定程度上导致沿程流速、水位、挟沙能力和河床冲淤量偏离的问题，专门对时间变态问题及其影响进行了分析，进而通过水流连续方程和运动方程的数值求解，对时间变态所引起的诸如水力因素和河床冲淤沿程偏离的性质及偏离的程度进行了定性与定量的分析计算，最后研究了校正这类偏差的途径和方法。

关于时间变态问题，王兆印和黄金池（1987）、陈稚聪和安毓琪（1995）、张耀哲（1996）、张丽春等（2000）、虞邦义等（2006）、曾乐（2007）、高祥宇等（2017）都先后进行过研究。其中，张丽春等（2000）利用一维非恒定水流泥沙数学模型，针对上游流量和泥沙浓度呈阶梯形变化的边界条件问题，通过比较模型与原型尺度下的水流条件、泥沙浓度、累计淤积面积等各物理量的差异，定量地描述了时间变率、模型长度、水沙的非恒定性等因素对模型试验可能造成的影响，并对误差产生的原因进行了分析。陈稚聪和安毓琪（1995）通过试验分析，认识到河工动床模型试验的时间变态将导致模型中非恒定水流的流量、水位、流速及水流挟沙力产生偏离，偏离的大小和方向与下列几个因素有关：

①河段槽蓄量的大小；②时间比尺变率的大小；③流量台阶的特性（历时和变幅）；④涨水过程或降水过程。他们最后得出了计算涨水过程中水流挟沙力因子偏差大小关系式。白世录和于荣海（1999）对河工模型相似设计的变率问题进行过专门研究，从河工模型相似原理出发，由水流对床面产生的拖曳力 τ 和床面泥沙可动指标 $\rho' g d$ 之比，导出了适用于底沙的冲积性河工变态模型的变率 e 的关系式，该关系式是由模型沙密度来决定的，即 $\lambda'_\rho = e^2$，进而确定了设计冲积河流模型的变率 $e = \lambda_1 / \lambda_h$ 和 $\lambda'_\rho = (\rho_{Sp} - 1)/(\rho_{Sm} - 1)$ 之间的关系式。另外，对一些特殊模型设计的处理技术进行了较详细的介绍，对河工模型设计和试验研究者具有参考意义。上式中 λ'_ρ 为模型沙密度比尺；e 为模型变率；λ_1 为模型水平比尺；λ_h 为模型垂直比尺；ρ_{Sp} 为原型沙密度；ρ_{Sm} 为模型沙密度；ρ' 为床面泥沙密度；d 为泥沙粒径；g 为重力加速度。

其后，吕秀贞（1992）对以模拟推移质冲淤为主要对象的变态河工模型的有关相似比尺进行了分析，说明了几何变态所导致的顺水流方向正、负坡面上与岸坡泥沙起动和输沙率相似性偏离的性质、偏离的程度及其影响因素，为模型设计中合理地选定几何变率和模型沙提供了参考依据。

张红武（1992）通过试验和分析，以黄河下游游荡型河道为研究对象，对冲积河流模型应当遵循的河型相似条件及泥沙悬移相似条件进行了论证，并就模型沙选择及高含沙洪水模拟等问题进行了系统研究。近年还对尾矿库溃坝模型设计及试验方法进行了探讨（张红武等，2011）

模型试验组次的确定不仅涉及能否满足试验目的、研究内容的要求问题，而且直接关乎试验周期和费用问题。如何优化试验组次的设计方案，是试验者必须面对的基本问题，也是不少河流模拟研究人员长期关心的问题。陈惠玲（1995）依据正交法的基本原理和特征，探讨了正交法在水工模型试验参数设计中的应用，研究了如何选择和决定试验因素，水平、正交表，试验指标和分析方法等问题。

在 1995 年，为提高试验研究的规范性、科学性、准确性和可靠性，水利部制定发布了《河工模型试验规程（SL 99—1995）》（中华人民共和国水利部，1995），这既标志着我国河工模型试验理论与技术已发展到一定的成熟水平，也标志着我国河工模型试验这一科学研究方法已有统一的标准和技术要求。水利部于 2012 年对该规程又做了修订，颁布了修订版《河工模型试验规程（SL 99—2012）》（中华人民共和国水利部，2012），增加了多泥沙河流的模型相似条件。

作为对我国水工模型试验理论、方法与技术的总结和研究，还有一些专著相继问世（惠遇甲和王桂仙，1999；夏毓常和张黎明，1999；屈孟浩，2005）。

1998 年在武汉召开的"全国河流模拟理论与实践学术讨论会暨第三届全国泥沙基本理论学术讨论会"上，不少人就河工模型变态问题（段文忠等，1998）、泥沙模型起动问题（乐培九，1998）、河工模型对航道整治方案优化的程式和方法（胡旭跃，1998），以沉降为主的悬沙模型设计方法（卢绮玲等，1998）等问题提出了各自的研究成果。张红武（1998）就一般悬移质挟沙水流模型及高含沙水流模型两种状况，对其相似律的研究现状进行回顾和评价，并介绍了黄河模型相似律的最新研究进展。

虞邦义和俞国青（2000）对河工模型几种变态问题及其对水流运动、泥沙运动和河床变形的影响进行了回顾与评述，认为几何变态对顺直河段、弯曲河段和分汊河段的水流运动影响程度是有差别的；几何变态对推移质和悬移质泥沙运动的影响也不一致，应根据实际情况选择合适的几何变率；时间变态对水流运动和河床变形的影响十分复杂，时间变率应受到严格控制。

吕秀贞和彭润泽（1996）从悬沙扩散方程的解析解出发，分析了模型几何变态对淤积量和淤积部位相似性的影响，提出了估计模型与原型的偏离性和偏离程度的方法，并在导出的二维扩散方程近似解的基础上，提出了设计悬沙沉速比尺的方法。近期，李旺生（2001）研究了变态所引起的垂线流速分布不相似问题，认为变态模型垂线流速分布会有所偏离，水面下相对水深 H 的 0.6 倍以上变态模型的流速是增大的，而其下是减小的，因而垂线流速分布梯度增大。这种变态导致模型中副流强度和空间尺度的失真，而这种失真必然波及主流和主流输沙。但由此对输沙产生的影响还有待进一步研究。

陈先朴（1998）、虞邦义（1990）和梁斌等（2001）近年先后在前人对加糙技术研究成果（武汉水利电力学院，1983）的基础上，对模型的加糙技术进行了较为系统的研究，并在相关试验中得到应用（Chen et al.，1995）。根据梁斌等（2001）的研究，在大变态非恒定流河工模型中，由于模型变率大且模拟洪水过程，因此行蓄洪区库容相似、河道槽蓄相似，以及雷诺数变幅大、模型糙率大等诸多条件是加糙中应着重考虑的问题。并认为梅花形十字板加糙技术由于形体小、阻力大、进入阻力平方区雷诺数小、适应水流方向变化等优点，因此可以满足大变态非恒定流河工模型对加糙的特殊要求。

王学功（2000）针对二维变态模拟问题，在研究改进大尺度河流实体模型的模拟技术中，也探讨了模型加糙的问题，认为均匀粗糙床面可使用过渡区紊流，模型摩阻雷诺数只需要大于 285，即可以扩大自相似模拟流量范围。之后王学功（2002）又在此项研究的基础上，进一步研究了三维变态河工模型的可行性，并从理论上探讨了滩地、主槽阻力分开设计的糙率比尺，即

$$\frac{\lambda_{rt}}{\lambda_{rz}}=\left(\frac{\varphi_L}{\varphi_B}\right)^{1/2} \tag{1-7}$$

式中，λ_{rt} 为滩地糙率比尺，$\lambda_{rt}=\dfrac{\lambda_h^{1/6}}{\varphi_B^{1/2}}$，其中，$\lambda_h$ 为垂向比尺；λ_{rz} 为主槽糙率比尺；φ_L 为模型纵向变态率；φ_B 为模型横向变态率。

张红武和冯顺新（2001）对河工动床模型设计及试验过程中存在的几何变态、推移质和悬移质级配选配、推移质泥沙模型阻力相似、含沙量比尺确定、时间变态等问题进行了分析，并提出相应的解决途径和建议。例如，对于时间变态问题，他们建议通过对所选的几何比尺、模型沙材料的反复比选的方法，尽量使水流运动时间比尺与河床变型时间比尺相近，以回避时间变态所带来的一系列麻烦。

乐培九（2002）针对在悬沙变态模型中沉降和悬浮相似条件互为矛盾的问题，从理论上寻求解决这一问题的方法，提出了所谓的垂向泥沙通量比相似条件：

$$\lambda_\omega=\lambda_h^{1/2}e\lambda_\alpha \tag{1-8}$$

式中，λ_ω 为沉速比尺；λ_h 为垂向比尺；e 为变率；λ_α 为底部含沙量和表面含沙量差值与垂线平均含沙量之比的比尺，在含沙量饱和的恒定均匀流条件下，λ_α 可以由乐培九

（2000）提出的相关公式求得。

毛野（2002）对水工定床模型相似度进行了研究，认为模型系统与原型系统之间的相似在于二者之间有若干个相似元。各相似元的相似值等于特征值比例系数和相应特征权数的乘积。相似元的相似值总和为二者之间的相似度，即二者之间相似性的度量。水工定床模型系统与原型之间的相似性由十个相似元构成。根据这一理论，他进一步分析了模型的几何变态对流速、压强和相应场产生的变态效应，并以算例分析了变率和几何比尺对水工定床模型相似度的影响。研究结果还说明水工定床模型宜多采用大比尺。

后来，毛野和王勇华（2003）在对河工动床模型研究的评述中，以河工动床模型相似准数、模拟试验条件和典型情况下关键相似准则的选用为基础，比较了河工动床模型校验方法的优缺点，总结了动床模型的研究水平和发展趋势，认为河工动床模型尚处在主要进行定性相似模拟研究的水平上，若理论没有突破而仅靠加大模型尺度则不能明显提高研究成果的可信度，微尺度河工动床模型值得认真关注和积极探索。

李旺生和崔喜凤（2003）以变态河工模型垂线流速分布不相似为出发点，对悬移质泥沙变态模型的沉降相似问题进行了探讨。结果表明，变态模型的泥沙沉降是不相似的。

谢葆玲和王振中（1996）对宽级配卵石夹沙河床动床模拟的有关问题进行了研究，认为宽级配卵石夹沙河床中的泥沙具有很强的非均匀性，其中的卵石和细沙又有不同的运动特点，因此，在模型试验中应充分反映其非均匀性。在用起动相似计算模型沙粒径比尺时，应用起动流速系数来反映卵石扁平度及排列状态对卵石起动的影响，通过水槽试验，可将扁平度的三分之一次方作为改正系数，将 1.15 作为对排列状态的改正系数。

洪大林等（1999）通过研究指出，原状土与散粒体的起动流速、输沙率存在明显的差异，这使得新开挖河道动床冲刷模型设计方法与天然河道动床模型设计方法有所区别，也复杂得多。由此，提出了新开挖河道动床冲刷模型的设计思想和设计方法，泰州引江河道动床冲刷模型论证了该方法的正确性，并认为该方法具有普遍意义。

李昌华等（2003）认为在平原细沙河流的动床模型设计中，只考虑推移质运动的相似是不正确的，应主要考虑悬移质运动的相似，并且可以只考虑悬移质中床沙质运动的相似。以相似函数形式表达的分段起动流速可用于计算确定模型沙的粒径，使泥沙粒径的模拟符合相似理论的基本要求。他们根据研究提出的模型相似律及模型设计要点，进行了长江八卦宝塔水道挖槽淤积动床模型的设计及试验，得到了地形冲淤验证试验的相似，挖槽淤积量预报与启动工程原型观测的淤积量基本接近的结论。

清华大学于 1976 年曾对河工模型"人工转折"设计问题开展了研究。在编写的《河工模型试验中人为拐弯和轻质沙的应用》科研报告中述及了相关科研成果（清华大学水利水电工程系治河泥沙专业，1976）。清华大学对"人工转折"方法的研究主要是结合某河流上游山区河段的一项河工模型试验开展的。研究河段河面狭窄，谷坡陡峭，糙率多在 0.050 以上，最大可达 0.130；在开阔段河道阻力主要受床面糙率控制，河底一般为砂或砂卵石，糙率在 0.015～0.030。总的来说，宽深比很小，河道阻力主要受两岸边壁形状阻力控制，在整个试验河段内，河床比较稳定，床面基本上保持年内冲淤平衡。同时，水流含沙量比较低，一般不足 10kg/m³。上述河流特征与黄河尤其黄河下游河道冲淤变化大、河势演变剧烈、含沙量高、河床阻力构成复杂等诸多特性是迥然不同的。清华大学研究的原型河段长 140km，模型共设计了三个人工转弯段，转弯角度在 90°~180°。对转弯设计的主要转弯段的水位变化、转弯弯道出口河段断面代表垂线的流速分布及 50 700m³/s 流量级的代表垂线平均含沙量与转弯前进行了对比验证。此项研究成果对于开展黄河下游河道河工模型"人工转折"设计方法的研究具有一定的启发意义。然而，其研究还有一些明显不足之处，主要为：①缺乏理论分析依据，未能具体提出转折下延的设计原理和方法；②没有考虑流速及含沙量的横向分布问题，这对于河床冲淤演变剧烈的试验河段而言，水沙要素横向分布的一致性是非常重要的；③平均含沙量及流速都只在代表断面上进行了单一垂线的验证，且垂线平均含沙量只选择了一个流量级的，不能说明平均含沙量及流速的横向分布一致性的问题；④未进行转折进出口断面的河床变形及其他要素的一致性分析。另外，研究的河段河床也比较稳定，边界条件相对较简单。因此，关于河工动床模型"人工转折"设计方法的研究还非常不够，亟待从设计理论、设计原则和设计方法上开展系统研究，尤其对于黄河这类含沙量高、河床变形剧烈的河流，进行此方面的模型设计，存在更多的关键技术性问题。

王国兵（2001）结合黄河小浪底水利枢纽库区模型试验，也对高含沙水流的泥沙模型相似律进行了探讨，阐述了泥沙模型设计和试验的关键技术，给出了黄河小浪底水利枢纽库区模型的具体设计方法。其提出的模型试验结果表明，按该相似律设计的库区泥沙模型，可使模型中的水流条件、泥沙运动和异重流的运动规律、河床的冲淤部位、冲淤数量和淤沙粒径与原型达到基本相似。

窦国仁（2001）根据潮流和波浪的基本方程式及其相似条件，提出了悬沙和底沙实体模型的相似理论，特别是全沙变态模型的相似理论。按此相似理论，可在一个模型中进行潮流与波浪共同作用下的全沙试验。

傅文德（1994）在《高浊度给水工程》一书中，较为系统地介绍了高浊度水的基本特性试验和模拟试验的方法，其涉及高浊度水的分沙试验及配沙计算、高浊度水的动水模拟试验和高浊度沉淀池工作的模拟等方面，并给出了高浊度水辐流式沉淀池模拟试验实例。

张俊华等（1999）针对多沙水库特点，研究了黄河水库泥沙模型相似律和异重流运动相似条件，并完成了三门峡水库泥沙动床模型的模型沙选择和比尺设计。利用水库自然滞洪淤积及降水冲刷资料进行的验证试验结果表明，模型较好地复演了原型的水沙运动规律及河床变形。

近年来，河工实体模型模拟理论与技术在河口模型试验中也得到了较快发展。20 世纪 80 年代末至今，进行了包括钱塘江河口河道、过渡段与潮流段在内的悬沙淤积与大范围动床试验，还有辽宁营口港口区淤积与局部动床试验及某些局部水域淤积试验。然而，这些模型基本上属于悬移质模型，还并非完全的动床模型。黄河水利科学研究院曾在东营市专门建立黄河河口模型试验大厅，用于黄河河口演变规律、河道整治等方面的试验研究。近期，还有人利用实体模型研究黄河三角洲地貌变化问题（伊锋，2020），建立了潮滩干湿转化实体模型和含沙量减少对潮滩地貌冲淤影响的实体模型，研究潮滩干湿转化地貌发育空间分布差异和水流含沙量减少对潮滩地貌发育的影响。不过，这些工作毕竟为进一步开展河口动床模型试验奠定了一定的基础，为模型设计及模拟技术方面提供了可贵的经验。就目前一些代表性的河口模型来看，河口模型设计的主要相似准则包括几何相似、水流运动相似、泥沙运动相似及含盐度相似等几个条件。

熊绍隆（1995）通过对潮汐河口各类泥沙物理模型相似律的分析研究，提出了模型选沙的主要原则和时间变态的处理方法。其后，熊绍隆和胡玉棠（1999）又进一步根据河口泥沙细、河床变形多取决于悬移质运动的特点，论证了悬移、起动与河床变形相似为潮汐河口悬移质动床实体泥沙运动的主要相似条件。其研究认为：①潮汐河口悬移质动床实体模型水流运动必须遵循连续、重力与动床阻力相似，满足紊流和表面张力限制条件，泥沙运动必须服从悬移、起动与河床变形相似条件。例如，模型可以采用天然沙，还应满足相应的挟沙相似条件，若不得不采用轻质沙，则挟沙相似模拟的含沙量现阶段只能由冲淤率定试验确定，尤其当模型沙密度较小时。②潮汐河口悬移质动床模型主要由悬移与起动相似条件进行模型沙选择，模型沙选定后的动床阻力应不大于阻力相似要求值，因为模型加糙容易减糙难。③选轻质沙后，河床变形的时间比尺 λ_{t_2} 将远大于水流连续的时间比尺 λ_{t_1}。由于潮流随时间的变化迅速剧烈，因此各单个潮汐只能由 λ_{t_1} 控制，从而保证水流运动相似；再选择代表性较好的由若干个潮汐组成的基本单元，基本单元数即试验总潮汐数取决于 λ_{t_2}，这样可同时满足河床变形相似条件。另外，上游径流随时间的变化远较潮流缓慢，可按 λ_{t_2} 统一缩短。李泽刚和姚文艺（1999）在河口实体模型调研的基础上，根据理论推导分析，由河口三维非恒定流方程推得的水流运动相似比尺关系式与由二维水流方程推得的结果是相同的。

谈广鸣和陈立（2001）通过把河工模型试验和数值模拟计算两种手段进行有机结合来研究同一河段的泥沙问题，称为河床变形混交模型预测方法。他们提出并行混交、连接混交和内插混交三种类型，人工耦合、半自动耦合和自动耦合三种混交方式，以及广义混交模型的概念。

苏杭丽等（2002）研究了复合连接技术（复合模拟技术）。复合模型实现的关键在于把实体模型和数学模型两种不同的模拟方法实时连接起来，对连接过程中变量的选择、数学模型部分与接口的匹配、实体模型部分与接口的匹配以及接口实时性实现的几个问题进行了分析，讨论了复合模型的实时耦合。周汝盛等（1999）就半河局部河工模型的关键问题——半河纵向边界应具备的条件、选定方法，以及半河纵向边界存在的问题发表了看法，认为半河局部河工模型可以作为一种研究方法，单独或与数学模型研究相配合，可以解决工程建筑物尺度相对较小而附近水域较宽广条件下的工程实际问题。刘国庆等（2020）以苏南运河–蠡河–望虞河交汊河道为研究对象，通过数学模型和实体模型相结合的研究手段，其中实体模型望亭立交水利枢纽、蠡河水利枢纽工程及蠡河，构建了交汊口平面二维数学模型，利用"2016·7"超历史洪水资料并结合实体模型进行验证，在现状交汊角计算基础上，进一步模拟了苏南运河–蠡河变交汊角条件下蠡河分流比特性，并开展了多因素影响分析。焦爱萍等（2002）也对河工模型试验和泥沙数学模型结合问题进行了探讨，他们认为两种方法都必须进行某些简化与近似，而必须适应原型的实际情况，在数学模型里要选用合适的经验系数，而在河工模型里要优化模型的糙率。这两种方法的主要差别在于数值模型需要制定描述流场的方程式，而水力模型则需要确定作用力，据此确定相似准则数。将两者有机结合起来的混合模型，可用以解决单一模型不易解决和不能解决的问题。两种模型的结合除能起相辅相成作用外，还能起到互相补充验证的作用。对于复杂的问题，往往会建立不同维的数学模型与实体模型联合模拟试验研究（虞邦义等，2021）。例如，在优化淮河干流河道整治及行蓄洪区调整工程方案中，就分别建立了大型实体模型，一维、二维耦合水动力数学模型，试验研究了淮河流域河床湖床演变、河相关系、挟沙能力、造床流量等河道湖泊演变基本规律，对行蓄洪区调度方案及冯铁营引河工程等进行综合模拟试验论证。混合模型作为一种新的研究手段，将是今后发展的重要方向。

1.2.2.2　土壤侵蚀实体模型

1933 年成立的黄河水利委员会下设有林垦组，专门负责管理水土保持工作，在黄河中游地区设立了水土保持试验基地。1940 年黄河水利委员会针对治黄工作中存在的问题，特别是下游河道泥沙淤积的问题，提出了防治泥沙淤积、保护水土资源的建议，并成立了林垦设计委员会[①]，主要开展植树造林、修建水平梯田、保持水土等试验研究工作。同年，黄河水利委员会统一组织国内相关大学的相关学科、科研院所在成都首次召开了防治水土流失的科学讨论会，并首次提出“水土保持”一词，在 1942 年建立了天水水土保持科学试验站。

我国最早的土壤侵蚀模拟试验是以引进人工降雨模拟技术开始的。我国自 1950 年开始引进模拟降雨系统后，又开始自行研制降雨装置，为土壤侵蚀与水土流失的观测和研究提供技术手段。水利部黄河水利委员会黄河水利科学研究院和中国科学院水利部水土保持研究所等科研机构最早开始这方面的研究。随后中国铁道科学研究院和中国科学院地理科学与资源研究所也根据自己业务的需要开展了不同降雨强度下的模拟降雨试验。西安理工大学、中国科学院水利部水土保持研究所、一些水土保持仪器设备研发公司也都研制出不同精度、不同降雨控制面积的人工降雨装置，特别是近期，又研制出可供室内外试验使用的，可模拟连续变雨强实时过程自动控制的大型人工降雨系统，在黄河水利委员会黄河水利科学研究院和广州土壤研究所都得到了较好的应用。

朱咸和温灼和（1957）较早地利用室内不透水流域模型对单位线的基本假定进行验证研究，提出了流域汇流的非线性现象，为单位线在实用中的非线性改正提供了科学依据。他们实际上假定了模型与原型的系统响应相似，取代复杂的水动力学相似。西安理工大学自 1983 年以来进行了大量坡面降雨漫流及侵蚀试验，仍以模型与原型的系统响应相似假定为基础。关于土壤侵蚀实体模型试验相似性的问题，陈浩（1993）在 20 世纪 90 年代曾对流域侵蚀产沙及地貌发育过程试验方法进行研究，分析了流域地貌模型的相似性问题，提出了根据“异构同功”原理及地貌类比法则进行试验的方法。雷阿林等先后对土壤侵蚀试验中的降雨相似及土壤相似问题进行了初步研究（雷阿林和唐克丽，1995；雷阿林等，1996）。由于作者用一般的孤立的牛顿力学及阻力规律等探讨雨滴的降落规律，模糊了模型与原型是相似而不是相等的原理，认为模拟只能是 1:1。之后，作者又提出，如果原状土的降雨入渗和产流产沙过程与扰动土（模型土）的相应过程趋于一致时，即认为二者有

---

① 1940 年 8 月改名为水土保持委员会。

相似的侵蚀过程与特点，后者可代替前者，其结果亦可应用外推于前者之上，作者在承认可对特定条件模拟土壤相似的同时，却忽略了模型原型的比尺效应。

蒋定生等（1994）开"小流域水沙调控"模拟试验的先河，大胆借用水工、治河、泥沙模拟试验技术，认为在坡面及沟道汇流过程中，紊流得到充分发展，在流体流动过程中，重力影响是重要的，在考虑水流、泥沙运动相似的条件下，采用正态模型，研究小流域水沙变化规律，虽考虑简单，但抓住了问题的本质，为模拟黄土高原小流域模拟试验指明了方向。

此后，高建恩等（2005，2006）、沈冰等（1997）对土壤侵蚀实体模拟技术开展比较系统的研究。张红武等（2006）还开展了坝系实体模型试验的相似设计问题的研究。李书钦等（2010）也研究了黄土高原地区典型小流域土壤侵蚀模拟试验中实体比尺模型设计与验证的问题，为黄土坡面土壤侵蚀实体模型相似性的研究提供了良好的基础。近年来，中国科学院水利部水土保持研究所和地理科学与资源研究所都先后利用人工模拟降雨，模拟小流域的产水产沙过程。

赵纯清等（2012）就土壤侵蚀模拟试验中关于小型水槽装置的设计方法进行了探讨，研发的试验装置可用于土壤侵蚀的填土冲蚀试验、薄层水流的水流特性试验和薄层水流的挟沙输沙试验，并且可以进行绿篱拦挡条件下的浅沟侵蚀试验，为土工试验设计大型冲蚀水槽和更小型的冲蚀水槽提供一定的设计思路。

时明立和姚文艺（2005）做了比较系统的总结，从黄河近期治理开发的重大实践需求和黄土高原的生态环境建设的角度出发，系统总结回顾了以往土壤侵蚀科研工作者取得的成果，近些年对黄土高原土壤侵蚀规律进一步深入研究中存在的问题进行了分析总结，结合近期黄土高原地区侵蚀规律研究的重大问题，提出了黄土高原地区土壤侵蚀研究中亟待解决的研究内容以及研究这些内容所必需的研究方法，其中包括重力侵蚀规律的深入研究、不同水土保持治理措施配置下坡沟系统侵蚀产沙耦合关系及泥沙输移规律、水土保持植被措施作用下的水文效应和产流机制、土壤侵蚀产沙发生发展过程中的尺度转换关系、黄土高原水土流失模拟理论与技术，特别是在土壤侵蚀实体模型模拟技术方面亟待解决的关键科学问题。不像成熟的河道模拟技术与手段，国内外开展的土壤侵蚀实体模型试验均是非严格比尺意义上的模拟试验。因而，要实现对坡面沟道系统以及流域尺度上各个完整侵蚀过程的水沙定量预测预报，迫切需要研究包含有严格比尺意义的试验理论、试验方法与技术，亟须研究土壤坡面、坡面沟道系统和小流域比尺模型的几何相似条件或相似律，以及相似比尺体系等，可以从最简单的坡面土壤侵蚀相似做起，这为黄土高原土壤侵蚀规律的进一步深入探讨指明了方向和目标。

李占斌等（李占斌等，2008；李鹏等，2002；崔灵周等，2001；李勉等，2002；丁文峰和李占斌，2001）通过系统总结国内外的土壤侵蚀方面的研究成果，分析了雨滴击溅侵蚀、土壤坡面水蚀过程、坡面沟道系统水沙传递关系、沟道侵蚀输沙4个子过程系统的研究成果，叙述了以上的土壤侵蚀子过程研究中取得的进展和存在的问题，简述了土壤侵蚀与产沙预测预报的研究成果，探究了不同的水土保持措施对土壤侵蚀的调控作用和如何评估水土保持效益等问题，进一步提出了土壤侵蚀研究学科应该从不同尺度土壤侵蚀预报模型转换、土壤侵蚀环境综合治理的效益评价、土壤侵蚀的实体模拟等方面作为突破口的研究思路。

尽管相对目前水工实体模型试验来说，对土壤侵蚀实体模拟理论与技术还很不成熟，还存在土壤侵蚀模拟试验中实体比尺模型相似率、比尺设计与试验技术的诸多问题，但仍然为坡面土壤侵蚀实体模型相似性的研究提供了良好的基础。

1.2.3　黄河河工模型研究回顾

早期的黄河河工模型建于国外，其成果只是一种定性的试验探讨。直至 20 世纪 40 年代末，黄河河工模型仅仅处于起步或初级阶段。半个多世纪以来，在继承和探索的基础上，研究人员找到了可适应黄河水沙运动规律的动床泥沙模型相似理论、模型沙材料及试验方法，并不断趋于完善。特别是 20 世纪 90 年代至 21 世纪初黄河实体模型试验工作发展较快。例如，水利部黄河水利委员会提出的"三条黄河"理念（李国英，2005），大大促进了黄河模拟研究工作的发展，开展了黄河下游小浪底——苏泗庄河道实体模型、小浪底水利枢纽库区模型、三门峡水库库区模型等大量动床河工模型试验，积累了丰富的经验，无论是基本理论还是模拟技术均居世界前沿地位。

早在 1932 年，H. Engels 在德国的 Obernach 水工试验室就进行了黄河的模型试验研究工作，受原型资料及基础理论知识所限，模型试验在水文、泥沙、边界条件和模型缩尺方面与黄河并不严格相似，仅是一种定性的试验探讨。尽管如此，其毕竟是黄河模型试验的开端。从 H. Engels 于 1931 年写给李仪祉的信函中了解到，在此之前，H. Engels 就曾于德累斯顿大学做过黄河的种种试验，不过未进行大规模的试验。同时，方修斯（O. Franzius）在汉诺威工业大学从事旨在达到一种较为有利的洪水流量的河道模型试验，李赋都做了黄土河床试验。李赋都（1988a，1988b，1988c）根据《李赋都治水论文集》，曾详细介绍 1935 年我国在天津建立的第一个水工试验所，并开展了黄土河渠试验，模型长 20m，宽 2.5m，比降 1∶800。

1942～1945 年，谭葆泰（曾任重庆大学土木系主任）主持黄河河口堵口模型试验。他在模型设计上考虑了几何相似和水流动力相似，但受当时条件所限，尚难进行动床模型设计。1950 年苏联 Ф. И. 皮卡洛夫所提出的以相似理论为基础的悬移质泥沙模型的相似律在黄河泥沙研究领域有一定影响，但事实上其相似仅适用于正态模型。20 世纪 50 年代初，在苏联列宁格勒还开展了黄河三门峡水库淤积及排沙模型试验，为多沙河流水库泥沙模型试验方法积累了宝贵的经验。

1953 年郑兆珍提出了较系统的悬移质泥沙模型相似律。同年，黄河水利科学研究院将水流挟沙能力、冲刷能力、浑水相似模型律等作为研究黄河泥沙的主攻方向，开始黄河动床模型试验方法的研究。1956 年，屈孟浩等采用引黄沉沙池进行游荡型河道造床试验，1957 年谢鉴衡也开展了同样的造床试验，试图通过造床试验探求黄河动床模型率。

H. A. Einstein 和钱宁提出的模型相似律是最早有系统理论基础的动床泥沙模型相似律。1956 年，中国水利水电科学研究院河渠研究所按照该模型相似律，开展了黄河三门峡水库淤积模型的设计与试验，探讨淤积对回水的影响问题，获得的定性认识为三门峡水利枢纽排沙设施的研讨提供了参考依据。

为研究三门峡水利枢纽修建后对下游河床演变的影响，黄河水利科学研究院等相关单位于 1958 年开展了黄河河床演变及河道整治模型试验。至 1960 年完成了三个模型试验，第一个是长 55m、宽 7m，用细沙铺成河床，代表黄河下游游荡型河道的"自然模型"；第二个是平面比例尺为 1∶800，垂向比例尺为 1∶60，代表河南境内来童寨到柳园口河段的煤渣河床质模型；第三个是在花园口的露天大模型，这个模型是利用引黄淤灌渠的水做试验的，代表着河南境内岗李至东坝头的河段，模型平面比例尺是 1∶160，垂向比例尺是 1∶18，并利用附近的细沙作为模型河床质。以上三个河道模型试验都采用相同的步骤，分三个阶段进行。第一阶段按黄河三门峡水库还没有拦洪以前的流量和含沙量过程线做试验，使模型河床呈现出游荡和冲淤变化与黄河近似的状态；第二阶段在模型河床演变和黄河相近似的条件下，按三门峡水库拦洪以后的流量过程线做清水试验，在以上的试验基础上将流量限制在 6000m³/s 以下，并在模型上设置水利枢纽工程，观察自由段河床摆动和下切、枢纽壅水段河床淤积的情况，并观察利用枢纽排洪闸冲淤对维持壅水段深槽所起的作用；第三阶段是在第二阶段试验的基础上进行防洪和整治措施的比较试验。

在此期间，屈孟浩等于 1958 年初成功地塑造出游荡型小河，并于 1958 年底，屈孟浩正式发表了"河工模型试验自然模型法"。涂启华等也利用半自然模型开展黄河下游模型试验。1963 年，李保如将国内外塑造不同河床过程及不同类型模型的经验进行了系统总结，探讨了模型小河塑造阶段模型比尺的变化，给出了塑造弯曲及游荡型模型小河所应选择的泥沙粒径与比降的经验关系，计算游荡型模型小河的河相关系、水流挟沙能力及糙率系数等经验关系，这对完善自然模型试验方法和推广应用起到了积极作用。

1958 年冬至 1960 年底，水利部黄河水利委员会在陕西武功主持了三门峡水库淤积及渭河回水发展野外大模型的试验研究工作，由黄河水利科学研究院等单位具体负责，分别开展了整体大、小模型及渭河局部变态模型试验。由于当时河工模型相似律尚不完善，为解决变动回水区水流重力相似和阻力相似、淤积相似和冲刷相似很难同时满足的矛盾，以及异重流流速过缓带来的各种难题，采用了浑水变态动床大比尺整体模型与系列延伸整体模型。整体大模型由钱宁设计，系列延伸整体模型按照沙玉清方法设计，渭河模型按照苏联专家哈尔杜林和罗辛斯基的建议进行。该模型试验是我国最早开展的大型水库泥沙模型试验，尽管获得的试验结果在定性上还有一定的争议，但对于模型试验技术和方法等方面的探索来说还是积累了宝贵的经验。

由于自然模型对泥沙运动相似和水流相似的要求不高，因此，自然模型法只能研究黄河河床演变中的定性问题，而不能解决定量问题及复杂的工程泥沙问题。为此，黄河水利科学研究院自 1964 年开始，着重于研究黄河比尺模型。1978 年屈孟浩根据黄河模型试验的经验，提出了动床泥沙模型相似律，该相似律在《泥沙手册》中被冠以"屈孟浩的动床泥沙模型律"（中国水利学会泥沙专业委员会，1992）。该模型相似律要求在黄河动床模型试验中，除须遵守重力相似条件和阻力相似条件外，在泥沙运动相似方面须遵循悬移质泥沙运动相似条件、水流挟沙能力相似条件、河床冲淤过程相似条件，还要满足床沙运动相似 $\lambda_D = \lambda_\gamma \lambda_h \lambda_J / \lambda_{\gamma_s-\gamma}$，式中 λ_γ 为水的容重比尺；λ_h 为垂直比尺；λ_J 为比降比尺；$\lambda_{\gamma_s-\gamma}$ 为泥沙与水的容重差比尺。此外，要求选择一种既能作悬沙又能作底沙的模型沙，按模型床沙中值粒径与悬沙中值粒径相等的条件选沙，还往往允许泥沙级配与原型有一定的偏差。至于模型几何变率 D_t（或 e）的大小，认为按 $D_t=\lambda_1^{1/3}=\lambda_h^{1/2}$ 计算为好，λ_1 为水平比尺。其后，李保如和屈孟浩（1989）进一步研究了自然模型的模拟问题，给出了控制模型河型的主要因素，并绘制出相关曲线，该曲线可供设计不同河型的自然模型所使用。同时，他们给出了设计黄河比尺模型的模型律。李保如（1992）还根据黄河实体模型试验的需要，在探讨游荡型模型的河相关系基础上，提出了游荡型模型比尺及变率的限制条件。1981~1986 年，围绕小浪底水利枢纽泄水建筑物门前防淤堵问题，开展了多种方案的试验。在此期间，屈孟浩、窦国仁分别对高含沙水流模型相似律进行了探讨。

张红武等（1994）对黄河高含沙水流模型相似律又有了新的发展，如提出了河型相似条件：

$$\frac{\left(\frac{\gamma_s-\gamma}{\gamma}D_{50}h\right)_m^{1/3}}{J_m B_m^{2/3}}\approx\frac{\left(\frac{\gamma_s-\gamma}{\gamma}D_{50}h\right)_p^{1/3}}{J_p B_p^{2/3}}\tag{1-9}$$

式中，B 为造床流量下河宽；h 为造床流量下平均水深；J 为河床比降；γ_s、γ 分别为泥沙、水流容重；D_{50} 为床沙中值粒径；下角标 p 为原型；下角标 m 为模型。同时，提出的悬沙悬移相似条件为

$$\lambda_\omega=\lambda_V\left(\frac{\lambda_h}{\lambda_1}\right)^{0.75}\tag{1-10}$$

式中，λ_1 为水平比尺；λ_h 为垂直比尺；λ_ω 为悬沙沉速比尺；λ_V 为水流流速比尺。并给出了确定高含沙洪水模型含沙量比尺和协调水流时间比尺与河床冲淤变形时间比尺相近的方法等。

随着"模型黄河"工程的实施（姚文艺，2004），黄河实体模型模拟理论、方法与技术将得到更快的发展，使河工模拟的科学试验方法在黄河治理开发与管理的科研工作中发挥出更大的科技条件平台作用。

1.3　河道实体模拟理论与技术研究新方向

1.3.1　存在的主要问题

虽然经长期的研究和科学实践，实体模型模拟理论和技术都得到了长足的发展，但目前仍存在一些主要的理论问题和技术问题需要进一步探索。尤其对于像黄河这类多泥沙河流的实体动床模型试验，其设计理论和试验技术更需要广泛开展深入研究。

第一，一般来说，大中河流的上、中、下游河段的河型往往是不同的，其演变规律、河性、河床边界条件都有很大差别。因此，在河工动床模型设计中，对上、中、下游不同河型河段的同一参数很难用一个相同的比尺进行模拟，就是说，按照同一个比尺，不可能保证在同一个模型中的不同河型河段在几何、力学和运动等方面可同时满足相似要求，在以往的河工模型中，对同一个模型具有不同河型河段的动床模型设计研究极少。

第二，在模型试验的实践中，当模拟的河段较长时，往往会遇到由于模型试验场地太

短而难以按照较佳的设计比尺布设模型的情况。为此，大多不得不采取选择缩小模型平面比尺的办法加以解决，显然，这种方法是以舍弃模型某方面的相似性和降低模拟的精度为代价的，也正是如此，常常导致一些原预定的内容无法开展试验。

第三，在通过河工动床模型试验研究河道整治工程的控导效果时，一般需要施放长系列水沙过程进行长时段的试验，经河床自行塑造出稳定形态后才能观测到整治工程的极值控导参数，包括工程送流长度、送流的集中程度或送流角度等。这样，试验周期往往很长，其成本也较高。那么，采取何种试验技术能够有效地缩短试验周期亦为值得研究的重要问题之一。

第四，模拟理论还不完善，如水流挟沙力比尺的确定、水流运动时间比尺与河床变形时间比尺的协调等；另外，模拟技术还不十分成熟，如模型沙选择、模型床沙容重控制、塌岸重力侵蚀的模拟、大型实体模型的水力相似的稳定性等问题。

第五，土壤侵蚀实体模型试验的相似理论、模型设计方法和试验技术的研究进展相对滞后。目前在建立具有严格相似比尺意义的土壤侵蚀产沙实体比尺模型方面仍有很多工作要做，仍未能得到较有效解决的问题有：①没有建立起完善的土壤侵蚀与产沙实体模拟相似方程体系；②仍未解决降雨及径流和产沙的几何相似、动力相似、运动相似的三大相似律的内在表达关系；③未提出侵蚀产沙的实体模型设计比尺体系；④对重力相似、土壤容重相似及水土保持措施防治模拟技术等关键问题的研究还远远不够等。尽管如此，目前所开展的一些土壤侵蚀研究对于建立土壤侵蚀实体比尺模型仍具有重要的启迪意义。也正是基于目前国内外对土壤侵蚀比尺模型模拟理论与技术研究还很少，基本属于起步阶段的状况。本书初步探讨坡面降雨、径流和侵蚀产沙实体模拟的理论和方法，为今后开展流域实体模型的模拟理论与方法奠定必要的基础。随着侵蚀与产沙理论的发展和水土保持等生态建设的实践积累，具有严格比尺意义的坡面或者小流域土壤侵蚀与产沙实体模型的基础理论、试验方法和技术将会逐渐成为水土保持相关众多学科领域研究的新方向。

1.3.2 研究新方向

从目前国内外实体模型模拟理论与技术发展的态势看，实体模型模拟技术将在以下几方面成为新的研究方向。

（1）在我国，大比尺、长尺度、变河型的河道比尺动床模型发展较快。也正由此，变河型河流统一模拟的设计理论与方法、长河段大尺度河道模型的设计方法及试验周期的优化处理技术等将成为需要解决的重要问题。

（2）大比尺、长尺度模型是否会引起模型沿程水力要素与原型偏离，进而影响河床变形的相似，即现行河道模型相似律对大比尺、长尺度模型的适应性问题，大比尺、长尺度模型的水沙运动和河床变形等稳定性问题及其累积误差的评估问题，不同河段原型与模型冲泻质与床沙质的分界及其他相关问题等，都是人们十分关注的。而这些问题不仅受河流泥沙基本理论发展水平的制约，还受目前的研究条件影响，需要一个长期的探索过程。

（3）高含沙水流、极细沙、大幅降水冲刷的库区实体动床模型模拟技术正在受到重视。水库降水冲刷产生的剧烈变形并非仅仅是水流的不平衡输沙问题，库区淤积泥沙在降水冲刷过程中还同时受重力作用及颗粒体空隙内流体的运动使之滑塌或液态化。为此,降水冲刷试验相似条件及模拟技术的研究,以及其对水库其他相似条件的统一及和谐问题,将是今后的研究方向之一。

(4) 河床变形时间比尺与水流运动时间比尺一致性的协调问题仍成为人们研究的热点问题之一。另外,确定含沙量比尺的理论也在为不少人所研究。

(5) 河道实体模型的试验理论和技术正开始向着土壤侵蚀实体模型试验领域渗透,但是对于流域土壤侵蚀实体模型尤其是具有比尺意义的侵蚀模型,不仅由于人们对诸多土壤侵蚀规律及侵蚀力学机理尚不完全清楚,而且侵蚀产沙过程模拟的因素相对河流过程模拟更具复杂性,如平面尺度大、影响因素多;存在着降雨和径流两种过程完全不同的能量输入因子,而且这两个过程对土壤侵蚀往往都有较大影响。同时其作用也多是耦合的;空间平面尺度与径流深、侵蚀深等垂直尺度差异过大;坡面径流并不完全等同于河道明渠水流,具有"伪层流"等特殊的流态;推移质运动和悬移质运动具有一定的相互干扰作用,且推移物与悬移物难以明显区分等。因而,流域土壤侵蚀实体模型试验的相似性与模化过程是极为困难的,有更多的理论和技术问题需要研究解决。

(6) 在国外,随着生态河流学的发展,河工实体模型试验技术正在向生态研究领域渗透。例如,利用河道实体模型试验的手段研究河道整治或河流开发后对生物生存的水力学环境的影响及其治理措施等。

(7) 实体模型模拟与数值模拟的耦合问题,也正成为目前研究的热点和难点之一,也是河流模拟领域中一个新的发展方向。

(8) 随着侵蚀与产沙理论的发展和水土保持等生态建设的实践积累,具有严格比尺意义的坡面或者小流域土壤侵蚀与产沙实体模型的基础理论、试验方法和技术将会逐渐成为水土保持相关众多学科领域研究的新方向。

1.4　主要研究内容与创新成果

本书依据黄河大型河工动床模型的实践,重点对四个问题进行研究:第一,按照河工模型相似理论和设计方法,提出河型变化段河道实体动床模型设计原则和方法;第二,以水动力学理论为基础,研究"人工转折"河道动床模型的设计理论与方法,提出"人工转折"河段水沙运动相似的设计原则和处理方法;第三,基于河床演变学的理论和概念,提出河道在节点边界作用下主流位置变动的数值模拟计算方法,将该理论应用到河道实体模型边界模拟的处理上,探讨河道实体模型的"松弛边界"试验方法;第四,基于土壤侵蚀动力学理论和泥沙运动学理论,借鉴河工模型设计的经验和技术,探讨降雨作用下土壤侵蚀实体模型试验的模型相似律及试验技术等问题。另外,结合模型试验模拟理论与技术研究的应用,开展黄河下游河道治理的实体模型试验,对河道治理的有关应用基础和关键技术问题进行探讨,包括河道整治机制、挖河疏浚减淤机理及工程设计的关键技术参数等。通过上述研究,力求取得如下创新成果。

(1) 提出河型变化段河道实体模拟的概念,在河型变化段河道实体模型的设计理论与技术上取得突破。

（2）系统提出具有水动力学理论基础的河道实体模型"人工转折"设计的原理、原则和方法。

（3）首次建立"松弛边界"试验方法的概念，提出"松弛边界"试验方法的理论依据，并给出其设计原则及方法。

（4）提出黄河下游游荡型河道整治工程布设原则及河床演变对河道整治的响应关系，研究黄河下游弯曲型河道挖河减淤机理和工程设计的关键技术参数等。

（5）提出土壤侵蚀实体模型相似律及模型试验方法，研发大型人工降雨自动化控制系统。

本书利用理论分析、数值计算、实体模型试验验证和应用检验的手段，基于河床演变学、河流地貌学、水动力学及相似法则的理论，针对黄河实体模型试验中常遇到的一些试验方法与技术问题，对多泥沙河流河型急剧变化段的动床模型设计方法、多泥沙河流动床模型"人工转折"设计方法及"松弛边界"试验方法、土壤侵蚀实体模型的设计理论与方法等问题进行了理论上的探讨和方法上的创新，提出的设计理论和试验方法在黄河河道治理的模型试验中得到了应用检验。本书不仅证明了这些方法及理论的合理性，同时在河道治理、土壤侵蚀治理等理论和规律方面也取得了不少认识，为黄河下游河道治理、黄土高原水土保持的工程实践提供了很有价值的参考依据。另外，较为系统地介绍了黄河实体模型的一般设计理论和本书中所应用、开发的相关试验量测技术，以及大型可连续变雨强的模拟降雨试验装置和自动化控制系统。

1.5　学术思想与研究技术路线

1.5.1　学术思想

本书采用的研究方法主要有理论解析、逻辑推理、数值分析和试验研究。在实际研究过程中，将通过多种方法相结合的途径对相关内容进行攻关。

在模型设计几何比尺相似要求与模型环境空间限制的协调问题研究中，采用"人工转折"的处理技术。"人工转折"是人为地改变天然河流边界的连续性，因此将使得自然条件下的水流动力过程和河床演变及泥沙运动过程遭到破坏。"人工转折"设计的关键是要保证转折前后模型中的水沙运动过程的高度相似性。为此，将采取能量守恒原理、水动力学及河床演变学的方法，探讨多泥沙河流河道实体模型"人工转折"的设计原理、原则和方法。

在河型变化段河道实体模型设计研究中，将从河流系统的观点出发建立解决这一问题的学术思想。根据河床演变学的观点，河型变化是河流地貌因素及河流能耗因子共同耦合作用的结果。从河流地貌学的角度，对于处在重力梯度带上的河流，其河型变化是渐变的，河流的水力边界也相应是渐变的。因而，以河流地貌系统函数为出发点，通过相似分析和逻辑推理，研究其相似条件及其模拟方法。

在研究河流演变及河道整治工程控导效果等问题时，往往会遇到河床演变历时较长而使模型试验的周期过长的问题，由此模型试验的成本加大；但若试验周期过短，又往往不能得出精度较高的成果。为解决试验周期与模拟效果之间的这种矛盾，将以河床演变学的理论分析方法，结合数值分析，研究"松弛边界"试验方法的原理及技术。即基于河道在节点边界作用下主流位置变动理论和计算方法，解决河道实体模型"松弛边界"的处理问题。

在土壤侵蚀实体模型方面，以土壤侵蚀学、泥沙运动学、河床演变学等学科的理论为基础，以具有严格比尺意义的坡面土壤侵蚀实体模型相似律为研究主线，采用室外定位动态监测、室内人工模拟试验和理论分析相结合的方法，研究天然降雨及模拟降雨的降雨特征、雨滴谱特性、不同降雨动力条件下的侵蚀产沙及泥沙运动相似条件，并对坡面放水冲刷条件下的坡面水动力特性及其与天然降雨条件下坡面侵蚀产沙进行对比，探索不同水动力作用条件下侵蚀产沙差异的形成机制，进而研究模拟降雨与天然降雨侵蚀过程的相似条件和土壤侵蚀实体模型的相似律。

关于河道实体模型模拟理论与技术研究应用方面，将结合黄河下游河道治理的生产实践，以河道整治方案试验论证、挖河疏浚减淤机理研究及挖河方案重大设计参数的优化为目标，从河道系统科学的高度，从探讨下游游荡型河道整治方向的层次，站在水沙运行、河道演变与工程边界约束关系的角度，以水力学及河流动力学的基础理论为依据，采用实测资料分析、河工动床实体模型模拟、数学模型计算等多手段、多方面综合分析论证河道整治方案的合理性，探讨河道整治与河床演变的响应关系，揭示挖河疏浚减淤机理和挖河水力要素间的机制与关系。

1.5.2　技术路线

本书研究的手段为理论分析、数值计算、实体模型试验验证、应用检验。

采取的主要技术途径是以河床演变学、河流地貌学、水动力学、土壤侵蚀动力学、泥沙运动学及相似法则的理论为基础，将理论解析、实体模型验证及数学模型计算相结合，并力求将实体模型试验与数学模型模拟相耦合的手段应用到实体模型试验方法的研究中。实体模拟理论与方法研究总的技术路线是理论分析→模型设计（数值分析）→模型试验→对设计结果修正→应用，进一步检验、完善。对应用研究的总的技术路线是全面收集研究河段水文泥沙、地形测验资料与河势观测、航片、卫片资料，以及有关河道演变的分析成果，黄河下游河道演变发展趋势的预测成果，收集土壤侵蚀天然降雨资料和土壤侵蚀过程观测资料；对典型年份组织现场勘查、调研，对一些关系重大的问题反复调查研究；对河道治理方案进行试验论证，从控导河势、约束水流作用、河床演变的响应等方面评价分析方案的合理性，提出治理方案的调整意见，并在理论分析的基础上，探索河道治理工程设计方案参数的优化等，开展水沙实体模拟技术与方法等成果的应用研究。

第 2 章 水沙实体模型一般设计理论、方法与量测技术

本章重点针对黄河河道实体模型试验，概要阐述了一般设计理论与试验组次设计方法，包括水沙运动基本方程，河道实体模型相似准则及对一般问题的处理，模型试验方案优化设计方法等；同时介绍了常用的试验测控技术与有关测量仪器设备等，为水沙实体模型试验提供基础知识。

2.1 水沙运动基本方程

黄河河道模型多为变态模型，对模型相似律的分析一般以平面二维水沙方程为理论基础。

水流连续方程：

$$\frac{\partial h}{\partial t}+\frac{\partial(hu)}{\partial y}+\frac{\partial(hv)}{\partial y}=0 \tag{2-1}$$

水流运动方程：

$$\frac{\partial u}{\partial t}+u\frac{\partial u}{\partial x}+v\frac{\partial u}{\partial y}+g\frac{\partial z}{\partial x}+g\frac{n^2|\overline{u}|u}{h^{4/3}}=v_t\left(\frac{\partial^2 u}{\partial x^2}+\frac{\partial^2 u}{\partial y^2}\right) \tag{2-2}$$

$$\frac{\partial v}{\partial t}+u\frac{\partial v}{\partial x}+v\frac{\partial v}{\partial y}+g\frac{\partial z}{\partial y}+g\frac{n^2|\overline{u}|v}{h^{4/3}}=v_t\left(\frac{\partial^2 v}{\partial x^2}+\frac{\partial^2 v}{\partial y^2}\right) \tag{2-3}$$

悬移质输移扩散方程：

$$\frac{\partial(hS)}{\partial t}+\frac{\partial(huS)}{\partial x}+\frac{\partial(hvS)}{\partial y}-\varepsilon\frac{\partial^2(hs)}{\partial x^2}+\frac{\partial^2(hs)}{\partial y^2}=-\partial\omega(S-S_*) \tag{2-4}$$

河床变形方程：

$$\frac{\partial G_x}{\partial x}+\frac{\partial G_y}{\partial y}+\frac{\partial(hS)}{\partial t}+\rho'\frac{\partial z_0}{\partial t}=0 \tag{2-5}$$

式中，h 和 $\overline{u}$ 分别为垂线水深和垂线平均流速；u、v 分别为垂线平均流速在 x、y 方向的分量；z 和 z_0 分别为水位和河底高程；S 和 S_* 分别为垂线平均含沙量和相应的水流挟沙力；ω 为悬移质泥沙沉速；v_t 为涡黏性系数；g 为重力加速度；ρ' 为泥沙干密度；G_x、G_y 分别为 x、y 方向的单宽总输沙率，$G_x=huS+g_{bx}$，$G_y=hvS+g_{by}$，g_{bx}、g_{by} 分别为 x、y 方向的推移质单宽输沙率。

在上述方程的基础上，还需要补充高含沙水流挟沙力公式，一般写作

$$S_*=\alpha\frac{\gamma\gamma_s}{\gamma_s-\gamma}f\frac{U^3}{gh\omega} \tag{2-6}$$

式中，α 为系数，与水流含沙浓度、床面糙率、悬移质级配等因素有关；f 为阻力系数。具有上述公式结构形式的还有张瑞瑾（1963）公式、张红武（1992）公式、舒安平（1994）公式、周宜林（2004）公式等。在黄河河道实体模型试验相似比尺设计中，多取用张红武（1992）公式：

$$S_* = 2.5\left\{\frac{\xi(0.0022+S_V)V^3}{\kappa\ \dfrac{\gamma_S-\gamma_m}{\gamma_m}gh\omega_S}\ln\left(\frac{h}{6D_{50}}\right)\right\}^{0.62} \tag{2-7}$$

式中，ξ 为反映水下泥沙容重受影响的系数，即 $\xi=[16.17/(\gamma_s-\gamma)]^{2.25}$，对于黄河原型，$\xi=1.0$；对于模型，如果模型沙选为热电厂的粉煤灰，$\xi=40$；$\gamma_m$ 为浑水容重，$\gamma_m=\gamma+\dfrac{\gamma_s-\gamma}{\gamma}S_V$；$S_V$ 为以体积百分数表示的含沙量，$S_V=S/\gamma_S$；V 为断面平均流速；κ 和 ω_S 分别为浑水卡门常数和泥沙群体沉速，分别由式（2-8）和式（2-9）计算：

$$\kappa=0.4-1.68(0.365-S_V)\sqrt{S_V} \tag{2-8}$$

$$\omega_S=\omega_{cp}(1-1.25S_V)\left(1-\frac{S_V}{2.25\sqrt{d_{50}}}\right)^{3.5} \tag{2-9}$$

式中，ω_{cp} 为泥沙在清水时的平均沉速；d_{50} 为悬移质泥沙中值粒径。此外，式（2-7）中以热电厂粉煤灰为模型沙的群体沉速 ω_{Sm} 按式（2-10）计算：

$$\omega_{Sm}=\omega_{cpm}\left[\left(1+\frac{\gamma_s-\gamma}{\gamma}S_V\right)\left(1-K_m\frac{S_V}{S_{Vm}}\right)^{2.5}\right]^{1.5}(1-2.25S_V) \tag{2-10}$$

式中，S_{Vm} 为极限浓度；K_m 为系数，分别由式（2-11）和式（2-12）计算：

$$S_{Vm}=0.92-0.2\lg\sum(\Delta\rho_i/d_i) \tag{2-11}$$

$$K_m=1+2(S_V/S_{Vm})^{0.3}(1-S_V/S_{Vm})^{2.5} \tag{2-12}$$

式中，d_i 和 $\Delta\rho_i$ 分别为某一粒径的平均粒径和相应的质量分数。

由于黄河河型复杂，尤其是游荡型河道河势变化大，河床调整迅速，因此，在黄河河道实体模型中，对河型的相似性要求往往比较高，还必须补充河型方程。河型方程可取用张红武（1992）的河流综合稳定性指标：

$$Z_W=\frac{\left(\dfrac{\gamma_s-\gamma}{\gamma}D_{50}h\right)^{1/3}}{JB^{2/3}} \tag{2-13}$$

式中，Z_W 为河流综合稳定性指标；J、B、h、D_{50} 分别为河床比降、造床流量下的河宽、水深、床沙中值粒径。

推移质输沙率 g_b 公式采用如下形式：

$$g_b=\frac{[\varphi\rho ghJ-0.047(\rho_s-\rho)gD]}{0.125\rho^{1/2}\dfrac{\rho_s-\rho}{\rho_s}g} \tag{2-14}$$

式中，$\varphi=\left(\dfrac{n'}{n}\right)^{3/2}$；$n$ 为曼宁糙率系数；n' 为平整河床情况下的沙粒曼宁糙率系数；ρ 为水的密度；ρ_s 为泥沙颗粒密度；D 为床沙粒径。

2.2 河道实体模型相似准则及一般问题的处理

2.2.1 相似准则及相似比尺

黄河河道模型相似准则包括水流运动相似、悬移质运动相似、推移质运动相似、河床变形相似和河型相似等，由此所确定的黄河河道模型相似比尺关系见表2-1。

表 2-1 黄河河道实体模型设计相似比尺

类别	相似名称	相似比尺	备注
水流运动相似	时间比尺	$\lambda_{t_1} = \dfrac{\lambda_l}{\lambda_h}$	
	流速比尺	$\lambda_V = \lambda_h^{1/2}$	
	糙率比尺	$\lambda_n = \dfrac{\lambda_h^{2/3}}{\lambda_l^{1/2}}$	
悬移质运动相似	起动、扬动相似	$\lambda_{V_c} = \lambda_V = \lambda_{V_f}$	
	悬移相似	$\lambda_\omega = \left(\dfrac{\lambda_h}{\lambda_l}\right)^m \lambda_u$	
	水流挟沙相似	$\lambda_S = \lambda_{S_*} = \lambda_\alpha \dfrac{\lambda_\rho}{\lambda_{\rho_s-\rho}} \dfrac{\lambda_h}{\lambda_l} \dfrac{\lambda_V}{\lambda_\omega}$	由冲淤模型试验确定，也可由式（2-7）试算确定
推移运动相似	起动相似	$\lambda_{V_c} = \lambda_u$	
	输沙率相似	$\lambda_{g_b} = \lambda_h^{3/2}$	
河床变形相似	悬移质河床变形相似	$\lambda_{t_2} = \dfrac{\lambda_{\rho'} \lambda_l}{\lambda_S \lambda_{V_c}}$	
	推移质河床变形相似	$\lambda_{t_3} = \dfrac{\lambda_{\rho'} \lambda_l \lambda_h}{\lambda_{g_b}}$	

对于黄河，还应满足河型相似，由式（2-13）可以得到如下相似条件：

$$\frac{\left(\dfrac{\gamma_S-\gamma}{\gamma}D_{50}h\right)_p^{1/3}}{J_p B_p^{2/3}} \approx \frac{\left(\dfrac{\gamma_S-\gamma}{\gamma}D_{50}h\right)_m^{1/3}}{J_m B_m^{2/3}} \tag{2-15}$$

此外，为保证模型与原型水流流态相似，还需满足如下两个限制条件。

（1）流态限制条件（充分紊流）：

$$Re_{*m} > 8000 \tag{2-16}$$

（2）表面张力限制条件：

$$h_m > 1.5\text{cm} \tag{2-17}$$

式中，h_m为模型水深；Re_{*m}为模型中浑水有效雷诺数，当含沙量较小时，为明渠紊流雷诺数 Re 的4倍，相应而言，式（2-16）变为

$$Re > 2000 \tag{2-18}$$

在用于二维明渠流时，有效雷诺数 Re_* 由式（2-19）表示，即

$$Re_* = \frac{4\gamma_{\mathrm{m}}Vh}{g\eta_s\left(1+\dfrac{\tau_{\mathrm{BT}}h}{2\eta_s V}\right)} \tag{2-19}$$

式中，γ_{m} 为浑水容重；V 为断面平均流速；τ_{BT} 为动水宾汉剪切力；η_s 为刚度系数。

2.2.2 一般问题的处理

2.2.2.1 悬移相似和沉降相似的处理

在变态模型中，悬移质沉降相似和悬移相似一般不能同时满足，根据已有经验和做法，对悬移相似和沉降相似的统一问题常常采用折中处理的办法，由此得到的相似关系为

$$\lambda_\omega = \left(\frac{\lambda_h}{\lambda_l}\right)^{0.75}\lambda_V \tag{2-20}$$

2.2.2.2 悬移质泥沙粒径比尺

由于黄河模型及原型的悬移质泥沙粒径较细，一般满足 G. G. Stokes 定律，由此可确定相应的粒径比尺：

$$\lambda_d = \left(\frac{\lambda_\omega \lambda_v}{\lambda_{\gamma_S-\gamma}}\right)^{1/2} \tag{2-21}$$

式中，λ_v 为水流运动黏滞性系数比尺；λ_d 为悬沙粒径比尺；$\lambda_{\gamma_S-\gamma}$ 为泥沙与水的容重差比尺。

2.2.2.3 含沙量比尺和悬移质河床变形时间比尺

黄河河道模型含沙量比尺的确定方法，一是采用经验关系，如模型沙为粉煤灰，含沙量比尺计算关系式：

$$\lambda_S = \lambda_{S_*} = 4.4\frac{\lambda_\rho}{\lambda_{\rho_s-\rho}}\frac{\lambda_h}{\lambda_l}\frac{\lambda_V}{\lambda_\omega} \tag{2-22}$$

二是按式（2-7）计算，可求出悬移质挟沙力比尺大致范围，确定最终的含沙量比尺。

悬移质河床冲淤变形相似时间比尺按下述相似关系确定：

$$\lambda_{t_2} = \lambda_{\gamma_0}\lambda_L/(\lambda_S\lambda_V) \tag{2-23}$$

2.2.2.4 推移质河床变形时间比尺

如果采用天然沙，推移质河床变形时间比尺接近水流运动时间比尺，在满足惯性力重力比相似及泥沙起动相似的条件下，有

$$\lambda_{t_3} = \frac{\lambda_\rho'}{\lambda_{g_b}}\lambda_h^{3/2}\lambda_{t_1} \tag{2-24}$$

2.2.2.5　关于变率比选的问题

为了保证原型与模型的相似，模型的几何变率亦必须满足一定的限制条件。为此，可选取相关的变率限制公式进行论证。例如，坎鲁根研究认为，在糙率分布均匀、水流位于阻力平方区的条件下，边壁影响流速场的宽度约为 2.5 倍的水深。为了使水流不受边壁的影响，模型中满足：

$$B_m/h_m > 5 \tag{2-25}$$

另外，冈恰洛夫和洛西耶夫斯基认为，要保证流场相似，模型应满足：

$$B_m/h_m > 8 \sim 10 \tag{2-26}$$

张瑞瑾等（1983）提出一个表达河道水流二度性的模型变态指标 D_R（变态模型水力半径偏离正态模型水力半径的程度），通过假定过水断面为矩形并以 $D_R \geqslant 0.95$ 为条件，导出如下变率限制式：

$$D_t \leqslant \left(\frac{1}{38} \frac{B}{h} + \frac{20}{19} \right) \tag{2-27}$$

窦国仁和柴挺生（1978）从控制变态模型边壁阻力与河床阻力的比值，以保证模型水流与原型相似的概念出发，提出限制模型变率的关系式：

$$D_t \leqslant \left(\frac{1}{20} \frac{B}{h} + 1 \right) \tag{2-28}$$

李保如（1991）提出的相对保证率为

$$P_* = \frac{B - 4.7 h D_t}{B - 4.7 h} \tag{2-29}$$

式中，B_m、h_m 分别为模型平均河宽、水深；B、h 分别为原型平均河宽、水深；D_t 为模型变率。

2.2.2.6　模型沙的选择

黄河河床由粒径较细的沙质壤土组成，水流作用下易冲易淤，河床、河岸的可动性均较大，模型的成功与否，很大程度上取决于对原型河床、河岸可动性的模拟。因此，模型沙的比选，主要考虑两方面的因素：①由于大比尺长河段黄河动床模型用沙量往往很大，要考虑到模型沙材料造价及加工费不能太高；②模型沙要求能正确复演原型河道演变特性，尤其是河势多变的特点。

根据黄河实体模型试验经验及一系列预备试验检验，在黄河实体动床模型中，一般取用热电厂粉煤灰作为模型沙较为合适。在本书研究中选用郑州热电厂的粉煤灰作为模型沙。郑州热电厂粉煤灰容重为 20.58kN/m³，黄河原型沙容重为 25.97kN/m³。

2.3　正交试验设计理论与方法

开展河道模型试验、土壤侵蚀试验（包括实体模型、数学模型试验）的目的在于揭示影响河床演变、土壤侵蚀和治理效益的主要影响因素，并对治理工程的设计方案进行优化。因此，在试验之前需要设计试验组次。那么，如何科学地设计试验组次和试验方案，以最少的试验组次，获得更为可靠的试验数据和优化的工程设计参数与方案，这是试验技术人员和工程设计技术人员最为关心的问题。试验方案安排得好，试验次数少且能获得满意的结果，可以达到事半功倍的效果；反之，可能是事倍功半。

2.3.1 概述

因为影响河道整治工程、水工建筑物和水土保持工程设计方案的因素非常多，而且各种因素之间的关系往往错综复杂，在许多情况下难以直接用具体的数学表达式进行描述和求解，即使对这些关系的描述有一些理论表达式，或有半经验半理论公式，但有的求解十分困难，或在求解时须做很多简化，影响了解析解的精度。因此，设计一项河道整治工程或水电工程等其他建筑物，尤其对于黄河游荡型河道整治工程、小浪底水利枢纽、三峡水利枢纽等一些大型水利水电工程，因在一次设计（系统设计）过程中，对一些参数的选取往往属于初步的，可行性、科学性把握不够，而这些参数又与工程安全、造价高低、效益优劣关系极大，因此不得不进行参数的二次设计，也就是说需要进一步优化设计参数。例如，在开展黄河下游河道整治之前，需要设计控导工程位置、丁坝形状、联坝中心角、弯曲半径和工程长度等参数，提出一次设计方案后，大多还要对初步设计方案进行优化，优化的方式亦可以通过有经验的专家咨询，而大多利用实体模型试验，或依赖于数学模型模拟，验证第一次设计的合理性，并进行必要的优化。

开展这类实体模型试验的第一步是对原设计方案进行合理性试验验证，检验所有设计参数是否合理，分析存在的问题。第二步则是在试验分析的基础上，拟定几个修改方案，对参数进行修改试验，予以佐证对比试验。在修改方案的试验时，如果优化修改的参数多，对比试验的工作量就会相当大，尽管有经验的科研人员或工程师不会用太多参数，然而仅凭借经验做参数的不同组合设计试验组次，很可能会漏掉较好的方案，不能保证选出最优方案。另外，如果设计的优化修改试验组次过多，往往耗资很大，费时很长，即使是利用数学模型计算，在资料数据整理输录方面也有很大工作量。

在试验设计中，一般采用"单因素轮换法"。例如，为优化某一丁坝河道整治工程的弯道段设计参数，提高其控导能力，试验选取的因素有中心角、半径和长度，分别记为因素 A、B、C，每一个因素设计的参数有三个。例如，A 的参数有 24.69°、25.11°、27.5°，并记为 A_1、A_2、A_3；对于因素 B、C 也分别取三个参数，类似地记为 B_1、B_2、B_3、C_1、C_2、C_3。按照传统的方法，首先固定 A、B、C 中的两个因素，变动其中一个因素参数值进行比较，选定其最优者，用这个最优因素的参数值和两个固定值中任意两个作为第二步试验的固定条件，变动第二个因素的参数再进行比较试验，选其优者作为第二个因素参数的最优值。照此方法进行第三步，选出第三个因素参数的最优值，就得出所谓的修改试验的最优方案。具体做法是，如因素 B、因素 C 固定，而变动因素 A 的参数，试验组次安排为 $B_1C_1A_1$、$B_1C_1A_2$、$B_1C_1A_3$，如果试验结果发现选取的 A_3 参数条件下效果好，就把 A_3 固定下来，变动因素 B 的参数与 A_3 和 C 的三个参数进行组合，即安排试验 $A_3C_1B_1$、$A_3C_1B_2$、$A_3C_1B_3$，如果这时发现 B_2 较好，照此将 A_3、B_2 固定下来，与 C 的每一个参数组合，安排 $A_3B_2C_1$、$A_3B_2C_2$、$A_3B_2C_3$，如果发现 C_3 较好，那么 $A_3B_2C_3$ 就是最佳组合条件，可以作为推荐参数（图2-1）。显然，这种方法有明显的缺陷，一是考察的因素组合仅限于部分组次，不能全面地反映因素的全面组合情况，会遗漏更好的试验组合（组次）；二是有重复组次，如 $A_3B_1C_1$ 重复，$A_3B_3C_1$ 重复；三是只有开展重复试验，才能估计试验误差，确定最佳分析条件的精度。当然，可以用全部的组合安排试验组次，这样按所有可能组合的情况做的试验组次达到 $3^3 = 27$ 组，从 27 组试验中对各因素进行全面考虑，选出最优化组合条件，但这种做法很不经济，尤其是当因素超过 3 个时，其组次更多。例如，4 个因素，每一个因素仍然取 3 个试验参数，则试验组次将达到 81 个；选 5 个因素时，试验组次竟会高达 243 个，对于实体模型试验来说这几乎是不可能的。

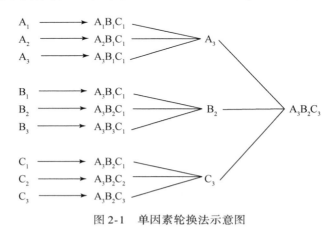

图 2-1　单因素轮换法示意图

因此，如何从大量的试验组次选出适量的具有代表性、典型性的样次，特别是怎样选择试验次数尽量少而又有代表性的试验组次，或者说寻求一种能够优化试验组次和试验方案的方法就显得极为必要。正交试验方法就是解决这一问题的重要途径。

2.3.2　基本概念

利用正交试验方法开展试验设计与分析中，常用到以下几个基本概念。

（1）因素。试验中选取的自变量，也就是选取的对试验结果有影响的成分，如前面举例中的丁坝形状、联坝中心角等都是因素。不同的试验对象，选取的因素不同且个数也不同，但应当尽量选出主要因素，以减少试验次数和工作量，同时还需要考察可以控制的因素。要选出主要因素且是可控的，往往需要试验者具备一定的专业知识和经验，只有对其进行优化试验的对象熟悉，才能选出具有关键性作用的因素。当然，有些因素试验前不易断定其作用大小，这就需要尽量要把这些因素考虑进去，使得试验得出最佳方案机会多一些（陈惠玲，1995）。

（2）水平。所谓水平，就是在试验中每一个因素的参数值，亦称位级和级别。例如，上例中联坝中心角是一个试验因素，试验者选取的参数值就是 24.69°、25.11°、27.5°，这三个角度值就是对联坝中心角选取的三个水平。水平可以是参数值，但也可以是某些状态。某些情况下对试验因素难以定量化，可以用某些状态表征水平。例如，考察河道控导工程布局时，可以用凸出型、平顺型、凹入型描述，作为布局的三个水平。确定试验因素的水平在正交试验中很重要。水平取多了试验组次多，取得太少又易漏掉好的条件，所以选取水平得当可使试验组次最少且试验结果最好。

试验水平的选取可以是工程设计方提出的，也可以是试验者根据其专业知识和经验选取的。如果对研究对象的水平没有确切把握，可将每个因素参数值的范围适当取大一些，把水平级差分得小一些，尽量避免漏掉重要的试验组次。通过这种"粗选细分"的方式开展初步试验，然后在此试验结果基础上再做深入的正交试验。另外，在同一个试验中，最好将每个因素所选取的水平个数都相等，当然也可以不等。

（3）指标。指标是指试验期望的目标值或状态，或者说就是判断工程设计方案优劣的标准。所有的试验都会有一个目标，可由定量的数值标准和定性的感觉量来衡量，这个衡量标准即为指标。例如，在丁坝试验中，希望具有较强的控导流路的作用，这是目标，而描述这个目标可以用一些参数值，如流路弯曲率不大于 1.2，局部冲刷坑深度小于 5m 等，这就是试验指标。对于不能定量表征的指标，可以对出现的结果定个等级或打个分。例如流态问题就可以这样处理。

选取指标要科学，指标能够直接反映试验因素的内在必然联系和达到试验目的，而且所选指标要非常明确，在评价时不能引起歧义或误会等问题。

（4）正交表。把正交试验选择的因素、水平组合列成的表格称为正交表。因此，正交表是实现正交设计的一项重要工具，是一种正交优选规格化和标准化的表格。正交表不仅反映了试验选择的水平所组合的试验组次，而且还可以用于成果分析，找出主导影响因素，评价优化的设计方案。

正交表是一整套规则的设计表格，用 L 作为正交表的代号，k 为试验的次数，m 为水平数，n 为影响因素，也就是可能安排最多的因素个数，由此可将正交表表示为 $L_k(m^n)$。例如，$L_9(3^4)$ 表示有 4 个因素，每个因素有 3 个水平，共需要开展 9 个组次的试验。在正交表中，每一个因素为 1 列，相应的表格行内为水平，一个水平占据 1 行。一个正交表中也可以允许各列的水平数不相等，称为混合型正交表，如 $L_8(4^1 \times 2^4)$，表示有 5 个试验因素，在 5 列中，有 1 个因素的水平个数为 4，其余 4 列（4 个因素）的水平数为 2。正交表是预先设计好的，可以在相关文献中查用。另外，在正交表中，每一个因素所占列次，对于形成的试验组次没有任何影响。

2.3.3　正交试验设计定义

正交试验设计（orthogonal experimental design）方法是研究多因素多水平的一种设计方法，又叫正交法、正交表试验法、正交试验、正交设计及正交优选等，其定义的内涵是一样的。

正交法最早是由英国费歇尔等发展起来的。第二次世界大战后被引入日本。正交法是日本的统计学家、工程管理专家田口玄一博士在其他人研究基础上，经过改进和完善于 1949 年提出的，由此也确立了田口玄一成为品质工程奠基者的地位。在 20 世纪 50 年代的初期，一些日本公司开始大规模应用正交法管理产品质量。1951 年田口玄一出版了《正交表》一书，1957~1958 年又出版了《试验设计》一书。正交法是一种使用正交表来安排多因素多水平试验并采用统计学方法分析试验结果的方法。美国在 20 世纪 80 年代曾专门成立以研究该方法为主的实验室，并随后在多个公司的生产、管理中进行推广，提高了产品质量，降低了成本。20 世纪中后期，我国的专家学者开始研究正交法。20 世纪 60 年代末，中国科学院数学研究所对正交法进行了改进，试验步骤和数据分析更加简化，试验方法更为实用和简单易懂。此后，该方法在多种行业开始推广，如在水利、冶金、机械、化工、农业、建材、纺织、矿山、医药及食品等多行业均有所应用（黎城等，2015；史建慧，2011；赵宇等，2016；蒋明虎等，2016；郑典模等，2014；朱节民等，2018；徐秋燕等，2014；滕海英等，2008）。近些年我国对正交法理论研究一直处于领先地位，不少学者已发表不少的理论性文章，出版了一些专著，取得了丰硕的研究成果，并设计研制出许多具有实用价值的正交表，为正交试验的应用和普及创造了良好的条件。陈惠玲（1995）曾就正交法在水工试验设计中的应用开展比较系统的探讨，并出版《水工试验设计》一书，介绍了其理论成果和实践经验。但相对来说，在水电工程规划设计与管理、水利科研单位应用正交法的研究还比较少。

正交法可以解决多因素、多水平及多指标一类的试验问题。正交法是借助正交表来实现的，通过正交表对试验因素及水平的组合安排，较普通试验设计有明显的优点：一是可以用较少的试验组次解决比较多的问题，可以明确地回答众多的因素对试验指标作用大小并解析出主导因子；二是可以确定每个因素与指标间的关系，因素随水平是如何变化的，各因素变动范围；三是可以优化试验组次，找到因素最优组合试验方案，故可以大大降低试验成本，并缩短试验周期；四是可以选出可能的参数组合方案，结果比较全面；五是计算简便，设计灵活，实用性强和易于掌握；六是可通过正交试验进一步确定优化设计，明确进一步试验研究的方向。

2.3.4 正交试验设计原理

正交试验设计是基于分析因式设计的基本原理进行试验设计、数据分析的一种科学方法，这一方法符合"以尽量少的试验组次，获取更多的有效的试验信息"的试验设计原则，也就是从全部试验中挑选出有代表性的点进行试验，这些有代表性的点具备了"均匀分散，齐整可比"的特征，正交试验设计可以安排多因素、多水平的试验，而又不失其优选的可靠性和全面性。

用三维空间的几何图形可以解释试验中有代表性的点为什么能够具备"均匀分散，齐整可比"的特征。例如，图 2-2 就描述了 3 个因素 2 个水平的正交表的空间分布状态（陈惠玲，1995）。通过图 2-2，可以说明其如何"以尽量少的试验组次，获取更多有效试验信息""均匀分散，齐整可比"进行试验组次设计的。

x 方向棱边表示 A 因素，y 方向棱边表示 B 因素，z 方向棱边表示 C 因素。在每个正方体的棱边上，均有两个水平，分为水平 1、水平 2（即坐标轴两个等值刻度），组成代表 3 个因素 2 个水平的试验组合的六面体，其六面体有 8 个节点坐标，正好是 3 个因素 2 个水平的全组合，即 $A_1B_1C_1$、$A_1B_1C_2$、$A_1B_2C_1$、$A_1B_2C_2$、$A_2B_1C_1$、$A_2B_1C_2$、$A_2B_2C_1$、$A_2B_2C_2$。在 8

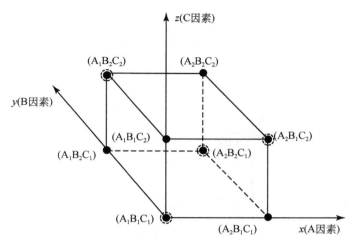

图 2-2　3 个因素 2 个水平的正交表的空间分布状态

个节点中，A、B、C 因素都出现了 8 次，每个因素各水平出现 4 次。可以看出，节点反映的试验组成均匀整齐分布，充分体现了"均匀分散，齐整可比"的特征。通过 8 个全组合的试验组次，就可以选出最优的试验方案。

通常来说，3 个因素每个因素 2 个水平，可以组成 8 个组次，而通过正交法，优选出 4 个组次，也就是说只需要开展 4 个组次的试验就可以了。这 4 个组次正好均匀分布于正方体的 6 个面的节点上，即图 2-2 中虚线圆，是 8 个节点的一半。在六面体上的 6 条棱边上，每条棱边上有 2 个节点，有虚线圆的点只有 1 个，正好反映正交试验组次是全组合试验组次的一半。正交试验组次虽然只占全组合试验组次的一半，但却照顾到六面体的上下、前后、左右的点，每个因素在六面体中出现 4 次，每个水平在六面体中很整齐、很均匀地出现 2 次。因而说正交法具有可统计性、可对比性。只要适当计算部分统计量，就可以反映出各因素各水平的特性。

实际上，在三维坐标中，每一个坐标轴分不同的刻度，每一个刻度表示一个水平，就可以表征不同的因素不同水平的试验组次空间分布状态。由此，可以绘制 3 个因素每个因素 3 个水平试验组次的正交图（图 2-3）。

图 2-2 中各空心圆表示 3 个因素 3 个水平全组合，A、B、C 因素各出现 27 次（即六面体所有节点），每个因素各水平组合出现在六面体每个面上的 9 个节点，也就是出现了 9 次，而任意两个因素各水平组合出现 3 次，如 A_1、B_1 出现 3 次，A_1、B_2 也出现 3 次，以此类推。

带有虚线圆的 9 个节点正好是 $L_9(3^4)$ 正交表中所列出的试验组次，只占立方体 27 个节点的 1/3，在每个面中正交组合节点有 3 个，占全组合的 9 节点的 1/3，在每条棱中正交组合节点有 1 个，占全组合节点数的 1/3，由 9 组正交试验分布可见，A、B、C 每个水平间两两组合只出现一次，虽然与全组合两两组合数相比减少 2/3，但每种组合出现的次数相同，相互作用都会包含在内，由此也说明了正交表的均匀分散、整齐可比的特征。

对于一般正交表 $L_k(m^n)$，其试验组次 k 占全组合试验数（m^n）的比例为 $i = k/m^n$，则

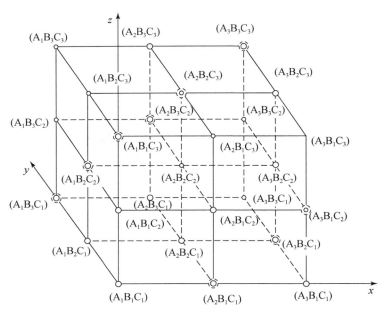

图 2-3　3 个因素 3 个水平的正交表的空间分布状态

$$k = (m-1)n + 1 \tag{2-30}$$

那么，有式（2-31）：

$$i = \frac{(m-1)n+1}{m^n} \tag{2-31}$$

　　显然，m、n 的取值越大，i 值就会越小，表明所需试验的组次少，可以取得更高的试验效率。所以当试验因素多、水平多的情况下，更应该采用正交法。

2.3.5　正交试验设计方法

　　当接到优化工程设计方案（设计单位也称二次优化）后，可按以下步骤安排正交试验。

　　（1）明确试验目的，列出试验的主要因素，根据设计方案提出的每个因素的验证水平，或试验人员根据所掌握的专业知识和经验，初步列出因素的水平，然后再将根据设计方案提出的试验观察的指标（如河床冲刷深度、河势等，或者土壤侵蚀量、产流量等）作为试验观测量，当然也可以根据试验目的由试验人员拟定。需要说明的是，无论是试验因素的选择，还是试验水平的确定，以及试验指标的拟定，都需要与试验委托方或设计方进行商讨和沟通，最终达成一致意见。

　　应该说明的是，对于一般的河道实体模型试验及水工实体模型试验，选择 3～4 个因素，2～3 个水平比较合适。如果根据试验目的需要试验的因素较多，则可以分两个阶段开展试验，第一阶段先做粗做水平少的，在第二阶段再做细做水平多的。第一阶段根据粗做结果判断主次影响因素，在此基础上对主要因素开展第二阶段试验，这样安排的试验比一次安排很多因素要更省，效率反而会更高，且不会影响试验结果。

（2）选出恰当的正交表，填写正交表，通常称这步为表头设计。选择正交表的决定因素是试验因素个数和所选取的每个因素的水平个数。选择正交表应遵循的基本原则是，所试验的因素个数不能大于选用正交表中允许的列数，因为每列只能安排一个试验因素。水平个数不能大于选用正交表中允许的水平行数。对于现有设计的一般正交表，也会有例外情况出现，如 4 个因素 4 个水平的试验，如果选用 L_9（3^4），行数就不够了，这时只得选用 L_{16}（4^5），只是少用一列而已，正交表还富有容量。

（3）正交表选定以后，设计表头。在选定的正交表中填上因素，根据正交表列出每个试验因素的水平数，即可确定试验组次。然后按正交表列出试验组次开展试验。试验的顺序不一定按照正交表所列的，可以根据试验难易程度、模型修改要求等方面进行调整试验顺序。例如，河道实体模型试验换组次时，往往需要变动和修改模型的工作量比较大，这就应考虑把那些工作量大的组次尽量放在一起进行试验，以减少模型的修改和变动次数。

（4）选择分析方法，对试验数据进行极差分析，明晰主要影响因素，以及影响作用最大的因素组合。

（5）评价优选方案，并做进一步的验证试验，最后向设计方或委托试验方提出设计方案的修改建议。注意，由于正交试验设计只能起到优化试验组次和试验参数的作用，而不能直接说明通过试验得到的优化方案所具有的物理特性与规律，因此对优选方案的验证试验是不可省略的。

以一组土壤侵蚀试验为例，说明其具体的设计方法。该试验目的是检验在不同降雨强度、坡度和植被覆盖度组合下对土壤侵蚀的影响。选 3 个因素，即降雨强度、坡度和植被覆盖度，每个因素选 3 个水平（表 2-2）。

表 2-2 土壤侵蚀试验工况设计

水平序号	试验因素		
	降雨强度/（mm/h）	坡度/（°）	植被覆盖度/%
1	20	10	25
2	60	20	45
3	80	30	70

选取 L_9（3^4）正交表。该正交表表示试验总组次为 9，有 4 个因素，每个因素取 3 个水平，该正交表可以容纳 4 个因素。根据该侵蚀试验要求，只有 3 个因素，因此还富裕有 1 个因素的容量。设降雨强度为 A、坡度为 B、植被覆盖度为 C，将各自的 3 个水平分别标注为 A_1、A_2、A_3，B_1、B_2、B_3，C_1、C_2、C_3。填入 L_9（3^4）正交表，见表 2-3。

在表 2-3 中，水平 1、2、3 分别对应其在列的因素所设定的第 1、第 2、第 3 水平。以试验 7 为例，可以说明每一个试验组次是如何组成的。试验组次 7 是由因素 A 取第 3 水平，即 A_3；因素 B 取第 1 水平，即 B_1；因素 C 取第 3 水平，即表 C_3，组成了 $A_3B_1C_3$ 试验组次，该组次的工况为降雨强度 80mm/h、坡度为 10°、植被覆盖度为 70%。其他所组成的试验组次以此类推。表 2-3 的 9 个试验组次中，每个因素每个水平都安排了 3 个试验组次，搭配非常均匀，任一因素的任一水平与其他因素的每一水平相组合一次且仅组合一次。

表 2-3　三水平正交表

试验组次	试验因素		
	A	B	C
	第 1 列	第 2 列	第 3 列
1	A_1	B_1	C_1
2	A_1	B_2	C_2
3	A_1	B_3	C_3
4	A_2	B_1	C_2
5	A_2	B_2	C_3
6	A_2	B_3	C_1
7	A_3	B_1	C_3
8	A_3	B_2	C_1
9	A_3	B_3	C_2

根据表 2-2 可以组织开展试验，并将试验结果填入正交试验成果分析表（表 2-4），判断优化方案。

表 2-4　正交试验成果分析表

试验组次	试验因素			试验结果
	A	B	C	
1	A_1	B_1	C_1	F_1
2	A_1	B_2	C_2	F_2
3	A_1	B_3	C_3	F_3
4	A_2	B_1	C_2	F_4
5	A_2	B_2	C_3	F_5
6	A_2	B_3	C_1	F_6
7	A_3	B_1	C_3	F_7
8	A_3	B_2	C_1	F_8
9	A_3	B_3	C_2	F_9
试验结果分析	I_1	I_2	I_3	
	II_1	II_2	II_3	
	III_1	III_2	III_3	
	R_1	R_2	R_3	

表 2-4 的第 1 试验组次由 A_1、B_1、C_1 组成，观测的结果（如土壤侵蚀量等）为 F_1；第 2 试验组次由 A_1、B_2、C_2 组成，观测结果为 F_2；第 3 试验组次为 A_1、B_3、C_3，试验观测结果为 F_3，其余以此类推。然后，由试验观测数据 $F_1 \sim F_9$，对应每个因素计算其每个

水平对应的观测数据之和,每个试验因素有 3 组数据之和,3 个因素共有 9 组之和,分别以罗马字符 $I_1 \sim I_3$、$II_1 \sim II_3$、$III_1 \sim III_3$ 表示。以下作为例子,说明 9 组数据的计算方法,如 $I_1 = F_1 + F_2 + F_3$,$II_2 = F_2 + F_5 + F_8$,$III_3 = F_3 + F_5 + F_7$,实际上,可以将 I_1 对应于 A_1 的 F_i 之和;II_2 视为 B_2 对应的 F_i 之和;III_3 视为 C_3 对应的 F_i 之和。其他以此类推。

得到 9 组数据之和以后,计算每组的极差,也就是计算 R_1、R_2、R_3,即计算出每组 $I_1 \sim I_3$、$II_1 \sim II_3$、$III_1 \sim III_3$ 的最大值与最小值之差,计算式为

$$R_i = \max \{ I_i, II_i, III_i \} - \min \{ I_i, II_i, III_i \} \qquad i = 1, 2, 3 \qquad (2\text{-}32)$$

以 R_2 为例说明 R 值的计算过程,即 $R_2 = \max \{ I_2, II_2, III_2 \} - \min \{ I_2, II_2, III_2 \}$,其他依次类推。假设计算的结果是 $R_2 > R_1 > R_3$,则可说明因素 2(即 B)对试验结果的影响最大,其次为因素 1(即 A),而因素 3(即 C)对试验结果的影响最小,就是说极差大就表示该因素的水平变动对试验结果的影响大,极差小就表示该因素的水平变动对试验结果的影响小,即最大 R 值对应的那项因素对试验结果的影响最大;反之,R 值越小,其对应的那项因素对试验结果的影响越小。有了极差,进一步就可以确定因素的最优组合方案了。例如,对于因素 A,如果取 $\max \{ I_1, II_1, III_1 \}$ 时结果最好,取 $\min \{ I_1, II_1, III_1 \}$ 时的结果最差,其他因素 B、C 类推,由此就可以得到最佳组合。例如,A 的水平之和以 I_1 最大,B 的水平之和以 II_3 最大,C 的水平之和以 III_1 最大,则最佳组合为 $A_1 B_3 C_1$。反之,以 $\min \{ I_1, II_1, III_1 \}$ 时的结果最好,选取最佳组合方案的道理相同。这样,不仅找出了最主要因素,也找到了各因素的最佳水平取值(因素组合)。

以上判断过程概括为一句话就是,先看极差,判断因素的影响作用,按影响作用大小排序,再根据试验目标的物理含义(即目标取值应该是越大越好还是越小越好),分析每个因素哪一个水平最高(最低),进而取水平级,形成优选方案,如上述的 $A_1 B_3 C_1$。

2.3.6 正交试验设计分析案例

1)案例 1

案例 1 为水工试验案例(陈惠玲,1995)。该案例的试验目的是论证某水电站枢纽的布置方案。经初步试验,原设计方案存在的问题是,溢流坝泄流时,造成对岸距坝 800m 处岸坡冲刷,同时冲刷最深点高程为 53.7m,对附近其他工程设施安全造成威胁,又因坝下河床右拐,水流涌浪很高。不过该枢纽坝下地质条件好,抗冲流速大,河道比降大,因此在坝下加消能防冲设施并不能取得明显效果。因而拟采用在坝面加设宽尾墩的形式解决此问题。拟通过加设宽尾墩,使出鼻坎水流得以纵向扩散,并使边孔水流能够导向河中,避免冲刷河岸。

用正交法优化初选宽尾墩体形。考虑对宽尾墩消能起作用的因素可能有闸孔收缩后宽度、宽尾墩位置、鼻坎挑角等。因此选用这 3 项作为正交试验的因素。设因素 A 为宽尾墩位置,因素 B 为鼻坎挑角,因素 C 为宽尾墩闸孔宽,且各因素选用两个水平(表 2-5)。选取 $L_4(2^3)$ 正交表安排试验,试验因素组合见表 2-6。

表 2-5　试验工况

水平序号	试验因素		
	宽尾墩位置	鼻坎挑角/(°)	宽尾墩闸孔宽/m
1 水平	设坝面	34	4.8
2 水平	设鼻坎末端	0	6.4

表 2-6　正交试验组次安排

试验组次	试验因素		
	宽尾墩位置 A	鼻坎挑角 B	宽尾墩闸孔宽 C
1	A_1	B_1	C_1
2	A_2	B_1	C_2
3	A_1	B_2	C_2
4	A_2	B_2	C_1

因为涉及冲刷问题，故开展动床模型试验，试验的库水位取 173.23m。试验指标为冲刷坑形状、水舌形状、观测流态。设水舌纵向拉开后的外缘距坝脚距离为 l，水舌宽度为 W，冲刷岸坡指标为 E，冲坑底高程为 Z，堆积物延伸位置为 X。将可以直接测量的 l、W、Z 填入分析表中，E 值则以一岸冲刷情况定为 1，两岸冲刷定为 2。堆积体的位置以其末缘到达的断面号作为 X 值。4 组试验结束后，将 l、W、E、Z、X 值填入分析表 2-7，做极差计算。

表 2-7　正交试验分析表

试验组次		试验因素			试验指标				
		A	B	C	l	W	E	Z	X
1		1	1	1	1.25	1.20	2	69.0	5
2		2	1	2	1.25	1.40	1	68.8	8
3		1	2	2	0.95	0.80	2	65.0	7
4		2	2	1	1.37	1.25	1	67.0	8
l	1 水平	2.20	2.50	2.62	A→C→B 优组合：$A_2 B_1 C_1$				
	2 水平	2.62	2.32	2.20					
	极差 R	0.42	0.18	0.42					
W	1 水平	2.00	2.60	2.45	A→B→C 优组合：$A_1 B_2 C_2$				
	2 水平	2.65	2.05	2.20					
	极差 R	0.65	0.55	0.25					
E	1 水平	4	3	3	A→B→C 优组合：$A_2 B_1 C_1$ 或 $A_2 B_2 C_2$				
	2 水平	2	3	3					
	极差 R	2	0	0					

试验组次		试验因素			试验指标				
		A	B	C	l	W	E	Z	X
Z	1 水平	134.0	137.8	136.0	B→C→A 优组合：$A_2B_1C_1$				
	2 水平	135.8	132.0	133.8					
	极差 R	1.8	5.8	2.2					
X	1 水平	12	13	13	A→B→C 优组合：$A_1B_1C_1$				
	2 水平	16	15	15					
	极差 R	4	2	2					

从表 2-7 的挑距 l 计算结果看，因素 A 极差 R 最大，B 因素最小，说明宽尾墩位置和宽尾墩闸孔宽度对挑距的影响作用大。根据极差大小判断，A_2 宽尾墩设于鼻坎末端效果好，C_1 宽尾墩闸孔宽度 4.8m，挑距比较远。

从水舌宽度 W 分析，按起作用大小的因素排序为 A→B→C，且以 $A_1B_2C_2$ 的效果好。

从冲刷岸坡指标 E 看，对冲刷岸坡起作用的因素只有 A，就是说在鼻坎末端设宽尾墩可以起到防岸坡冲刷的效果。

对于指标 Z（冲坑底高程），影响 Z 作用最大的是挑角 B→C→A，最优组合是 $A_2B_1C_1$。

对堆积物延伸位置 X 影响因素的作用大小为 A→B→C，最优组合为 $A_1B_1C_1$。

显然，各指标的最优组合是不一致的，须统筹考虑。宽尾墩相对鼻坎设置的位置即宽尾墩尾置 A 在 5 个指标中对 l、W、E、X 指标起着重要作用。但对 l、E 而言，则以 A_2 为好，即宽尾墩设于鼻坎末端，挑距远，冲刷少。另外，A 因素在指标 W、X 计算中则以取 A_1 水平好，即宽尾墩设在坝面上，然而，虽然水舌宽度小点儿，但仍会冲刷岸坡，所以取 A_1 不一定是最佳选择。

总体来看，采用宽尾墩使各方面情况都有所改善。同时，设宽尾墩避免了对右岸的冲击，有少量的堆积物也只是分布在坝下 400m 以内。以上分析表明，宽尾墩位置设于溢流坝挑坎即鼻坎末端为宜。鼻坎挑角选 0°为好，宽尾墩的出口孔宽度 4.8m 合适。

以上正交试验是初选，还可对宽尾墩体形做更细更深入优化。

2）案例 2

以下再以前述表 2-2 的土壤侵蚀试验为例。通过试验分析哪一种组合下侵蚀相对其他组次最为严重。该试验是利用人工降雨在某一黄土坡面上开展的，土壤容重为 $1.2 \sim 1.3 g/cm^3$，土壤颗粒偏细，其中小于 0.005mm 的占 97.5%，属于低液限黄土。试验小区面积为 $10m \times 20m$。因为考虑降雨强度、坡度和植被覆盖度 3 个因素，每个因素有 3 个水平，故利用正交表 $L9$（3^4）。根据表 2-2 设计试验组次，开展 9 组试验，测量每组试验工况下的土壤侵蚀量，填入正交试验分析表 2-8。

表 2-8　土壤侵蚀正交试验分析表

试验组次		试验因素			指标（侵蚀模数）/（t/km²）
		雨强/（mm/h）	坡度/（°）	植被覆盖度/%	
1		20	10	25	200
2		20	20	45	180
3		20	30	70	150
4		60	10	45	500
5		60	20	70	200
6		60	30	25	1200
7		80	10	70	4200
8		80	20	25	1000
9		80	30	45	800
试验结果分析	1 水平	530	1100	2400	A→C→B，优组合：$A_3B_3C_1$
	2 水平	1900	1380	1480	
	3 水平	2200	2150	750	
	极差 R	1670	1050	1650	

　　从表2-8的极差计算知，降雨强度是主要影响因素，因为植被覆盖度的极差与降雨强度的相差不大，说明植被覆盖度也是重要影响因素，而且在 $A_3B_3C_1$ 组合下的侵蚀最为严重，这也是易于理解的，该组合是降雨强度、坡度值最大而植被覆盖度最低的工况。

　　利用正交法得出的"优组合"等结论只是相对于被选因素及其所取水平而言的，不是绝对的"优组合"，通常应当做进一步讨论，或者考虑更多因素或者考虑更多水平，进行细化试验，这一点是试验人员所应当了解的。

2.4　模型试验量测技术

2.4.1　概述

　　近年来，随着传感器技术、光纤技术、计算技术、自动化技术和网络技术的迅猛发展，水利量测研究人员越来越关注现代技术在本领域的应用发展，在国内外都做了大量的研发与应用工作（张巍和王琳，1994；刘明明等，2000；蔡守允等，1999；马劲松等，1989；戴昌晖等，1991；何人杰和王素群，1993；马劲松等，1993；吴建纲，2000；余明智和邓国英，1993；唐懋官和赵玲，1993；Adrian，1986；Keane，1991；Dong，1995；Ishigaki，1995；Kamphuis，1995；Dyhiuse，1993；O'Neil and Podber，1999；Burton and Morgan，1998；Havis，1996；Post，1994；Tuh，1995；Fenot，1995；唐洪武等，1995；卢永生，1995；严伟，1995；王兴奎等，1996；林俊，2000；田维勇和卢惠章，2000；徐锡荣等，1999；王庆新和黄启明，1998；吴艳春等，1999；刘沛清等，1997）。在国内关于基本水力参数的自动量测，入流、出流边界的自动控制，已基本发展到自动量测与控制，自动控制系统技术已相当成熟，技术进步的速度越来越快，国内与国外先进技术的差别正不断缩小。

目前，国内外已研制出一些相当成熟的流速仪、红外光测沙仪、NSY-Ⅱ型宽域粒度分析仪等量测仪器。DPTV 技术已在河工模型试验中得到应用，可对河工模型试验中全场表面流速进行实时快速测量。在河口模型潮波模拟设备方面也有不少成功经验，如已研制成功的空箱式、微型泵式和尾门式等不同类型的生潮设备与装置。

罗小峰和陈志昌（2003）在潮汐河口河工模型试验中采用粒子测速（PIV/PTV）系统测量流场，具有快速、精度高的优点。开发的 PIV/PTV 系统数据处理分析软件，可实现模型试验中流场的可视化。

黄建成和惠钢桥（1998）研制了粒子图像测速系统，其用于对模型表面流场的实时采集、处理，最后生成流场矢量分布图，并在南水北调中线穿黄河段河工模型流场测量中得到了应用。

罗友芳（1995）研制了一种改进的新型测控系统，该系统充分利用了现代微机的性能，集控制与采集于一机，软件均用 C 语言编制，有一套完整的测控与成果整理程序。以图形化的监视方式，将控制过程的跟踪轨迹实时地显示在屏幕上，并采用多页图形技术，把控制和采集数据分页显示，流速则采取主从方式。将 8031 单片机作为流速传感器的软件计数器，再以串行多机通讯方式把数据传送给主机（IBM-286-486）。

刘杰等（2004）在对河工模型量测与控制技术进行回顾的基础上，以黄浦江河口潮汐河工实体模型为例，研究潮流河段上边界采用轴流泵进行双向流量控制、下边界采用潜水泵进行水位控制的新技术。

朱崇诚和郑锋勇（2004）探讨了对港工结构实体模型试验数据测试处理等方面的改进问题，并以从日本引进的 TDS-601 数据采集仪为核心，开发了 TDS-601 数据采集仪的计算机控制软件。

变频控制技术、感知耦合技术、流迹图像追踪技术、激光技术等多项先进技术在实体模型试验测量中均得到广泛的应用（唐洪武等，2015）。例如，针对平原区实体模型模拟范围大、边界多、测控参数多的高精度测控需求，河海大学开发了多泵变频控制系统（陈红等，2013a）；基于相似理论、水沙运动理论与测控感知技术耦合互馈的高精度水沙测控系统（李最森等，2011），可以实现大面积多参数多点测控无线化、数据交互标准化、模型设计自动化、数据校验智能化；基于彩色流场图像拼接、粒子自动匹配技术研发的流迹线图像测试系统（陈红等，2014a；Chen et al.，2013）能够动态实时显示流迹线。激光技术水位仪自动标定具有很大的实用价值（陈红等，2013a）；利用 LED 平行光源奇偶间隔照射、泥沙颗粒 CCD 面阵批量图像采集方法（陈红等，2014a），对于解决泥沙颗粒级配、形状系数和圆度的快速准确测量是一项有效的途径；片光–CCD、激光–CCD 感知在测量泥沙颗粒沉速、含沙量方面有得到应用（陈红等，2013b；陈红等，2014b）。吴国英和刘刚森（2014）通过多台水泵均匀布设，在水泵出口增设喇叭形整流罩，每 2 台水泵并联由 1 台变频器控制，并采用 HMMC2000 软件控制生潮，开发了黄河河口实体模型生潮控制系统，基本达到了河口潮形、潮位的自动模拟相似，对于河口实体模型控制系统的研发具有一定的参考价值。

目前，大多较为成熟、先进的测控技术和仪器，都是针对低含沙水流或清水水流河工模型试验的量测要求研发的，还难以适用于高含沙水流的河工模型试验要求。近年，黄河水利科学研究院针对黄河高含沙水流实体模型试验的特点，研制了一系列的可适用于高含沙水流试验的测控技术和仪器，如基于嵌入式系统和组态软件的进口流量控制单元，新型橡胶密封格栅式尾门水位控制单元，高含沙水流流速及水下地形量测仪，大量程、高精度的波导式水位仪，振动式进口含沙量计等。另外，还成功研制了 HHZM-I-1225 型数控模机，大大提高了模型断面板的制作效率和准确度。

结合"模型黄河"测控系统建设，姚文艺等（2004）提出了"模型黄河"数字化的概念。所谓"模型黄河"数字化，就是利用计算机技术、通信网络技术、室内 GPS 技术、地理信息技术、自动测控技术、虚拟仿真等多种现代技术，实现"模型黄河"试验数据采集的自动化、试验数据传输的网络化、试验数据管理的集成化、试验过程管理的智能化、试验办公的电子化。"模型黄河"数字化工程就是依据上述概念所构建的"模型黄河"一体化的数字集成平台和虚拟环境。在这一平台和环境中，以功能强大的系统软件对"模型黄河"实体模型试验进行管理，并在可视化的条件下实现实体模型试验过程的自动控制、数据采集和相关管理。最终实现与"原型黄河""数字黄河"的资源共享、联合互动、互为作用。近年来模型试验自动化、数字化技术已经得到长足发展（许明和胡向阳，2012；刘春晶等，2019）。

随着量测技术、工业控制技术、计算机技术、地理信息系统、虚拟现实技术、多媒体技术、海量数据存储技术等通信网络技术的发展，具有功能强大、可适应复杂水力环境的河工实体模型试验测控技术和仪器将会发展起来，并可进一步推动模拟技术的进步。

2.4.2 量测仪器及手段

黄河河工模型试验流速变化范围往往很大、试验水沙条件复杂，对模型测控技术要求较高。为此，在本研究中开发了流量采集及控制系统和尾水位跟踪及控制系统；设计安装了沿程水位监测系统，实现了河道沿程水位的自动测量及记录；为获取模型试验过程中河道河床的变化过程数据资料，自行研制了 HSTC-2 型浑水地形探测仪；引进了流场观测系统，为提高模型试验效率和成果精度提供了良好的测控条件。

1. 量测、控制内容及技术要求

一般河工模型试验测量内容包括模型进口流量测控和含沙量测量、河道断面含沙量测量、河道沿程水位测量、河道断面流速测量、河道断面地形测量、河道流场观测。控制内容包括模型进口流量、含沙量控制，尾门水位控制。对于主要参数的控制要求，国家和行业均制定了相应的技术规程，如水利部 2012 年颁布的《河工模型试验规程》（SL 99—2012）和 2016 年颁布的《水工与河工模型试验常用仪器校验方法》（SL 233—2016）等。

2. 量测仪器的研制、开发与量测手段

1）流量过程的控制

黄河河工模型试验的水沙条件、流量级差及过程变化大，不易控制，所以其流量控制系统的设计要求较高，对此，对流量控制器进行了不同设计方案比较，并获得了较为理想的控制效果。

流量控制器是流量控制系统的核心部件，起着承上启下的作用，接受主控微机发来的命令，控制电动执行器开大或关小电动阀门，从而起到控制流量的目的。在以前研制的流量控制器基础上，进行了改进，用 8098 单片机代替了原来的微处理器 Z80CPU，重新设计了单片机接口电路及数据通信电路。流量控制器设计为流量自动控制和流量手动控制两种功能。图 2-4 为流量控制系统构成框图。

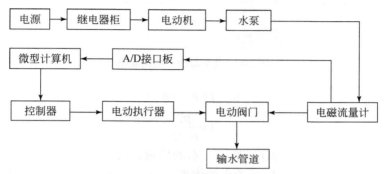

图 2-4 流量控制系统构成框图

许明和胡向阳（2012）近年也采用自动化、智能化技术研发了供水供沙系统，供水控制系统由水泵、变频调速器、电磁流量计、电动阀、溢流阀等部分组成（图 2-5）。

2）进口含沙量的控制及沿程含沙量的测量

模型试验进口含沙量控制包括加沙系统及含沙量测量两部分。模型试验加沙系统包括输沙管、输沙设备、搅拌池、搅拌器、电动机、泥浆泵、输沙管道、泥沙出口阀门、回沙管道等设备器材，系统构成见图 2-6。

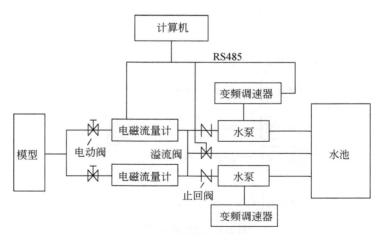

图 2-5 供水控制系统

模型试验进口含沙量的测量采用置换测量法。置换法是用比重瓶量取含沙水样的容积，经天平称重，然后根据比重瓶加浑水的质量与比重瓶加清水的质量之差，求出比重瓶

中的沙样质量，其计算式为

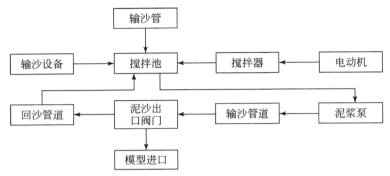

图 2-6 模型加沙系统构成图

$$W_s = k(W_{ws} - W_w) \tag{2-33}$$

$$k = \frac{\rho_s}{\rho_s - \rho} \tag{2-34}$$

式中，W_s 为泥沙质量，g；W_{ws} 为比重瓶加浑水的质量，g；W_w 为同温度下比重瓶加清水的质量，g；ρ_s 为泥沙密度，g/cm³；ρ 为水的密度，g/cm³；k 为置换系数。为便于计算，k、W_w 已制成表，供计算时查用。在模型试验中，为简化计算，k 值视为常数，计算含沙量时，根据比重瓶加浑水时所测得的水温，查出 W_w 即可由式（2-32）求出沙样质量，从而即可推求出水流含沙量。沿程含沙量的测量方法亦为置换法。

许明和胡向阳（2012）采用自动控制单向定量输沙方法开发了加沙系统（图 2-7），该系统可以按试验进程控制试验水流含沙量，该系统由螺杆泵、变频器、含沙量仪、系统计算机组成，构成闭环调节系统。他们同时还提出了加沙系统的控制方案。

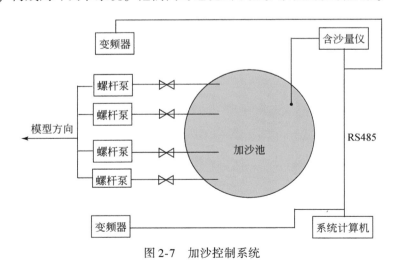

图 2-7 加沙控制系统

3）水位的控制与量测

模型试验尾水位控制包括微机自动控制和手动控制，微机自动控制系统包括跟踪式水位计、A/D 转换、微型计算机、接口电路、驱动电路、电动执行器、尾门等部件。跟踪式水位计跟踪尾门附近水位，微型计算机通过 A/D 转换电路，量测水位值，与预置水位值比较，根据比较结果，发出开大尾水闸门或关小尾水闸门的指令，延时 0.5s，停止操作；进行下一次水位值采集，比较相应操作结果，直至尾水位在预置的位置附近 2mm 以内，按照给定的尾水位值，逐一进行控制，直至试验结束。

当微机自动控制系统因故不能工作或出故障时，用人工手动装置来控制尾门的开大或关小。尾门形式为自行研制的橡胶密封格栅式。以往的模型试验所使用的尾门多为格栅式横拉门，该类型拉门简单地采用了两块塑料板作两层格栅，并且尾门框架采用了角钢焊接方式，机械强度差，造成了缝隙多、漏水量大，特别是在黄河河工模型中，泥沙量大，更加大了尾水过程调节的失效频率，难以保证尾水全过程自动调节。为解决这一问题，本书研究进行了改进，设计开发了新型的橡胶密封格栅式尾门不锈钢尾门板，这种新型的尾门由 C 形框架、橡胶垫板、不锈钢尾门板、橡胶压板及钢压板等组成。由于 C 形框架、橡胶垫板、不锈钢尾门板、橡胶压板及钢压板上一一对应过流孔，当不锈钢尾门板在电机执行器的牵引下做横向移动时，就实现了过流孔的开关，达到尾水调节的目的。经过实践检验，这种新型橡胶密封格栅式尾门成功地解决了格栅式横拉门的漏水问题，可以保障尾水全过程自动调节的技术要求。橡胶密封格栅式尾水门制作改善了过去格栅门全部是方孔设计的不足，在主河道部分采用矩形加三角形的设计，在滩区部分采用矩形设计。这样，随着尾门开度的加大，河道由于水流冲刷会加深；随着尾门的关闭，河道由于泥沙的淤积会变浅，因此更加符合黄河原型的水力学特征。

沿程水位的测量仪器设备主要有水位测针和跟踪式水位测针。

4）断面流速测量

本书主要采用长江科学院生产的 XJLS-2 型电导式旋桨流速仪量测断面流速。滩地水深一般比较小，不宜用旋桨流速仪测量漫滩水流流速，因而，改用跟踪法测量滩地流速。

5）地形量测

测量地形的仪器是研究者自行研制的 HSTS-2 型浑水地形探测器，探测器是利用水体电导特性制作的。

天然水体（江河、湖泊、井水）都含有某些杂质，水体一般具有一定的导电特性，其导电的强弱与它所含的杂质种类及杂质含量有关。当水中所溶物质的导电离子增多时，其导电性能就变强，电导率增大；当水中混有大量泥沙、粉煤灰等杂质时，其导电性能就变弱，电导率减小。

模型试验中，水中所溶物质的导电离子一般可认为是恒量。影响模型试验中浑水电导状况变化的主要因素是浑水中所含泥沙或粉煤灰的多少。通过测量浑水中电导率的变化，就可知道水中所含泥沙或粉煤灰的多少。当探头触及河床时，电导率有一突变，通过测量电导率这一变化就可知道探头是否在河床上。

HSTC-2 型浑水地形探测器由探头、电压转换电路、地形采样电路、放大电路、甄别电路、驱动电路、声光元件等组成。其中声光元件的作用是判别探头触及河床的状况。仪器硬件设计的框图见图 2-8。

HSTC-2 型浑水地形探测器在本书开展的黄河小浪底水利枢纽移民安置区温孟滩河段

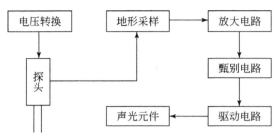

图 2-8　浑水地形探测器硬件设计的框图

河道整治模型试验及其他模型试验中的应用结果表明，仪器工作性能稳定，量测精度较高，达到了模型试验规程要求。

为了解主流摆动态势及流速平面分布状况，往往需要对流场进行观测。本书采用了流场监测处理系统。模型试验中，还需要试验人员根据试验要求定时录制模型试验河道流场图像。

2.5　小　　结

本章从水沙运动基本方程、黄河输沙关系、河床冲淤演变关系出发，系统阐述了黄河实体河道模型、土壤侵蚀模型设计的相似准则和相似比尺关系。对于黄河河道实体动床模型而言，除必须满足水流相似、悬移质运动相似、河床变形相似外，还必须满足河型相似、浑水雷诺数相似等相似要求。就黄河实体动床模型设计中一般问题的处理方法也作了介绍，包括悬移相似和沉降相似的处理、悬移质泥沙粒径比尺的确定、含沙量比尺和悬移质河床变形时间比尺的选取、变率选取、模型沙选择等。

在模型试验研究中，根据试验参数量测要求，还针对黄河实体模型水流含沙量往往比较高的特点，在试验研究中，对有关的测控方法和仪器也进行了研究与开发，如对流量控制系统、HSTC-2 浑水地形探测器、尾门控制系统等都作了介绍。

第3章 | 河型变化段河道实体动床模型设计理论与方法

根据河流地貌系统理论及黄河下游河道河床演变规律，基于河道实体动床模型相似原理，本章研究了河型变化段河工动床模型的"分段设计，过渡处理"的设计理论基础和设计方法，提出了对不同河型河段间过渡段的模型沙、河道边界等参数在保证阻力和河床变形相似条件下的设计关键技术，并开展了模型验证试验，对提出的河型变化段河道动床模型设计理论与方法的合理性进行了佐证研究，解决了同一模型具有不同河型河段的实体动床模型的整体设计问题。

3.1 问题的提出

一般来说，大中型河流的上、中、下游河段的河型往往是不同的，其演变规律、河性、河床边界条件存在很大差别。因此，在河工动床模型设计中，对上、中、下游不同河型河段的同一个参数很难用一个相同的比尺进行模拟，就是说，按照同一个比尺，不可能保证同一个模型中的不同河型河段在几何、力学和运动等方面可同时满足相似要求。在以往的河工模型中，对同一模型具有不同河型河段的动床模型设计研究极少。一般是根据不同河型河段分别设计为不同的模型，分河段开展模型试验，这样做的优点是便于模型设计，而所存在的缺陷也是显然的：一是按河型分散布设模型，其试验成本较高；二是不能直接很好地反映上下游不同河型河段的河床演变及水沙输移之间的耦合效应和相互影响。而随着我国水利事业的发展，往往需要通过大尺度长河段模型试验对河流治理开发中的应用基础问题和关键技术进行研究（王国栋，2002；黄雯，2003），这些模型多为整体性的，须同时模拟上下游不同河型的河段。因此，其对河型变化段河道实体动床模型设计理论与方法研究有着很大的现实意义，同时对丰富河流模拟领域的研究内容也有着很大的科学意义。

结合黄河小浪底水利枢纽温孟滩移民安置区河段河道整治模型试验和小浪底水库建成后黄河下游防洪规划试验研究，对河型变化段河道实体动床模型设计方法进行了研究。黄河温孟滩河段上下段河型不同，其上段（即铁谢以上）为砂卵石河床，属宽浅多汊型河道，下段即铁谢以下为沙质河床游荡型河道。试验河段河道边界条件复杂，河段上下游的河床演变、河性及水沙运行规律都具有很大的变化，因而模型设计及模拟试验的难度相当大。在前人对黄河河道动床模型设计研究的基础上，本书依据模型相似原理，充分考虑到设计河段的边界条件和水沙特点，提出了"分段设计、过渡处理"的设计方法，辩证地解决了这类模型的设计问题。

3.2　设计理论基础

严格来说，模型设计应当使所有的模型参数都与原型的相应参数满足一定的关系，这些参数是由一个或几个模型比尺决定的。因此，要保证模型的相似性，合理地选择模型比尺是非常重要的，但是模型比尺的合理选择是非常困难的。一方面，由于水沙运行和河床演变是一种比较复杂的物理现象，目前难以从理论上完整地求出描述这种物理现象中各物理量内在联系的理论关系式，而往往都是通过整理分析野外观测及室内资料推求经验性或半理论半经验性的物理方程，因而即使对同一个物理量，用以描述其物理关系的方程式往往可以有多个，决定同一个参数模型比尺也就可能有多个；另一方面，对于条件变化较大的河段，特别是河型变化河段，其水力规律及泥沙运动规律往往视边界条件不同而在不同河段有很大变化，当然，用以描述这些规律的关系式也将视不同河段而各异。因此，也就很难用同一个模型比尺保证同一个模型中不同河型河段的同类参数在模型与原型间都真正满足相应的关系。在模型设计中就必须首先了解模拟河段的原型水沙特性、河段特性、河床组成及河床演变规律，从而较合理地选择模型比尺。

当试验河段的上下游河段的河床组成、河型、河性、水沙运动规律及河床演变规律都有很大差异时，将会使模型设计及试验研究的难度大大增加。然而，从河流地貌系统来说，在自然条件下，河型变化有突变与缓变两种，前者与内动力断层有关，后者与外动力水沙长期和河相的自适应有关。从地貌上看，对于研究对象黄河温孟滩河段而言，其中小浪底至铁谢河段是黄河出山口的过渡段，属砂卵石河床多汊河型，铁谢以下是游荡型河道。整个河段处在中国东部重力梯度带上，所以从多汊到游荡是渐变的，那么，河流的水力边界也相应是渐变的。另外，物质能量的传递在整个河流系统中又总是保持平衡的。因此，作为一种实体模拟，在河流模拟中也应能反映出这种河流系统特征。同时，在模型设计中，也应遵循这一自然演变规律。

根据河流地貌学的观点，河流地貌系统函数总可以表达为

$$\varphi(x,t)=f(k_1,k_2,k_3,\cdots,k_n,x,t)+\pi \tag{3-1}$$

式中，k_1，k_2，k_3，$\cdots$，k_n 分别为系统变量，包括控制参量、状态参量、微分算子等，如边界条件、水力因子、营力参数等；x 和 t 分别为空间坐标和时间坐标矢量；π 为具有随机性的尾迹函数。这些变量的耦合状态决定了河流的演变趋势及相应的河型，两者之间有着确定的对应关系。因而，若某一河流是由不同河型的河段组成的，则式（3-1）总可分解为

$$\varphi(x,t)=\varphi_1(x,t)+\varphi_2(x,t)+\cdots+\varphi_n(x,t)+\pi \tag{3-2}$$

式中，φ_1，φ_2，$\cdots$，φ_n 分别为河流地貌中的各河段子系统函数，函数形式由河型决定。对河型渐变的河流而言，在自然状态下，该函数的坐标表达不会产生突变，应是光滑的，但在不同的值域内，所对应的河型是不一样的，就子系统函数对整体系统函数的取值而言，其权重大小有别，假若 $\varphi_1(x,t)$ 为主体函数，则其余子系统函数所起作用将是很小的，或可忽略不计，但因河型过渡段存在的要求，其余子系统函数又不可能全部为0。

如果取用相似转化，式（3-2）可变为

$$\lambda_\varphi \varphi(x,t)_m = \lambda_{\varphi_1}\varphi_1(x,t)_m + \lambda_{\varphi_2}\varphi_2(x,t)_m + \cdots + \lambda_{\varphi_n}\varphi_n(x,t)_m + \lambda_\pi \pi \qquad (3\text{-}3)$$

式中，m 为模型值；λ_{φ_1}，λ_{φ_2}，$\cdots$，λ_{φ_n} 为各子系统函数的相似比尺。根据相似原理，则有

$$\lambda_{\varphi_1} = 1，\lambda_{\varphi_2} = 1，\cdots，\lambda_{\varphi_n} = 1；\lambda_\pi = 1$$

因而，各河段具有不同的相似函数比尺关系。

在式（3-2）中，φ_1，φ_2，$\cdots$，φ_n 实际上是分别表述不同河段河流演变的物理定律，这些定律对应着表征河型、河性的一组控制方程组，如河相关系、河床变形方程、水流输沙能力等河流物理性质和水动力性质的数学表述。因此，基于此及式（3-3）可推证，对于河型变化的模型设计可以采用"分段设计、过渡处理"的方法。也就是说，按河型将河段进行分段，根据不同河段的河道特性，包括河床组成、演变规律等特点，选择与整个模拟河段不一定完全相同的相似条件和模型比尺进行设计模型。对不同河型河段间的过渡段，由于往往缺乏明确的河型控制方程，因此可依据上下不同河型河段设计的相似比尺，结合过渡段原型各主要物理参数的特征，进行综合设计，即采取"过渡处理"的设计方法。尤其对床沙的设计，若不同河型河段的床沙在物理特性、类别等方面有较大差异，河床演变规律不同，则选择模型床沙时可考虑选用不同类型的床沙，注意物理属性上的一致性，以更好地保证边界条件的相似性。这样，同一模型不同河段，其模型床沙就可能是不同的。从相似理论来说，这也是合理的、正确的，并不一定非要也不必要将整个模型河段的床沙选为同一类模型沙，关键是要满足边界条件及动力学条件的相似性，基本上可满足式（3-3）成立。

3.3 设 计 方 法

结合黄河小浪底水利枢纽温孟滩移民安置区河段河道整治模型试验，以山区河型过渡到平原冲积河型的模拟设计为研究对象，提出河型变化段模型设计的原则和方法。同时，以黄河小浪底至花园口河段的模型设计为实例，给出河型变化段实体模型的设计方法及设计比尺的选择。

3.3.1 模拟河段原型河道概况

3.3.1.1 河型及河床物质组成概况

模拟河段为小浪底至花园口京广铁路桥，全长为 125km，其中上游段小浪底至铁谢河段为山区砂卵石多汊型河道；铁谢至花园镇河段为黄河由山区型河道向平原冲积型河道的过渡段；花园镇以下至模拟河段末端为沙质游荡型河道。

铁谢以上河段为砂卵石河床。该河段修有白鹤、白坡和铁谢三处河道工程，在小浪底以下 8km 和 10km 处分别建有焦枝铁路桥和焦枝复线留庄铁路桥。白鹤基本上位于黄河干流中游最后一个由峡谷型河段转变为下游平原冲积型河段的过渡段首部（图 3-1）。

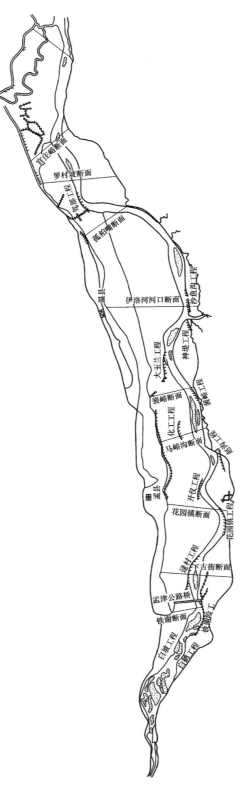

图3-1 黄河温孟滩河段河道图

小浪底至焦枝铁路桥基本上属峡谷型河段，河谷宽为 0.6～1.2km，两岸有几处山嘴和碛石滩，较大边滩有蓼坞滩和马粪滩两处，河段长约为 7.8km，河床由砂、卵石组成，除边滩外，基本上没有细沙淤积物。根据实地量测，该河段小浪底公路桥附近河床表层的最大卵石长径可达 80cm。图 3-2 为公路桥下游实测的砂卵石床沙级配，中值粒径 D_{50} 为 8.26～9.10cm，拣选系数为 1.27～1.30。

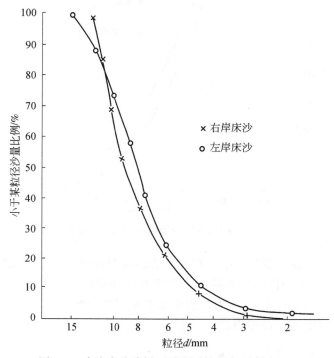

图 3-2　小浪底公路桥下游实测的砂卵石床沙级配

黄河出峡谷后，在焦枝铁路桥下游突然扩宽到 3～4km，展宽比（下游河宽/上游河宽）达 3 以上，焦枝铁路桥至坡头河段全部为砂卵石河床，砂卵石最大粒径仍可达 1m，即使在坡陡流急的河段床面上，亦有如此大的卵石存在。砂卵石覆盖层中，基本不含悬沙粒径的泥沙。在卵石架空隙中充满了小砾石和砂，砂卵石容重较大，干容重为 20.59～22.84kN/m³。该河段河道比降较陡，平均比降为 1.2‰。

由于河床比降较大，其水力比降也较大，根据资料分析，流量变化在 1000～10000m³/s，小浪底至坡头水面平均比降均达 0.56‰～0.90‰。在该河段内，因有连地滩、西滩及王庄滩等碛石滩，水面比降有陡有缓，如在小水时，小浪底河段比降仅有 0.1‰，而下游冲积扇河段的汊河比降达到 0.5‰，呈急流状态。

自坡头往下，河床砂卵石粒径逐渐变小，如白坡河段，白坡闸附近河道床沙中值粒径为 6.32～7.10cm，且床沙组成相对不均匀，拣选系数约为 1.32，卵石含量在 80% 左右。图 3-3 是白坡河段河道床面上的床沙级配。不过，在非汛期，在局部床面上也可偶见粒径在 60cm 以上的卵石出露。

白坡至铁谢河段，河床逐渐变缓，河床平均比降约 0.6‰，河床组成物由砂卵石逐渐

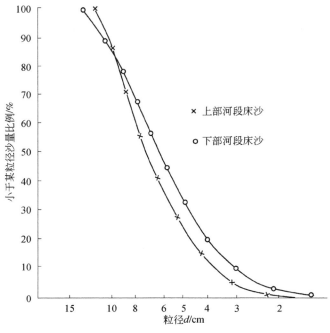

图 3-3　白坡河段河道床面上的床沙级配

过渡到沙质，砂卵石也较上游河段小，在铁谢公路桥附近取样时，发现床面卵石最大粒径有 50~60cm 的。图 3-4 为铁谢断面险工附近实测床沙级配。可以看出，床沙中值粒径较上游为小，为 4.8~5.8cm。图 3-5 为铁谢断面滩地泥沙级配，其平均粒径为 0.21mm，大约与温孟滩下段床沙中值粒径相当。

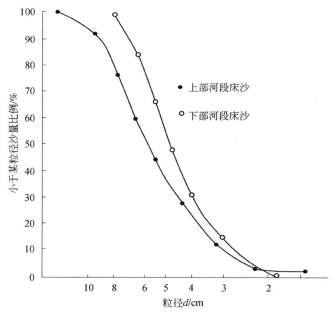

图 3-4　铁谢断面险工段砂卵石床沙级配

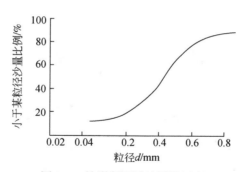

图 3-5　铁谢断面滩地泥沙级配

自铁谢至下游的大玉兰工程为黄河小浪底水利枢纽温孟滩移民安置区河段。该河段长约 48km，大部分在温县、孟县境内，其间北岸主要有蟒河、猪龙河汇入，南岸有伊洛河汇入。白坡断面河谷相对较窄，仅 1.5km，至伊洛河河口处河谷宽至 10km 左右。

3.3.1.2　水沙特性

根据小浪底水文站 1919 年 7 月至 1989 年 6 月的资料统计，多年平均来水量为 415.77 亿 m^3、来沙量为 13.95 亿 t，其平均含沙量为 33.5 kg/m^3，其间年最大水量为 679.5 亿 m^3（1964 年 7 月至 1965 年 6 月），相应年沙量为 16.07 亿 t，年最大输沙量为 37.04 亿 t（1933 年 7 月至 1934 年 6 月）。可见，水沙在年际分布很不均匀。水沙主要集中于汛期，汛期水沙量分别约占年平均的 59% 和 86%。近年来，水沙来量明显减少，根据 1991 ~ 1998 年实测资料统计，年平均来水量为 227.36 亿 m^3，年平均来沙量约为 7.74 亿 t，较前述时段而言，年水量减少 45% 以上，年沙量减少不足 45%，平均含沙量基本相同。

小浪底来沙组成除受中游泥沙来源影响外，还与三门峡水库运用方式有关。例如，1960 年 9 月三门峡水库开始蓄水运用，下泄水流较清，引起下游河道冲刷，至 1961 年 9 月铁谢—裴峪河段在一年内冲刷量近 1 亿 t，此时悬移质泥沙较粗，中值粒径为 0.04mm；1962 年 3 月三门峡水库改为"滞洪运用"，下游河床冲刷相对减轻，1962 年 11 月至 1963 年 11 月，铁谢—裴峪河段年均冲刷量为 0.27 亿 t，约为前者的 1/4 强。此时，悬移质泥沙的中值粒径亦大大减小，约为 0.013mm。不过由于冲刷粗化，该时期的床沙最粗，其中值粒径一般在 0.3 ~ 0.6mm。1964 年以后，三门峡水库进行改建，但其运用方式基本上还是滞洪运用。1964 年汛期，三门峡水库上游来大水大沙，水量达 437.2 亿 m^3，沙量为 8.74 亿 t，库区发生严重淤积，潼关以下总淤积量达 10 亿 t 以上。水库汛后敞泄，遂发生溯源冲刷，致使小浪底来沙粒径相当粗，其悬移质泥沙（简称悬沙）中值粒径达 0.047mm，铁谢床沙中值粒径为 0.37mm。1973 年以后，三门峡水库改为蓄清排浑运用，至 20 世纪 80 年代以前，小浪底悬沙中值粒径变化不大，基本上在 0.03mm 左右（图 3-6）。近年来，由于粗泥沙来源区河口镇至龙门区间的来水来沙明显减少，如汛期来水较多年（1919 ~ 1992 年）平均减少 40%，沙量减少 49%，使进入下游的悬沙变得相对较细，其平均中值粒径为 0.025mm 左右。

从 1993 年小浪底水文站两次大于 3000m^3/s 的洪水来看，洪水流量与悬移质输沙率间

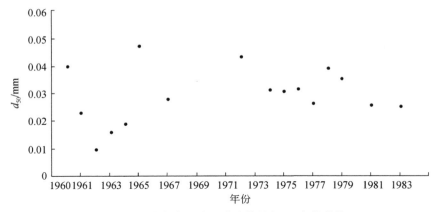

图 3-6　小浪底水文站悬沙中值粒径 d_{50} 变化趋势

较好地遵循一般关系（图 3-7）：

$$Q_s = kQ^n$$

式中，Q_s 为输沙率，$10^4\,\text{kg/s}$；Q 为流量，m^3/s；k 和 n 分别为系数和指数。不过，关系线有两条，基本上以流量 $Q = 1000\,\text{m}^3/\text{s}$ 为界，流量大于 $1000\,\text{m}^3/\text{s}$ 时，水流输沙强度要大些，反之较小。

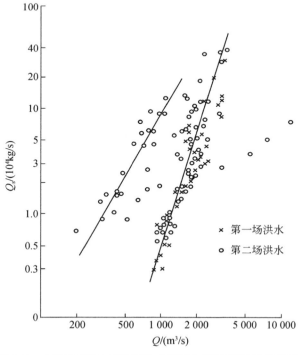

图 3-7　小浪底 1993 年汛期洪水流量与悬移质输沙率关系

黄河下游自20世纪80年代中期以来,属于枯水少沙系列,突出特点之一就是大于6000m³/s的洪水相当少。根据花园口站资料统计,1981~1985年洪峰流量大于6000m³/s洪水有9次,占总洪水次数(52次)的17%;1986~1996年洪峰流量大于6000m³/s的洪水更少,只有4次,仅占总洪水次数(66次)的6%。

由本河段的地理位置、河道形态及河床边界等方面的特殊性决定,从中游来的高含沙洪水在本河段运行中具有一些明显特点。例如,含沙量沿程变化较大。小浪底以上为峡谷型河道,河床比较陡,水流急,所以根据三门峡水库下泄的高含沙洪水资料统计,小浪底含沙量较三门峡的增减一般不超过5%。但从小浪底以下,因河道展宽,流速沿程衰减明显,泥沙大量落淤,加上本河段无大的支流入汇,高含沙洪水在运行中,其含沙量沿程迅速降低。从1954~1996年的高含沙洪水来看,小浪底高含沙洪水演进至花园口,其最大含沙量最多可降低50%左右。例如,1954年9月4日的高含沙洪水,花园口水文站最大含沙量较小浪底水文站降低52%。无论悬沙级配如何,含沙量一般均有衰减,衰幅为10%~30%。而且衰减幅度沿程有所不同,神堤以上相对较小,神堤以下从伊洛河口开始,含沙量减少往往较上段明显。若洪水历时长,含沙量过程缓涨、多峰或出现水位流量异常变化,含沙量也会有沿程增加或基本平衡的现象,如1977年7月8日洪水,小浪底最大含沙量为535kg/m³,至花园口达到546kg/m³。不过,只要其间支流没有高含沙洪水入汇,即使有增,其增幅也是很小的。总之,高含沙洪水对本河段的河床演变影响是很大的,在模型设计中不可忽视。

黄河推移质输沙量相对很少。该河段小浪底水文站缺少砂卵石河道推移质实测资料,根据黄河水利科学研究院张原锋对小浪底上游龙门水文站(50组,1960~1965年)和潼关水文站(9组,1985年)资料统计,两站的推移质输沙量仅占相应时段悬移质输沙量的2.97%;另外,根据河段下游花园口水文站1960~1964年资料统计,年均推移质输沙量为219.2万t,为同期平均悬移输沙量的0.3%。推移质输沙量主要集中于7~10月,与悬移质输沙量年内分布基本一致。推移质平均粒径一般在0.10~0.24mm,最大粒径在1.0mm以上。支流伊洛河的推移质年均来量也不足悬移质来量的0.5%,其最大粒径一般在0.50~0.88mm。因此,在模型设计中,可以不考虑推移质输沙的影响。

3.3.1.3 河床演变情况

从河型上来讲,本河段总体可分为两类,一是小浪底至铁谢为多汊型河段,二是其下为游荡性河段。由于各河段的河道形态,水力边界条件(河床物质组成,工程类型和数量等)不同,因此,各河段的冲淤变化,河势情况是有一定差别的。

1)小浪底至铁谢河段

由前述知,黄河出小浪底至焦枝铁路桥后,河道突然展宽,水流速度减缓,因此,从上游峡谷河床输移下来的砂卵石推移质在焦枝铁路桥以下河段首先落淤,形成大小不等的众多砂卵石心滩。其中较大的心滩有连地滩、西滩、王庄滩。滩地砂卵石级配中值粒径从上游至下游逐渐变小,为10~50cm,如连地滩和西滩砂卵石覆盖层的中值粒径分别为5.5cm和7.2cm。

从河段的平面形态看(图3-1),呈凹向左岸的微弯形,曲折系数约为1.13。水流进入河弯受离心力的作用，使得该河段的水流流势一般总是趋向于左岸，所形成的大小心滩，其走向也多是由右岸倾斜向下游左岸，不过，在某些水沙条件下，水流也有走南岸的情况。例如，1980年遇大水大沙，洪水过后主流由北岸改走南岸。

根据历史资料，从小浪底至连地滩河段，河槽一直较稳定，冲淤变化不大。在小浪底下游约9km处，黄河分为南北两股，其心滩一直下延至焦枝铁路桥以下近1km。北股河道顺直，靠左岸有土石结构的生产堤，一直修到连地滩滩嘴。在焦枝复线留庄铁路桥心滩下游约300m和800m分别有两条串沟，北汊道分流入南股，中小水时也有一定的分流。

北股至连地滩滩嘴仍靠左岸行走，且在焦枝复线铁路桥附近分为几股汊道，由于河床比降陡，各汊道内水流非常陡急，并有横河形成，河道形态极为复杂。

南股水流行至焦枝铁路桥下游约1.7km处，因西滩阻拦，河分两股，其中一股经西滩北边东流，称西滩中股；另一股称西滩南股，靠右岸东流，在经过焦枝复线铁路桥后，于桥下游约1km处王庄滩分流，南汊靠王庄闸顺堡子滩北沿过王庄滩后再次分为两股，这两股在堡子滩北汇合。西滩与王庄滩之间的北股，水流趋向左岸流向东北，并再次分两汊，这两汊在坡头对岸与黄河北股汇合流向下游。在西霞院河段，黄河又汇合成单股大河。

就河床冲淤变化而言，连地滩以下至白坡，仍不十分明显，只是在左岸床面，因滩多滩小，在大水时，一些心滩有增大或蚀退现象，小水时河势也较散乱。

白坡至铁谢以上河段，有三处较大心滩，从上至下分别为西霞院滩、白坡滩和铁谢滩。中水以下均不会完全漫滩，它们将大河一分为二，形成南北两河。从多年河势的总体情况看，中水以下三个心滩的北河分流均较南河为小。例如，白坡滩北河，分流比一般在10%~40%左右，尤其在铁谢险工段，主流多年靠险工走南河，分流比可达70%~80%，北河保持在30%左右。铁谢滩滩头在大水时略有蚀退，但不十分明显，只是铁谢工程前的一些心滩、低滩在大水时有一定的冲刷蚀退现象。

总之，本河段冲淤变化不大，尤其连地滩以上河段，长时期内基本无变化，河势基本稳定，只是焦枝桥以下北股汊河心滩较多，小水时分流较乱。南股汊河相对集中，河势相对较平顺。北股汊河分流约为40%，南股约为60%。

从该河段河道边界条件方面来说，河道左岸相对较平顺，但自焦枝铁路桥至连地滩汊河河口有土石坝堤，对河势有一定的控制作用。南岸山嘴凸凹不整，尤在王庄上下游，岸线极不规则，王庄上游有一明显凸向大河的山嘴，使南股水流难以靠岸行走，导向对岸。其下多行边流，造成大量落淤，形成一大心滩，即堡子滩，加上近年来王庄闸建成后，引洪淤地，堡子滩已与河岸连在一起，另外，该河段修建有洛阳公路桥、焦枝铁路桥和焦枝复线铁路桥三座桥梁，对河势均会有影响。像焦枝复线铁路桥左岸桥墩处，建桥时遗留的卵石堆及废桥墩形似短坝，均有阻水作用。较大心滩的边界形状对河势影响很大，在中小水时，对水流都有一定的束导作用。因此，在模型制作中，精细模拟这些特殊的边界条件，是很必要的。

2）铁谢以下河段

铁谢至花园镇为上游砂卵石多汊型河道向下游沙质游荡型河道的过渡段。

从花园镇上游的下古街断面以下，床面基本上全部为沙质床沙，其河床河岸物质粒径组成均较细，可动性很大，加上比降陡，床面开阔，使得河槽宽浅，主流摆动剧烈，冲淤变化大，为典型的游荡型河段。

在 20 世纪 70 年代以前，本河段内只有南岸少数几处护滩工程，如花园镇工程等。1974 年以后，本河段陆续修建了一些控导工程，北岸有逯村、开仪、化工、大玉兰等，南岸有赵沟、裴峪、神堤、沙鱼沟。这些工程修建后，缩小了游荡范围，对护滩保堤起到了一定的作用。

在花园镇以上主流摆幅较小且相对稳定，同时心滩汊道分流比变幅相对较小。而花园镇以下主流摆动范围大，摆动最剧烈的是在化工至大玉兰工程之间。主流向北摆动强度最大的是 1986 年，摆幅达 3.3km。工程靠河情况也是以花园镇以上较好，花园镇以下较差，特别是对诸如 1986 年来的小水，开仪至大玉兰工程对其控导作用更显不佳，其主要是长时间持续小水，河道坐弯加剧，致使河势上提较大（王德昌等，1993）。总之，本河段河势控制还不强，尤其逯村以下，不利河势引起的抢险较多，从多年河势情况看，现有工程还难以完全适应 4000～6000m³/s 造床流量下的河势变化。

根据上述分析可知，本河段河道演变的主要特点：①多年来铁谢以上砂卵石床沙河段河势变化较小，河床冲淤不明显；铁谢以下河段河势不稳，主流摆动较大，为游荡型河段。②河势变化与上游各汊河分流情况有关。③虽然经过初步整治，铁谢以下河段已逐渐形成较为归顺的整治流路，但游荡性质并未改变。④花园镇以下河段，工程靠河情况与上段相比较差。

3.3.1.4 研究河段河道基本特征值

研究河段从小浪底至京广铁桥计约为 125km，模型的主要试验研究段从白鹤工程至孤柏嘴，河段长约 81km。统计有关资料，按平滩流量（4000～5000m³/s）考虑，原型河段的特征资料如下。

（1）河槽宽度（B）：焦枝桥以上 $B=0.7$km；焦枝桥至白坡 $B=1.5$km；白坡以下河段 $B=4.0$km。

（2）主槽宽度（B'）：焦枝桥以上 $B'=0.7$km；焦枝桥至白坡 $B'=1.5$km；白坡以下河段 $B'=1.9$km。

（3）水深（h）：小浪底至焦枝桥 $h=5.40～7.00$m；桥以下 $h=2.00～3.64$m，平均为 2.82m。

（4）平均流速：白坡以上为 2.59～2.70m/s；白坡以下为 2.02m/s。

（5）河床比降（J）：白坡以上 $J=0.70‰～1.45‰$；白坡以下 $J=0.26‰$。

（6）弯曲率（ξ）：$\xi=1.13～1.16$。

（7）床沙中值粒径（D_{50}）：白坡以上 $D_{50}=50～90$mm；白坡以下沙质床沙 $D_{50}=0.10～0.25$mm。

（8）悬沙中值粒径（d_{50}）：$d_{50}=0.015～0.025$mm（7～9 月份汛期）。

（9）泥沙容重（γ_s）：$\gamma_s=26.00～26.48$kN/m³。

（10）主槽糙率（n）：白坡以上 $n=0.020～0.041$；白坡以上 $n=0.010～0.015$。

（11）滩地糙率（n'）：$n'=0.030～0.041$。

3.3.2　相似条件确定

3.3.2.1　小浪底至铁谢河段

本河段为宽浅多汊型河道,床沙组成为宽级配的砂卵石,故其相似比尺的设计即不能按山区窄深河流处理,又不能按冲积平原型河流处理,应考虑视其为宽浅砂卵石河流,也就是说,可按砂卵石宽浅动床模型设计,并应着重满足阻力相似的要求。

此外,由于沙质和卵石两类泥沙的特性相差甚远,同时,沙质泥沙仅占20%左右,卵石床沙也不会参与悬移质的交换,因此,本河段的比尺设计着重考虑卵石床沙,而对沙质床沙的设计,可在设计下段床沙的比尺基础上加以考虑。

1)基本相似条件

本河段模型应着重满足如下相似条件。

水流重力相似:

$$\lambda_V = \sqrt{\lambda_h} \tag{3-4}$$

水流阻力相似:

$$\lambda_n = \lambda_V^{-1} \lambda_h^{\alpha} \left(\lambda_h^2 / \lambda_1 \right)^{\frac{1}{2}} \tag{3-5}$$

式中,α 为指数,对于大颗粒河床,可取 $\alpha = 1/5$(中国水利学会泥沙专业委员会,1992)。

床沙起动相似:表达泥沙起动相似条件的形式一般有两种,即以起动流速表达的形式和以床面阻力表达的形式。在以往的黄河动床实体模型设计中,这两种形式都有取用者,考虑到该河段河床冲淤及河势变化不大,加之河流较宽浅,其床面糙率为水流的主导因素,因此,在确定泥沙的起动相似条件时,可从沙粒阻力的关系出发,保证满足阻力相似的要求,达到水位的相似性。

沙粒阻力关系取用爱因斯坦的无因次表达式:

$$\theta_b = \varphi\left(\frac{\omega D}{\upsilon}\right) F_b^n \tag{3-6}$$

式中,

$$F_b = \left(\frac{V^2}{\frac{\gamma_s - \gamma}{\gamma} g D} \right)^{1.5} \left(\frac{VR}{\upsilon} \right)^{-\frac{1}{2}} \tag{3-7}$$

$$\varphi\left(\frac{\omega D}{\upsilon}\right) = \begin{cases} 0.145 \left(\frac{\omega D}{\upsilon} + 0.01 \right)^{0.152} & \frac{\omega D}{\upsilon} < 15 \\ 0.048 \left(\frac{\omega D}{\upsilon} - 8.8 \right)^{0.380} & \frac{\omega D}{\upsilon} \geq 15 \end{cases} \tag{3-8}$$

$$n = \begin{cases} 0.7 & \frac{\omega D}{\upsilon} < 1 \\ 0.8 & \frac{\omega D}{\upsilon} \geq 1 \end{cases} \tag{3-9}$$

相应的水流起动剪切力关系式为

$$\theta_c = \begin{cases} 0.36\sqrt{1+\dfrac{d_0}{2D}}\dfrac{\upsilon}{\sqrt{\dfrac{\gamma_s-\gamma}{\gamma}gD}\cdot D} & \dfrac{2DU_{*c}}{\upsilon}\leqslant 5 \\[4mm] 0.045\left(1+\dfrac{d_0}{2D}\right) & \dfrac{2DU_{*c}}{\upsilon}\geqslant 70 \end{cases} \qquad (3\text{-}10)$$

式中，θ_b 为无因次沙粒阻力；ω 为泥沙颗粒的沉速；D 为床沙的粒径；υ 为水流的黏滞系数；R 为水力半径；V 为断面平均流速；d_0 为泥沙不发生絮凝的最小粒径，一般取 0.025mm；θ_c 为无因次临界起动力；U_{*c} 为摩阻流速。由此可得，宽浅河流的床沙起动相似条件为

$$\left[\frac{\lambda_V}{\lambda_{\frac{\gamma_s-\gamma}{\gamma}}\lambda_D}\right]^{1.5n}\lambda_\upsilon^{0.5n}\lambda_\varphi=1 \qquad (3\text{-}11)$$

式中，λ_V 为流速比尺；$\lambda_{\frac{\gamma_s-\gamma}{\gamma}}$ 为床沙容重系数比尺；λ_υ 为水流的运动黏滞系数比尺；λ_φ 为沙粒雷诺数比尺；λ_D 为床沙粒径比尺。

由于本河段推移质输沙影响及河床变形可以不考虑，对输沙率相似比尺及河床变形相似比尺不再另行设计；关于悬移质输沙的相似条件，悬移质在本河段运行中基本上不参与床沙的交换，近于冲泻质穿膛而过，因此，对于沙质泥沙的淤积问题不予单独考虑，可以在下游河段的设计中一并考虑。

另外，为保证模型与原型水流能基本上为相同的物理方程式所描述，还必须满足以下两个限制条件。

模型水流必须是紊流，要求模型雷诺数 Re_{*m}：

$$Re_{*m}>8000 \qquad (3\text{-}12)$$

不使表面张力干扰模型的水流运动，要求模型水深 h_m：

$$h_m>1.5\text{cm} \qquad (3\text{-}13)$$

式中，Re_{*m} 为模型中浑水有效雷诺数。

2）模型沙的选择

模型沙的选择除应考虑制作模型造价问题外，更重要的是要考虑到原型河流特性及模型应着重满足的相似条件。另外，根据前述对模型边界条件相似含义的考虑，初步选天然沙为模型沙。在设计中先后分别考虑了三种模型沙，各种模型沙的物理及水力特征见表 3-1、表 3-2。

由表 3-1 可知，对所选的几种天然沙来说，$\lambda_{\frac{\gamma_s-\gamma}{\gamma}}\approx 1$，则式（3-11）可写为

$$\lambda_D=\lambda_\varphi^{\frac{2}{3n}}\lambda_\upsilon^{\frac{1}{3}}\lambda_V \qquad (3\text{-}14)$$

表 3-1　初选模型沙的物理及水力特征

模型沙	d_{50}/mm	γ_s/(kN/m³)	γ_0/(kN/m³)	泥沙沉降流区
颖河砂卵石	16.0	25.69	20.69	平方阻力区
碎青石	3.9	25.88	19.51	平方阻力区
干黏石	1.2	26.18	15.00	过渡区

表 3-2　颍河砂卵石各粒径模型沙起动流速（少量起动）

$d=1\text{mm}$		$d=3\text{mm}$		$d=6\text{mm}$		$d=8\text{mm}$	
h/cm	$V_c/(\text{cm/s})$	h/cm	$V_c/(\text{cm/s})$	h/cm	$V_c/(\text{cm/s})$	h/cm	$V_c/(\text{cm/s})$
2.6	15.4	1.4	12.5	3.0	30.0	3.0	39.2
3.2	16.2	1.8	16.0	4.2	40.0	4.0	40.0
3.3	15.7	2.1	20.0	5.0	31.0	6.1	43.4
3.6	16.0	2.2	11.8	5.8	31.0	8.0	45.5
5.5	16.5	2.6	15.0	6.1	33.5	10.1	46.5
6.1	20.5	4.0	17.4	8.4	40.3	15.2	49.8
6.3	18.2	5.6	22.0	8.8	35.5	20.0	52.5
9.0	20.5	9.0	29.0	9.7	50.5		
9.4	21.0	14.0	33.0	13.5	32.0		
10.0	25.3	17.0	27.8	23.0	60.1		

根据小浪底多年实测水温资料统计，年均水温为 14.6℃，模型水库水温一般为 9～15℃，平均为 12℃，故取 $\lambda_v=0.93$，则有

$$\lambda_D=0.98\lambda_\varphi^{\frac{2}{3n}}\lambda_V \tag{3-15}$$

3.3.2.2　花园镇以下游荡型河段

根据黄河水利科学研究院多年来对黄河动床河道模型设计取得的研究成果，尤其是近年来所提出的既适用于一般挟沙水流又适用于高含沙水流的黄河下游河段动床模型相似率进行该河段的相似比尺设计。

该河段应满足的相似条件除上述的式（3-4）、式（3-5）外，还有悬移质输沙相似：

$$\lambda_s=\lambda_{s*} \tag{3-16}$$

悬移质悬移相似：

$$\lambda_\omega=\lambda_V\left(\lambda_h/\lambda_1\right)^{0.75} \tag{3-17}$$

泥沙起动及扬动相似：

$$\lambda_V=\lambda_{V_c}=\lambda_{V_f} \tag{3-18}$$

河床冲淤变形相似：

$$\lambda_{t_2}=\lambda_{\gamma_0}\lambda_1/(\lambda_s\lambda_V) \tag{3-19}$$

河型相似条件取式（2-15）。

式中，λ_s 和 λ_{s*} 分别为含沙量比尺和水流挟沙力比尺；λ_{t_2} 为河床变形时间比尺；λ_{V_f} 和 λ_{V_c} 分别为扬动流速比尺和起动流速比尺；λ_ω 为悬沙沉速比尺；λ_{γ_0} 为悬沙容重比尺。

悬沙的粒径比尺 λ_d 由 G. G. Stokes 定律可推得

$$\lambda_d=\left(\frac{\lambda_\omega\lambda_v}{\lambda_{\gamma_s-\gamma}}\right)^{1/2} \tag{3-20}$$

应说明的是，在进行游荡型河段的阻力比尺设计中，式（3-5）中的 α 取为 2/3。根

据多次黄河河道模型的设计经验，模型床沙及悬沙均选用郑州热电厂粉煤灰。

3.3.2.3 铁谢至花园镇河段

从铁谢边滩取样来看，其沙质仅有40%左右，床沙沙质也只有30%左右，所以铁谢河段的床沙设计仍按上游河段的方法进行。

铁谢至花园镇河段是由砂卵石河床向沙质河床的过渡段，从上至下砂卵石粒径逐渐降低，含量逐渐减小，如在逯村附近只有40%左右，且砂砾层向下游逐渐埋深。因此，对于这样的边界条件，用上游或者下游的模拟比尺都是不适宜的。为此，拟采用过渡处理的办法进行模拟。

假定过渡段床沙级配函数为 F，该函数应当是砂卵石床沙级配函数 ξ_D 与沙质床沙级配函数 ξ_d 的叠加，即

$$F = f(\xi_D, \xi_d) \tag{3-21}$$

由前述分析知，该河段砂卵石质和沙质两类泥沙的造床规律是不同的，在造床过程两者之间中不存在交换关系，因而可以认为式（3-21）符合线性叠加关系，即

$$F = K_1 \xi_D + K_2 \xi_d \tag{3-22}$$

那么，由式（3-22）可求得过渡段床沙级配的比尺关系为

$$\lambda_F = \lambda_{K_1} \lambda_{\xi D} + \lambda_{K_2} \lambda_{\xi_d}$$

设 $\lambda_{K_1} = \lambda_{K_2} = 1$，则有

$$\lambda_F = \lambda_{\xi D} + \lambda_{\xi_d} \tag{3-23}$$

显然，由式（3-23）可知，在适配过渡段模型床沙时，一定要满足床沙中沙质与砂卵石质两类泥沙间的级配相似。由此，方可达到阻力相似和河床变形相似的要求。根据式（3-23），过渡段模型的床沙应由两类沙质组成，第一类是构成模型上游砂卵石河床的天然砂卵石，第二类是构成模型下游沙质河床的粉煤灰。过渡段模型天然砂卵石的比尺仍取上述推导的式（3-15）中的 λ_D，以此为基本参数试选砂卵石质模型沙；过渡段模型的粉煤灰床沙粒径比尺仍以游荡型河段的沙质床沙粒径比尺 λ_d〔式（3-20）〕选取，并按原型中过渡段砂卵石与沙质两类床沙各自所占比例及各自的级配加以掺和，严格按砂卵石与沙质两类床沙级配沿程的变化铺制河床地形。另外，还应严格按原型一定深度内垂向床沙级配的变化确定模型垂向的级配分布，以此注意冲刷的相似要求。然后，通过预备试验，验证所试配的床沙是否适宜，否则，加以适当调整，直至达到阻力相似的要求。其实，根据分析，由此选配的模型沙不仅能满足阻力相似，而且也能满足河型相似。

3.3.3 相似比尺计算

3.3.3.1 几何比尺的确定

根据试验要求及场地条件，经过比选，模型平面比尺定为 $\lambda_1 = 600$。至于模型的垂直比尺的确定，主要取决于如下三方面：①模型与原型河相关系变态的要求。②模型的水深

不能太小。如果模型的水深过小，就有可能引起一系列问题，如模型中的流速太小，量测精度难以保证；模型水流的雷诺数太小，不能保证水流的流态相似；表面张力影响太大，超过了允许限度。③模型变率的限制。根据张瑞瑾等（1983，1996a，1996b）、窦国仁和柴挺生（1978）、李保如（1991）和王德昌等（1993）研究成果，最后取模型的垂直比尺为 $\lambda_h = 60$。

3.3.3.2 模型沙粒径比尺

1）悬移质泥沙粒径比尺

由式（3-4）可求得 $\lambda_V = 7.746$，将 $\lambda_h = 60$、$\lambda_l = 600$，代入式（3-17）可求得 $\lambda_\omega = 1.377$，则依据式（3-20），得到 $\lambda_d = 0.90$。

2）床沙粒径比尺

（1）砂卵石床沙粒径比尺。

依据式（3-15）确定卵石床沙粒径比尺。对于式中的 λ_φ 值可采用试算办法确定。考虑到本河段的模拟应着重满足水流阻力相似，可参照原型水力条件，以糙率为参数，给定 λ_φ 一个初值，按式（3-15）选配模型沙，并通过预备试验，根据式（3-5）验证其相似程度。由此求得 $\lambda_\varphi = 1.02$，取 $\lambda_\varphi \approx 1.0$，则 $\lambda_D \approx 7.56$。并由此选定模型沙为颍河大金店河段的天然砂卵石，天然沙的 $D_{50} = 16mm$，$\gamma_s = 25.6kN/m^3$，均匀系数 $\xi = (D_{75}/D_{25})^{1/2} = 1.32$。该模型沙级配范围宽，不仅可很好地满足糙率相似的要求（表3-3），而且也较容易选配模型上段及过渡段的床沙。

表3-3 原型及模型水力要素

流量 $Q/(m^3/s)$		流速 $V/(m/s)$		糙率 n		λ_n
Q_p	Q_m（$\times10^{-3}$）	V_p	V_m	n_p	n_m	（n_p/n_m）
1000	3.59	1.49	0.20	0.026	0.035	0.74
2000	7.17	2.00	0.25	0.029	0.040	0.73
3000	10.76	2.22	0.30	0.032	0.041	0.78
4000	17.93	2.59	0.36	0.036	0.049	0.73

所选比尺 $\lambda_D = 7.56$ 是否合适，还可通过河型相似条件式（2-15）加以检验。该模型律不仅适用于悬移质模型，还适用于推移质泥沙模型（张红武，1992）。在取模型沙为天然沙（即 $\lambda_{\gamma_s-\gamma} = 1.0$）情况下，若将铁谢河段原型床沙中值粒径 $D_{50} = 4.8cm$、平均水深 $h = 3.5m$、河槽宽 $B = 1km$、河段比降 $0.6‰$代入式（2-15），可求得满足河型相似要求条件下的床沙中值粒径 D_{50} 的比尺为 $\lambda_{D_{50}} = 7.27$，与按式（3-15）求得的床沙粒径比尺 $\lambda_D = 7.56$ 是接近的，由此表明，所选床沙比尺 $\lambda_D = 7.56$ 是适宜的，也说明该模型沙不仅能满足阻力相似，也基本满足河型相似。

由于该河段的卵石床沙从上至下粒径变化较大，因此，床沙的模拟不宜选用同一级配及粒径的模型沙。为此，应根据主要控制断面的原型床沙沙样，适配相应的模型沙级配（图3-8）。

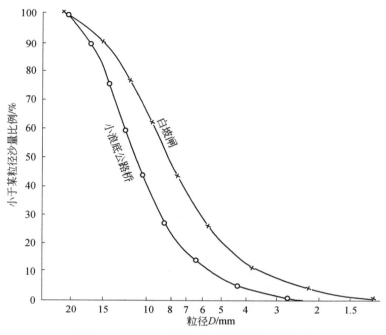

图 3-8　小浪底公路桥、白坡闸模型床沙级配

（2）沙质床沙粒径比尺。

温孟滩大部分河段模型床沙中值粒径 $D_{50}=0.028\sim0.069$mm，将有关资料代入式（2-15），初步得到其床沙粒径比尺 $\lambda_D=3.6$。铺沙时，按 $\lambda_D=3.6$ 控制模型床沙的中值粒径，力求床沙的级配曲线与原型大体平行。

经过多次率定，力求铺设的模型沙与原型达到级配上的一致，并着重保证粗颗粒部分与原型基本相似。对于铁谢至花园镇河段的过渡段的床沙，以阻力相似为主要控制条件，逐步采用天然沙与电厂粉煤灰掺和的办法配制模型床沙，这样不仅能满足水流运动的阻力相似条件，而且能满足泥沙起动、扬动相似条件，因此，为以后的验证试验和正式试验，都打下了可靠的基础。

为检验所选床沙是否满足阻力相似要求，在模型预备试验中，对上游河段在铺设选定的床沙条件下的阻力相似性进行了专门的验证试验。上游段沿程水位的测验资料较少，根据掌握的资料，取流量 $Q=800$m³/s 时的实测水位资料进行验证，模型验证试验和原型实测的水面线见图 3-9。图 3-9 表明，模型试验的水面线与原型实测水面线符合程度较好，反映了本设计可以满足水流阻力相似条件。

（3）起动流速比尺。

a. 沙质床沙起动流速比尺。

对于所选床沙是否满足式（3-18），即 $\lambda_{V_c}=\lambda_V$，利用计算与试验的方法，推估了床沙的起动流速比尺。

一般认为，当水流为清水时，河床不冲流速就等于起动流速。根据壤土及黏土不冲流速公式可计算原型沙的起动流速

$$V_B = V_{c_1} R^{1/4} \tag{3-24}$$

式中，V_{c_1} 为水力半径 $R = 1.0$m 时的不冲流速，对于轻壤土 $V_{c_1} = 0.80$m/s。取 $R = h$，按上述方法推得，起动流速比尺为 7.63 ~ 8.44，与流速比尺 $\lambda_V = \sqrt{60} = 7.75$ 接近，表明床沙能满足起动相似条件。

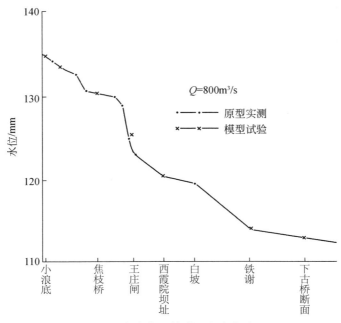

图 3-9　小浪底至铁谢河段水位验证

b. 卵石床沙起动流速比尺。

首先通过水槽试验，分别测验不同卵石床沙在不同水深下的起动流速，再选择比较合适的床沙起动流速公式，计算相应原型水深、卵石粒径条件下的床沙起动流速。由此，推估起动流速比尺。计算起动流速公式选用沙莫夫公式。通过推估，得卵石床沙起动流速比尺 $\lambda_{V_c} = 7.24 ~ 7.95$。可见，基本满足式（3-18）沙质床沙起动流速比尺

（4）含沙量比尺及河床冲淤变形时间比尺。

含沙量比尺选择恰当与否，是模型试验成败的关键。根据黄河水利科学研究院在黄河上开展高含沙水流模型试验的成功经验，对于游荡型河段而言，模型沙的体积含沙量的比尺宜处于 1.15 ~ 3.00，且模型沙的容重不宜小于 19.7kN/m³。

根据黄河河工模型试验较为适用的比尺关系式：

$$\lambda_s = 4.4 \frac{\lambda_{\gamma_s} \lambda_h \lambda_V}{\lambda_{\gamma_s - \gamma} \lambda_1 \lambda_\omega}$$

将有关的比尺代入，可估算得 $\lambda_s = 2.08$。另外，通过水流挟沙力公式 [式（2-7）] 进行计算，可求得悬移质含沙量比尺 $\lambda_s = 1.72 ~ 2.25$。综上分析，经过验证试验，最后取含沙量比尺 $\lambda_s = 1.8$。

对于所选粉煤灰模型沙，$\lambda_{\gamma_0} = 1.93$，由此可求得沙质河床变形时间比尺 $\lambda_{t_2} = 66.5 ~$

86.9。由此可见，λ_{t_2} 与水流运动时间比尺 $\lambda_{t_1} = 77.5$ 接近，这样，对于非恒定流河道动床实体模型试验，可以避免遇到两个时间比尺相差甚远所带来的时间变态问题。

3.3.4 模型相似比尺总汇

表3-4为上述模型设计得到的主要比尺汇总结果，一般情况下相应的模型特征值见表3-5。

表3-4 主要比尺汇总

比尺类别	比尺关系	比尺	备注
几何比尺	水平比尺 λ_l	600	
	垂直比尺 λ_h	60	
水流运动比尺	流速比尺 λ_V	7.75	
	流量比尺 λ_Q	279000	
	比降比尺 λ_J	0.10	
	水流运动黏性系数比尺 λ_ν	0.926	
	水流运动时间比尺 λ_{t_1}	77.42	
砂卵石河床多汊型河段输沙及边界条件比尺	床沙粒径比尺 λ_D	7.56	模型沙为天然沙 $\lambda_{\gamma_s} = 1.0$
	糙率比尺 λ_n	0.72	
	床沙起动流速比尺 λ_{V_c}	7.24 ~ 7.95	
沙质河床游荡型河段输沙及边界条件比尺	床沙粒径比尺 λ_D	3.6	模型沙为粉煤灰，含沙量比尺根据验证试验确定。经验证试验，最后取为1.80
	含沙量比尺 λ_s	1.72 ~ 2.25	
	河床冲淤时间比尺 λ_{t_2}	66.40 ~ 86.87	
	糙率比尺 λ_n	0.626	
	床沙起动流速比尺 λ_{V_c}	7.63 ~ 8.44	
	扬动流速比尺 λ_{V_f}	7.50 ~ 8.26	
	干容重比尺 λ_0	1.77 ~ 2.07	
	悬沙粒径比尺 λ_d	0.90	
	沉速比尺 λ_ω	1.38	
	容重差比尺 $\lambda_{\gamma_s - \gamma}$	1.55	

表3-5 模型特征值汇总

名称	特征值	备注
模型长度	$L_m = 165 \text{m}$	在开展验证试验时，还将根据原型当年实测资料，对模型沙粗度等进行相应调整
主槽平均宽度	$B_m = 1.16 ~ 5 \text{m}$	
平均水深	$h_m = 9 ~ 11.67 \text{cm}, \ 3.0 ~ 6.5 \text{cm}$	
平均流速	$V_m = 0.335 ~ 0.349 \text{m/s}, \ 0.15 ~ 0.35 \text{m/s}$	

名称	特征值	备注
主槽糙率	$n_m = 0.028 \sim 0.056$，$0.016 \sim 0.024$	在开展验证试验时，还将根据原型当年实测资料，对模型沙粗度等进行相应调整
滩地糙率	$n_m' = 0.08$	
床沙中值粒径	$D_{50m} = 6.6 \sim 11.90\text{mm}$，$0.028 \sim 0.028\text{mm}$	
悬移质泥沙中值粒径	$d_{50m} = 0.017 \sim 0.028\text{mm}$	

3.4　模型验证试验

模拟河段为小浪底至京广铁路桥。根据试验要求，主要验证河段为小浪底至孤柏嘴。

3.4.1　验证水沙条件

根据试验任务要求，选取 1982 年汛期洪水作为水沙条件开展验证试验。该年度黄河下游发生了三门峡水利枢纽修建以来最大的一次洪水，花园口水文站最大洪峰流量为 15 300m³/s，为近 50 年仅次于 1958 年的第二大洪峰。洪水主要来自三门峡至花园口区间，以峰高量大、涨势猛、含沙量相对较小为主要特点。该场洪水对于本河段也有很大影响，水位、含沙量、流量、河道断面、河势变化等测验项目较为齐全，是极为难得的典型洪水验证对象。

由于小流量下河床变形远较大洪水时期为小，又考虑到验证时段应选择两次断面测验间隔，故验证时段选取 1982 年 6 月 22 日至 8 月 22 日，历时两个月。干流小浪底水文站最大洪峰流量 $Q = 9103\text{m}^3/\text{s}$，最大含沙量 $S = 91.08\text{kg/m}^3$；支流伊洛河最大洪峰流量 $Q = 4015\text{m}^3/\text{s}$，最大含沙量 $S = 42.66\text{kg/m}^3$。

3.4.2　验证试验结果

由图 3-10 和图 3-11 知，在验证试验过程中，模型流量控制的相对误差在 2.2% 以内，进口含沙量与原型的相对误差一般在 10% 左右。此外，尾部水位控制值误差一般在 2mm 以内（图 3-12）。因此无论从进口水沙控制还是尾部水位控制，都能满足黄河实测资料精度要求及河工模型试验的相关规程有关标准要求，说明所设计的进口及尾门控制系统是可以满足精度要求的。

表 3-6 是模型冲淤量与原型冲淤量的比较，其累积冲淤量的误差最大不足 20%，可以满足动床模型特别是黄河模型最重要的河床冲淤变形相似条件。

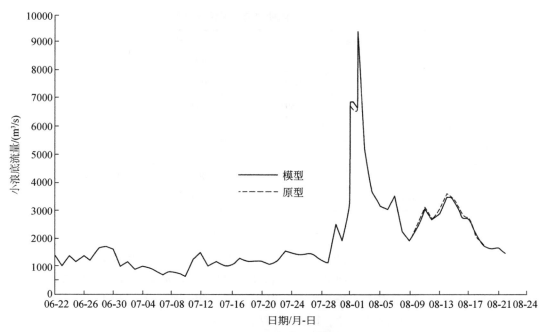

图 3-10　模型验证试验与原型实测的流量过程线

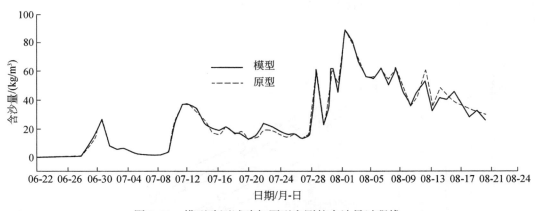

图 3-11　模型验证试验与原型实测的含沙量过程线

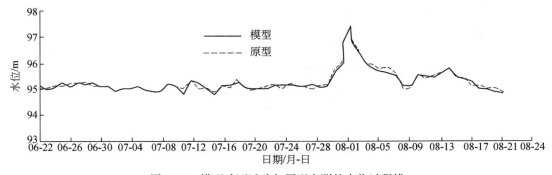

图 3-12　模型验证试验与原型实测的水位过程线

表 3-6 铁谢至孤柏嘴河段冲淤量验证结果

断面	冲淤量/亿 t		累积冲淤量/亿 t		误差 /%
	原型	模型	原型	模型	
铁谢	0.0177	0.0107	0.0177	0.0177	19.56
下古街	0.0467	0.0593	0.0644	0.0770	19.68
花园镇	0.1393	0.1668	0.2037	0.2438	5.05
马峪沟	0.0876	0.0622	0.2913	0.3060	7.00
裴峪	0.1101	0.1235	0.4014	0.4295	7.00
神堤	0.0933	0.0438	0.4947	0.4733	4.33
孤柏嘴					

图 3-13 给出了部分流量下沿程水面线验证结果,可以看出,模型水面线与原型吻合得很好,表明模型水流阻力是相似的。图 3-14 是原型小浪底水文站输沙率与流量的关系,将模型沿程测验的输沙率点据点绘在一起,可以看出,两者的分布趋势非常一致,表明模型与原型的输沙率遵循相同的规律,因此,模型设计亦满足悬移质输沙的相似性。图 3-15和图 3-16 分别为模型洪峰期及落水期河势与原型相应时段河势比较,由此可看出,从漫水范围、主流位置及局部分流比与原型测量结果均比较接近,表明本模型达到了河型与河势的相似要求。

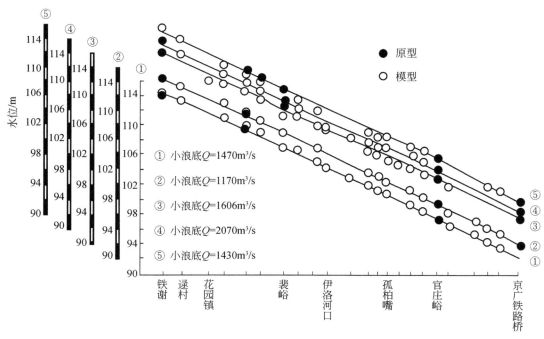

图 3-13 水面线验证试验结果

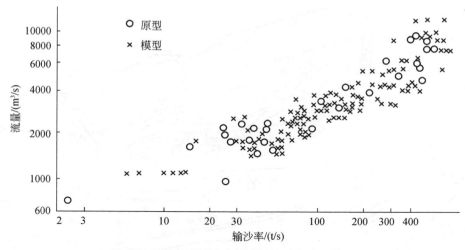

图 3-14　悬移质输沙率与流量关系的验证结果

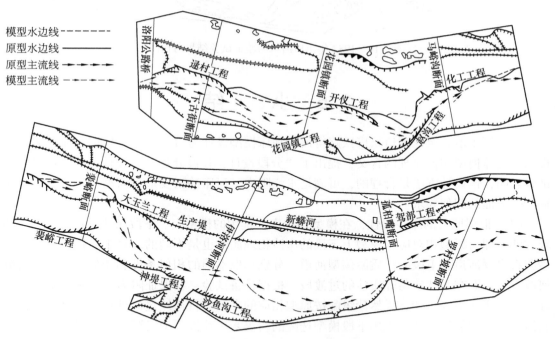

图 3-15　1982 年洪峰河势与验证试验结果对比图

　　附带说明的是，本河段缺乏 1982 年汛期原型的流速及泥沙级配等测验资料，因此尚难进行这些项目的验证比较。总之，验证试验结果表明，模型设计是合理的，可较好地满足水流阻力、河床冲淤变形、河型与河势等方面的相似性。

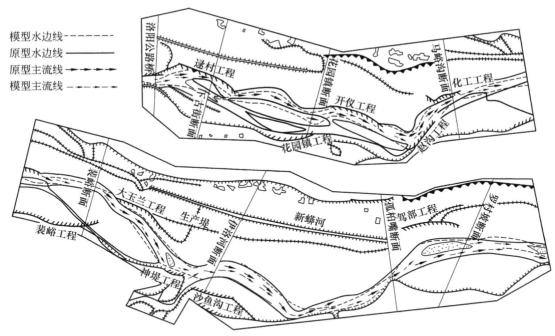

模型水边线 ----------
原型水边线 ————————
原型主流线 ►--►--►-
模型主流线 --►--►-►

图 3-16   1982 年汛后河势与验证试验结果对比图

3.5   小   结

以黄河小浪底至花园口京广铁路桥河段动床模型设计为研究对象，根据河流地貌系统理论及实体模型相似原理的含义，提出了"分段设计，过渡处理"的设计方法，通过验证试验表明，该设计方法是合理的，可满足水流阻力、河床冲淤变形、河型与河势、悬移质输沙等方面的相似要求。

（1）根据原型的床沙属性，在模型设计中，选用的模型上、下段床沙分别为天然沙和轻质沙，即与原型相对应，模型上下段的床沙物理属性也是不同的。对于模拟河段上段的砂卵石多汊河道和下段的沙质游荡型河道，分别选取不同的相似条件和相似比尺，进行分河段设计，而在天然沙与轻质沙的过渡段，根据预备试验，在保证阻力和河床变形相似条件下，对床沙中轻质沙、天然沙级配按原型相应的参数进行连续过渡处理。另外，对砂卵石河段床沙中的轻质沙，也用下段模型选配的粉煤灰床沙按原型级配进行掺配。

（2）在选择砂卵石河段床沙粒径比尺中，采用了爱因斯坦的沙粒阻力关系式，提出了确定 λ_φ 和 λ_D 比尺的方法。

第4章 河道实体动床模型"人工转折"设计理论与方法

本章基于能量守恒原理和水动力学方法,研究了"人工转折"的模型设计理论与方法,提出了多泥沙河流河道实体动床模型人工转折设计的原理、原则,并给出了黄河下游河道弯曲性窄河段河道实体动床模型转折设计的实例。经过对设计的模型进行率定试验表明,所提出的河道实体动床模型人工转折设计方法能够保证模型河道转折前后洪水过程中的水流水力规律及河床冲淤变形的一致性,解决了因试验场地不足而不能布设较长实体模型的问题。

4.1 问题的提出

在河工模型试验的实践中,当模拟的河段较长时,往往会遇到因模型试验场地太短而难以按照较佳的设计比尺布设模型的情况。为此,大多情况下不得不采取选择缩小模型平面比尺的办法加以解决,显然,这种方法是以舍弃模型某些方面的相似性和降低模拟的精度为代价的,也正因为如此,常常对一些原预定的研究内容无法开展试验。因而,解决这类关键技术问题,实乃实体模型试验中的迫切需要。开展这一问题的研究,对于丰富实体模型设计的基础理论具有很大的学术价值。

为解决上述问题,可以采用"人工转折"下延布设模型的方法。所谓河道动床实体模型"人工转折"下延的设计方法是指当受试验场地长度所限,难以按照原型河道天然走势布设模拟的河段时,若试验场地宽度允许,在保证模拟河段原河道水流泥沙运动规律不变的条件下,将模拟河段某一合适断面以下的河段按适当角度进行转弯布设的一种模型设计技术。

河道系统是河流在一定的地理环境和社会环境下,按其固有的自身规律经长期演变和调整所形成的一种自然地貌单元。因此,包括河流的走向及河道发育的方位等诸项特征要素都是在特定自然环境下河流过程的规律性表现。显然,在模拟试验中,若将模型河道进行人为转折,而又不破坏原有的河流水力规律,这将是一个理论性很强的技术问题。

4.2 "人工转折"设计原理

关于"人工转折"设计理论的探讨主要基于能量守恒及输沙平衡的原理。

"人工转折"的结果是人为地增加了模拟河段的河道长度,改变了河道的局部边界条件。因此,在模型设计中,若不进行特殊处理,模型所反映的各项水流要素的水力规律和河床演变过程将会与原型完全不同，这也就失去了"人工转折"模型下延模拟的意义。

因而，河道模型"人工转折"设计的根本要求是保证人工转弯段进口、出口断面的水流运动规律、力学规律的一致性，且与原型具有相似性。另外，对于河道动床浑水模型试验，还应保证转弯段进出口断面水流输沙能力的一致性，即在弯段内水流挟沙力 S_* 沿程不变，亦即

$$\frac{\mathrm{d}S_*}{\mathrm{d}x} = 0 \qquad (4\text{-}1)$$

式中，x 为纵向距离。就是说，所设计的人工转折弯道，要能满足在整个试验水沙过程中，每级流量和相应沙量条件下都不发生泥沙的冲刷或淤积。

从理论上来说，要使水流在人工转弯段进口、出口断面的运动规律和力学规律满足一致的要求，就应当保持弯段进出口断面处的水流能量是相等的。然而，由于人为地增加了流程和人为地进行了转弯，必然会增加水流的阻力损失，造成水流的能耗增加。因此，这就要求通过人为的方式增加弯段内的水流能量，用以补偿克服各种阻力所需的能量。根据能量一般性原理，所增加的能量应满足式（4-2）：

$$\Delta E = E_2 - E_1 + E_f \qquad (4\text{-}2)$$

式中，ΔE 为人为向转弯段内水体所增加的能量；$E_2 - E_1$ 为水流自转弯段进口至出口断面的内能变化；E_f 为流体克服各种阻力所做的功（或能耗）。

以整个弯段为脱离体考虑，如果不是通过改变压力、温度等途径增加流体能量，那么可以认为，就时段平均而言，内能不会发生变化，即

$$E_1 = E_2 \qquad (4\text{-}3)$$

则式（4-2）为

$$\Delta E = E_f \qquad (4\text{-}4)$$

根据"人工转折"设计的基本要求，即弯段进出口断面的水流能量相等和保持弯段内的水流动能或水流输沙能力不变，那么，对弯段内流体所增加的能量还应满足均匀分配的原则，就是

$$E_1 = E_2 = E_3 = \cdots = E_i \quad i = 1, 2, \cdots, n \qquad (4\text{-}5)$$

式中，下标 1，2，$\cdots$，i 为将弯段河道分为若干个微小河段的编号。

这就是说，增加"人工转折"弯段的流体能量不能采取集中增能的方式。

由流体动力学的原理知，对于任一微小河段，单位体积流体所具有的（相对）能量等于（相对）势能和动能之和，即

$$E_i = \gamma \left(\Delta Z_i + \frac{V_i^2}{2g} \right) \qquad (4\text{-}6)$$

式中，γ 为水体容重；ΔZ_i 为第 i 个微小河段的落差；V_i 为第 i 个微小河段的平均流速；g 为重力加速度。

从时段平均考虑，应有

$$E = \frac{1}{T} \int_0^T E_i \mathrm{d}t = \frac{1}{T} \int_0^T \gamma \Delta Z_i \mathrm{d}t + \frac{1}{T} \int_0^T \gamma \frac{V_i^2}{2g} \mathrm{d}t = C_0 \qquad (4\text{-}7)$$

式中，t 为时间；T 为时段长度；C_0 为常数。式（4-7）表明，在某一时段内，对于单位体积的流体来说，系统内的能量调整是平衡的，即势能 $\gamma \Delta Z_i$ 的增加或减小，必然伴有其动能 $\gamma \dfrac{V_i^2}{2g}$ 的减小或增加。显然，要使 $\gamma \dfrac{V_i^2}{2g}$ 恒定，水流为克服人为造成流程加长和转弯所引起的附加阻力，必须以增加势能 $\gamma \Delta Z_i$ 的损失为代价。因而，为达到这种平衡关系，以及为满足上述设计要求，也就限制了人为增加能量的方式应当是增加水流的势能。调整势能的形式及调整量大小可由相关控制方程确定。

假定人工转折弯道的平面布置如图 4-1，设转弯段河道的比降为 i_0，水流由人工转弯段进口（或上衔接）断面至出口（或下衔接）断面的能量损失为 E_f，那么，可做其纵剖面（图 4-2）。根据前述分析，转弯道增加的势能高度 ΔZ 应等于人工转折所附加的能耗 E_f 相对应的水头损失高度 Δh_e，即可将式（4-4）写为

$$\Delta Z = \Delta h_e \tag{4-8}$$

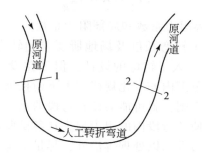

图 4-1　人工转折弯道平面布置概图

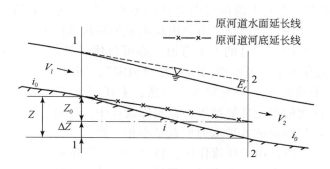

图 4-2　人工转弯段纵剖面图

要使人工转弯段与原河道的上下衔接断面的水力要素保持一致，则要求图 4-2 中的势能高度应符合下述关系：

$$Z = Z_0 + \Delta Z$$

写成能坡形式，则有

$$i = i_0 + \Delta i \tag{4-9}$$

式中，i 为转弯段的坡降；i_0 为原河道坡降；Δi 为人工转折所引起的附加比降。

由式（4-9）易知，若人工转弯段内的能量损失 E_f 所对应的比降为 J_f，则

$$\Delta i = J_f \tag{4-10}$$

式（4-10）中的 Δi 应为人工弯道附加比降的临界值。

对比式（4-4）和式（4-9）知，为补偿水流在人工弯道中克服各种阻力的能耗，可以通过调整弯道比降形式加以解决，比降调整的控制条件是应能保持其所增加的势能等价于水流在人工弯道内所增加的能耗，或附加比降等于人为能耗比降。

一般来说，水流在流动过程中受到的阻力主要有沙粒阻力、沙波阻力、河岸边界阻力、河槽形态阻力及人工建筑物阻力等。但对于人工弯道水流而言，若要保证其沿程动能基本平衡，弯道内不能出现床面的冲淤变形，需要保证边界的稳定性，那么，所受到的阻力应主要为沿程边界阻力损失和渠弯形态阻力损失，即

$$E_f = (\lambda + \xi)\frac{V^2}{2g} \tag{4-11}$$

式中，λ 和 ξ 分别为沿程边界阻力系数和局部阻力系数。

从理论上来说，在确定了转弯长度及场地所要求的转弯形态（如转角）后，由式（4-10）、式（4-11）即可进行人工转弯的设计，但是在设计中还应尽量使得人工弯道内的水流阻力在试验流量级范围内的变化规律与上下衔接河段的水流在相应流量级的变化规律具有较高的一致性，否则，就可能会使转弯段的水面线与上下游衔接断面不相一致。因此，一般来说，最好使转弯段内的阻力损失在各试验流量级下的变化不大，即应通过采取诸如对转弯段内的边界加以处理等措施，尽量避免其阻力损失成为一个灵敏性的动态参数。这样，实际上是满足了式（4-12）的成立，即

$$h_\text{上} = h_\text{下} + \Delta h_e \tag{4-12}$$

式中，$h_\text{上}$、$h_\text{下}$ 分别为转弯上下游衔接断面处的能头。只要式（4-12）成立，上下游断面的水面线就可以自然地得到衔接，不会出现明显的转折或错断。

实际上，按式（4-10）设计的人工弯道，亦可自然满足式（4-1）的要求。因为式（4-10）保证了水流在人工弯道范围内的"能量恒定"，同时，与式（4-9）的联解控制了弯道内的水流处于动能相对平衡状态。当然，上述"人工转折"设计原理只是一种进行了各种水力学简化的理论计算结果，在实际设计中，还有待通过率定进行必要的调整，使得转弯段进出口断面的各项水力要素基本相一致。

另外，在人工弯道内，由于环流作用，将会形成一定的横比降，从而将难以完全保证进口断面的流速及泥沙在通过弯道时达到横向分布的一致性。为此，可采取"化整为零"的处理办法，即将弯道适当分为若干条带，并将条带之间用糙率较低的合适板材分开，从而尽量减少环流的影响。由弯道凹凸两岸水位差公式（王韦等，1994）：

$$\Delta Z' = \left(1 + \frac{g}{C^2 k^2}\right)\frac{\alpha^2}{2\beta g}(R_2^{2\beta} - R_1^{2\beta}) \tag{4-13}$$

可知，为减轻环流作用影响，应使人工弯道的分割条带尽量多些，即尽量缩小凹、凸两岸弯曲半径 R_1 与 R_2 的差值，但人工弯道的分割条带过多时，条带边墙阻力作用造成较大的

边界效应，同样会影响弯道内的水沙横向分布及沿程分布。因而，应在尽量减少边界横向环流影响的条件下，通过沿程阻力估算，结合验证试验的方法，比选条带宽度。式（4-13）中的 $\Delta Z'$ 为横向水位差；g 为重力加速度；C 为谢才系数；k 为卡曼系数；β 为指数；α 为系数。

此外，若试验水沙过程为非恒定的，在人工转弯段运行中将会出现弯道左右岸的时程差，从而使得下游河床变形不一致。为减轻时程差的影响，可将人工转折段布设成曲直相间的渠段，且尽量减少弯曲段的长度，增大直线段长度。同时，在人工转折段的出口下游应布置适当长度的水沙运行调整"过渡段"。

4.3 "人工转折"设计原则

基于上述原理进行"人工转折"设计模型时，还应遵循一定的设计原则，包括人工弯道的设置等各方面应遵循的原则。

为保证模型模拟的相似性，人工转折法设计的总原则是设计的人工弯道应将转弯的上游河段模型出口的水沙过程、流场和含沙量分布在时空上基本无改变地输送至下段模型，即弯道进、出口断面的水力要素要相一致，上下游模型之间仍能相互影响和相互制约。为此，人工弯道的设计应满足下述几项主要原则。

1）水流横向分布均匀性原则

人工断开断面最好选在流势较平顺、水流水力要素的横向分布相对均匀的河段。因为对于河势复杂的水流，往往会给人工转弯设计带来诸多技术问题，不容易满足人工转折的基本限制条件。一般来说，在微弯河段或顺直的河段，水流水力要素的横向分布往往会相对均匀些。

2）流态一致性原则

转折导流槽流态应与上下段河道流态一致，一般应为缓流流态。这就是说，表征流态的佛汝德数应尽量接近原河道断开断面处的佛汝德数，即

$$\frac{V_m}{\sqrt{gh_m}}=\frac{V_i}{\sqrt{gh_i}}=\frac{V_e}{\sqrt{gh_e}}<1 \tag{4-14}$$

式中，V_m、V_i、V_e 分别为人工导流槽内和转弯段进、出口断面处原河道水流的平均流速；h_m、h_i 和 h_e 分别为与 V_m、V_i 和 V_e 相对应的水深；g 为重力加速度。

3）水流边界的相对稳定性原则

人工转弯段内的水流边界应满足相对稳定性的原则，以保证水流流态的平衡性和水流能量分布的一致性，因此，人工转折段最好设计为具有固定边界的导流槽形式。同时，人工转折导流槽在输水输沙过程中应不参与造床过程，即应设计为不冲不淤定床渠槽，严格来说，就是满足式（4-1）的要求。

另外，为使设计的人工转折导流槽保持进出口上下衔接断面流场、含沙量分布场相同，并达到上下衔接断面的冲淤变化和横断面形态的基本相同，以及由式（4-13）的分析，尽量减轻可能产生的弯道环流的影响，应最好将断开断面处原河道水力要素的横向分布按均一性原则分割为若干段，据此，把人工转折导流槽设计为相应的若干个独立的条

渠，图 4-3、图 4-4 分别为原河道水力要素横向分布概化情况及对应的导流槽条渠布置形式的示意图。

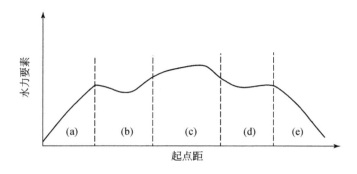

图 4-3　水力要素横向分布概化情况

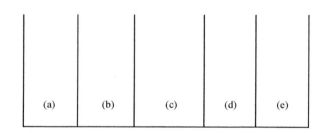

图 4-4　人工导流槽布置形式的示意图

4）水面线同步调整性原则

人工转折导流槽的设计应能满足在试验放水过程中，随着流量的变化，上下衔接断面水位做同步等值的升降变化，即水面线的调整是同步的，避免上下河段的水面线不衔接。为此，设计的人工转折弯段在各级流量下的损失应相等，使上下衔接断面水位保持一固定关系，实际上就是满足式（4-12）的条件。

5）固定高差原则

在满足水面线同步调整性原则的情况下，人工转弯段以下的模型标高系统应比其以上模型标高系统低一固定高差值，其值即是转折导流槽的阻力损失。

4.4　"人工转折"设计方法及设计实例验证

应用上述原理、原则可以确定模型设计的具体方法。

结合黄河下游利津至清 7 断面河段（图 4-5）的挖河减淤关键技术河道动床模型试验，根据上述"人工转折"的原理和原则，进行了该河段河道模型的"人工转折"设计并进

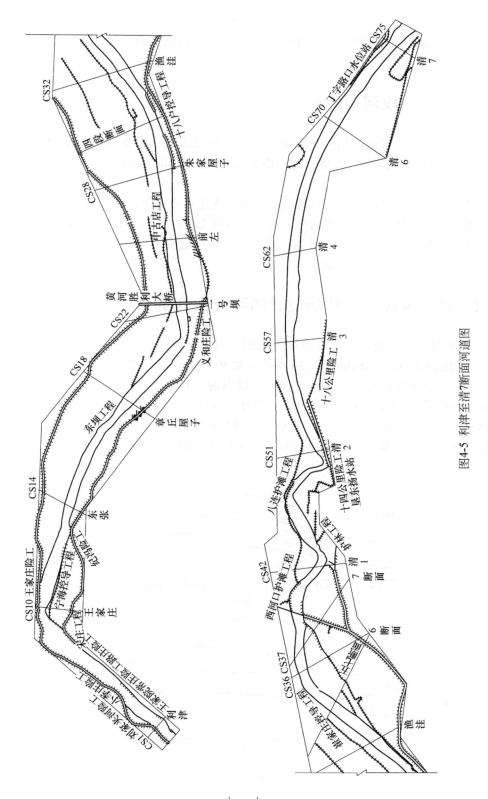

图4-5 利津至清7断面河道图

行了验证。

验证内容包括转折弯段上下游两断面的含沙量、流速、断面冲淤变化沿横向分布，以及水位等。

4.4.1　模拟河段河道概况

在开展黄河下游窄河段挖河减淤关键技术试验研究中，根据选定的平面比尺 1∶500 布设模型时，可用于试验的场地较短，尚短缺 56m，因此，拟采取人工转折的方式布设模型。

模拟河段属黄河河口段。河口段的河道冲淤变化非常复杂，既受来水来沙的影响，又制约于尾闾段的变迁调整。黄河河口段的上段多有工程控导，平面变化相对较小；其下段的河口尾闾段地势平坦低洼，当尾闾段淤积延伸到一定程度时，在无工程控导的情况下，很容易改道，平面上摆动变迁非常突出。

4.4.2　模拟河段人工转折设计的可行性分析

自 1990 年以来，模拟河段河道逐年淤积，图 4-6 为利津、一号坝、西河口和丁字路口 4 个观测站大河流量 1000m³/s、2000m³/s 和 3000m³/s 的洪水位逐年变化过程。

从图 4-6 中可以看出，在 1996 年清 8 改汊以前，利津至西河口河段河道历年同流量的水位是不断抬升的，说明床面逐年抬高。另外，还可看出，水位的变化近似平行抬高或降低，这就为人工转折设计满足水面线同步调整性原则提供了有利条件。从多年平均看，河道比降变化不大，大多为 0.9‰ ~ 1.0‰。西河口以下的尾闾段河道比降受河口延伸和改道影响较大。

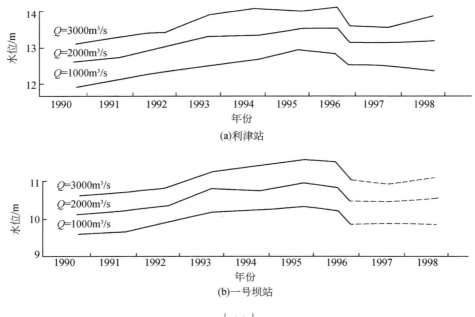

(a)利津站

(b)一号坝站

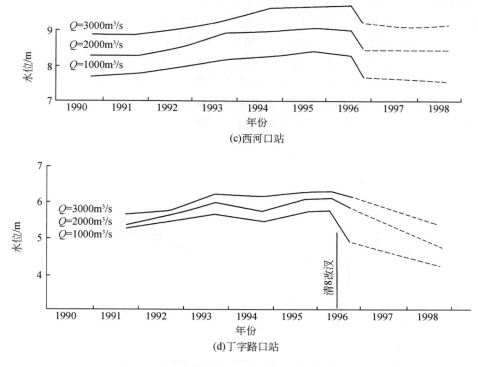

(c)西河口站

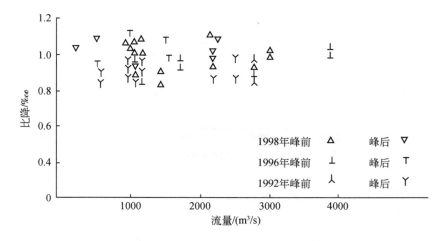

(d)丁字路口站

图 4-6   利津以下河道代表流量级水位过程线

图 4-7 点绘了 1992 年、1996 年和 1998 年三个典型年汛期一号坝—西河口河段比降。从图 4-7 看出,峰前和峰后比降基本不随涨峰与落峰而变化,河段比降与流量关系也不明显,河段平均比降约为 0.95‰,这为人工转折设计满足水流边界的相对稳定性原则、固定高差原则等提供了动力因素方面的可能性。

图 4-7   一号坝至西河口河段比降与流量关系

依据挖河减淤机理动床模型试验1993年汛期第一个洪峰的概化洪水过程中一号坝至西河口河段内前左、朱家屋子和渔洼三个断面平均水力要素（图4-8）及河段比降（图4-7）资料计算，当流量变化在1000～3000m³/s时，一号坝至西河口河道糙率变化在0.0078～0.0081。1996年9月9～13日，大河流量比较稳定，利津站实测流量变化在1543～1588m³/s，根据沿程实测水位和五个大断面水力要素，一号坝至6断面河道糙率在0.008左右。上述资料表明，一号坝至西河口河道糙率汛期变化不大，接近一定值，这使将人工转折导流槽设计为糙率变化不大的定床渠槽成为可能。

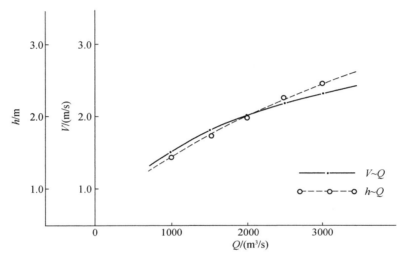

图4-8　前左、朱家屋子、渔洼断面的平均流速 V、水深 h 与流量 Q 关系

从位于西河口上游弯道过渡段上的五七断面的形态及流速分布看（图4-9），断面形态接近梯形断面，横向流速分布及其单宽流量分布接近对称的抛物线。因此，这就为在西河口附近弯道过渡段上选择断开断面，并进行人工转折导流槽的分条设计提供了可行性。

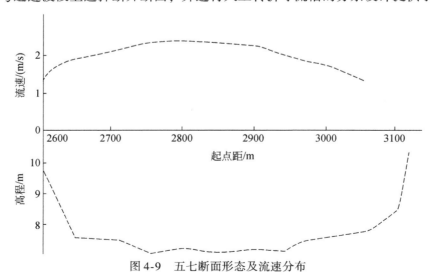

图4-9　五七断面形态及流速分布

4.4.3 人工转折导流槽的设计

4.4.3.1 人工转折断开断面的选择

为了满足转折导流槽设计水流横向分布均匀性原则，河道转折断开的断面（以下简称衔接断面）宜选在河势比较稳定、断面几何形态对称、河床冲淤变化不大且水力要素横向相对一致性。图 4-5 是利津至清 7 断面的河道图，可以看出，在充分利用场地的条件下，断开断面应在西河口以下选择，其下附近河段中唯有护林工程至八连护滩工程之间的河段较平顺，为上下两工程弯道的过渡段。同时，结合上述分析，经综合比选，衔接断面选择在护林工程以下 1.6km 处。

4.4.3.2 人工转折导流槽平面布置

根据场地情况，转折导流槽转折 188°。根据设计水流边界的相对稳定性原则，为保持上下衔接断面流场和含沙量分布场相同，根据地形等资料分析，选用 6 条相互平行的导流板转弯段分割为 6 个条渠。这样，可使各条渠流量和含沙量不会相互交换。为消除转弯水流的影响和保持过渡河段顺直流势，在导流槽进出口各设一段直线段渠槽，直线渠槽与上下衔接断面又设一动床直线段，以消除定床与动床衔接处可能形成的局部冲坑对上下衔接断面的影响。人工转折导流槽中心距离为 14.19m，相应原型为 7.10km。人工转折导流槽平面布置见图 4-10。

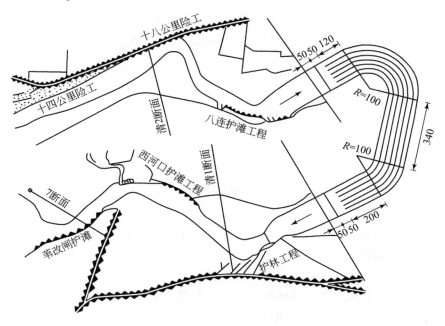

图 4-10　人工转折导流槽平面布置图

图上数据的单位为 cm

4.4.3.3 人工转折导流槽比降设计

从上述对人工转折设计方法原理的分析知，要保证人工转折导流槽进出口断面的水力要素的一致性，并同时与上下衔接河段也能达到吻合，除应合理地选择断开断面及进行平面布设外，人工转折导流槽的比降设计也是一项非常重要的环节。比降设计得是否合理，将直接关系到人工转折的成败。由式（4-9）及式（4-10）知，从理论上讲，设计的导流槽附加比降应能保证水流在水槽中增加的势能恰与人工转折导流槽所增加的水流能耗相等。

依据式（4-11）的分析，人工转折导流槽所增加的水流能耗主要包括沿程阻力损失 h_f 和渠弯局部阻力损失 h_ω，即 $\Delta h_e = h_f + h_\omega$。因为人工转折对势能调整的控制方程满足均匀流方程，沿程阻力损失可由

$$h_{fi} = \left(\frac{V_i n}{R_i^{2/3}}\right)^2 L_i \qquad (4\text{-}15)$$

进行估算。渠弯局部阻力损失可由下式估算（成都科学技术大学，1980）：

$$h_{\omega i} = \frac{19.62 l_i}{C^2 R_i}\left(1 + \frac{3}{4}\sqrt{\frac{b_i}{r_i}}\right)\frac{V_i^2}{2g} \qquad (4\text{-}16)$$

式中，V_i 为第 i 号条渠进口的断面平均流速；R_i 为第 i 号条渠水力半径；L_i 为第 i 号转折条渠长度；l_i 为第 i 号条渠弯段中心弧长；C 为谢才系数；n 为条渠糙率；b_i 和 r_i 分别为第 i 号条渠槽的宽度和中心半径（图4-11）。

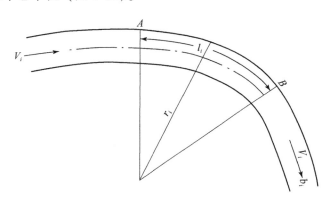

图4-11 渠弯要素示意图

为满足设计原则固定高差原则，由式（4-15）和式（4-16）估算的阻力损失还应符合各级流量下均为常量的要求，即

$$h_{fi} + h_{\omega i} = C \qquad (4\text{-}17)$$

式中，C 为常数。就是说，为了使转折下延接长模型与上段模型标高系统之间的高差为一定值，则要求人工转折导流槽在各级流量下的阻力损失也为一定值。

导流槽的边墙选用硬塑胶板，厚为2mm，床面为水泥煤灰砂浆。经试验率定，导流槽模型综合糙率为0.012（相当于原型0.0078）。作为估算，拟以从左岸至右岸排序的第③

号渠槽进行计算。暂按上游邻近顺直河段代表断面的水力参数考虑，取 $Q=3000\mathrm{m^3/s}$ 时河槽横断面中间区段的平均流速 2m/s 及平均水深 2.5m，按式（4-15）、式（4-16）计算，可得到渠槽的附加阻力损失为 0.430m，经初步估算，附加比降为 0.72‰。那么，按原河段平均比降 0.95‰ 考虑，渠槽的纵比降则应为 1.67‰。该值仅是初步估算结果，由于在计算中参数的取值及公式计算等方面的误差，包括渠槽制作得不完全规整，还须按转折原则要求进行率定试验，不断调整设计比降，逐渐接近所要求的临界比降。经多次率定试验，最终确定的人工转折导流槽比降为 1.50‰。

虽然人工转折导流槽内外侧条渠长度不同，即内侧的条渠短，外侧的长，但根据计算，其能量损失不会相差太大。因为内侧转弯半径小，而外侧转弯半径大，总体而言，内外侧条渠总的能量损失是相近的。实际上，通过对糙率的适当调整，经率定试验证明，可以保证各级流量下，整个转弯段各条渠的阻力损失达到基本一致的要求。

4.4.4 人工转折导流槽率定试验结果

为了达到人工转折导流槽设计的预期目的，进行了多次清浑水率定试验。率定试验的河床边界条件采用了 1997 年汛后河道地形，浑水率定试验水沙条件采用了 1993 年汛期第一个洪峰水沙过程（表4-1）。

表 4-1 人工转折导流槽率定试验水沙条件

原型日期	流量编号	概化流量 /(m³/s)	概化含沙量 /(kg/m³)	西河口 水位/m	丁字路口 水位/m	尾门水位 /m
7 月 24~26 日	1	892	48.5	7.57	4.75	4.38
7 月 26~27 日	2	1134	48.8	7.85	4.90	4.52
7 月 27~28 日	3	1970	53.4	8.72	5.34	4.95
7 月 28 日	4	2365	63.5	9.09	5.52	5.10
7 月 28~29 日	5	2549	65.6	9.25	5.56	5.15
7 月 29 日	6	3000	49.3	9.60	5.80	5.30
7 月 29~30 日	7	2166	38.6	8.91	5.44	5.01
7 月 30~31 日	8	1912	35.5	8.66	5.31	4.90
7 月 31 日~8 月 1 日	9	1904	35.6	8.65	5.30	4.88
8 月 1~2 日	10	1701	49.6	8.46	5.20	4.80
8 月 2~4 日	11	1412	37.4	8.15	5.06	4.70

4.4.4.1 上下衔接断面含沙量横向分布

模型水深较浅，垂线多点取沙比较困难，试验用陶瓷蒸发皿测取沙样，沙样接近垂线平均含沙量。为了减少取样带来误差，上下衔接断面有专人同步取样。图 4-12 为实测浑水率定试验结果，可以看出，上下衔接断面含沙量横向分布基本一致，最大误差不超过 20%。

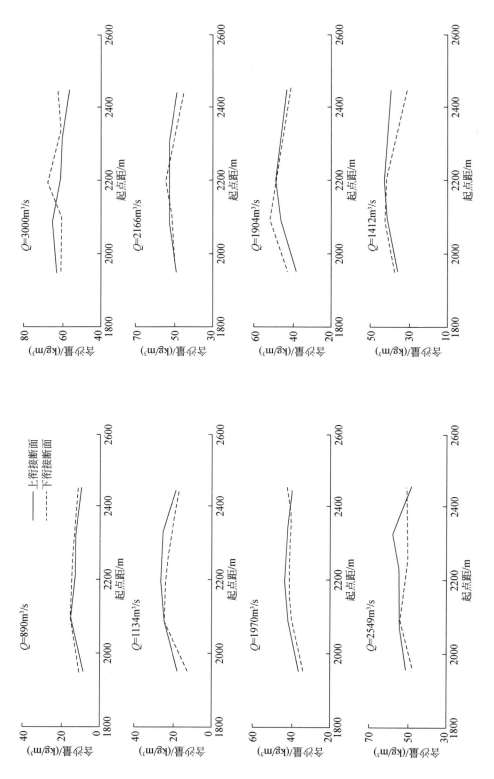

图 4-12 上下衔接断面各级流量下水流含沙量分布

4.4.4.2 上下衔接断面流速横向分布

在放水率定试验过程中实测了洪峰前后各级流量在相对水深为 0.6m 处的流速（相当垂线平均流速）的横向分布，图 4-13 为浑水率定试验结果。从图 4-13 看出，上下衔接断面流速横向分布基本一致，达到了预期设计精度要求。

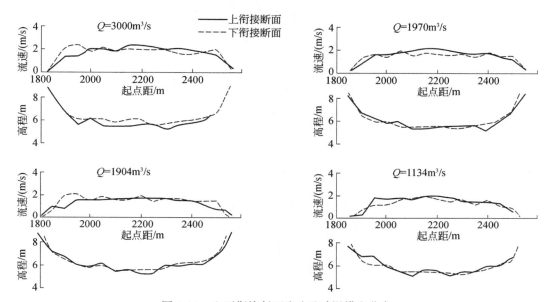

图 4-13　上下衔接断面流速及冲淤横向分布

4.4.4.3 上下衔接断面形态及冲淤变化

由图 4-13 也可以看出，上下衔接两断开断面的形态及冲淤变化也是比较吻合一致的。

4.4.4.4 上下衔接断面水面比降

图 4-14 为上下衔接断面水位–流量关系的终率定结果，可看出，随着放水过程中的水沙条件变化，上下衔接断面水位做相应的同步等值升降变化，即上下衔接断面的水位符合相同的水位–流量关系，相同流量级下的水位基本相同，最大误差不超过 10%，基本达到了率定试验精度要求。

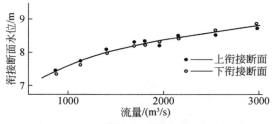

图 4-14　上下衔接断面的水位–流量关系

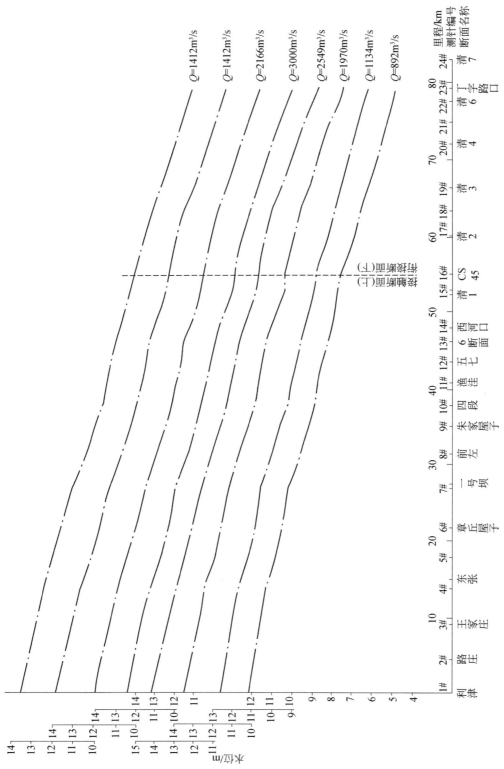

图 4-15　浑水率定试验河道沿程水位及上下衔接断面水位衔接

图 4-15 为水面线的率定结果，可以看出，水面线在转折段上下衔接断面处未出现明显的转折点，衔接平顺，水面线连续。由此表明，所设计的人工转折导流槽可以保证水流动力特性在进出口断面的一致性。

综上率定结果，人工转折导流槽的设计是合理的，基本上满足了设计原则要求，可以用于试验研究。应说明的是，由于人工转折导流槽的设计须满足较为严格的水力条件，且本研究选择的对象为黄河下游弯曲型窄河段，因此，其转折导流槽具有一定的应用范围，如对于冲淤调整剧烈且河槽宽浅的游荡型河段，导流槽是否会产生"侵蚀基准效应"，怎样进行构造；在河床边界不规整、曲率较大的河段如何处理等，还有待进一步研究。

4.5　小　　结

根据长河段模型试验中常遇到的因场地所限而难以按照优化的设计比尺布设模型的问题，基于水动力学理论论证，提出了"人工转折"的模型设计方法。从基于能量守恒原理和水动力学方法分析知，为使水流在"人工转折"前后保持其水力要素的一致性，即不因人为转折而完全或相当大程度上改变进入下游河段的水流水力规律和下游河段的河床演变规律，可以通过人为的方式增加其部分能量，该能量的大小应正好等于水流在通过设计的"人工转折"导流槽时所增加的能耗。增加的能量还应满足沿程均匀分配的原则。为此，增加能量的方式可通过设计转折的附加比降来增大水流的势能。附加比降的大小等于水流在转折段中的能耗比降。在此基础上，进一步探讨了多沙河流河道实体动床模型"人工转折"设计的原理、原则和方法，并给出了黄河下游河道弯曲型河段河道实体动床模型的设计实例。率定试验表明，采用"人工转折"的方法可以解决场地不足情况下布设较长模型的问题；人工转折导流槽的设计应满足水流横向分布均匀性、流态一致性、水流边界的相对稳定性、水面线同步调整性和固定高差 5 项原则；所提出的河道实体动床模型"人工转折"设计方法，能够保证模型河道转折前后洪水过程中的水流水力规律及河床冲淤变形的一致性。另外，根据设计原则要求，在微弯或较顺直的河段选择"人工转弯"衔接断面较合适，而不宜选在河道边界突变段或弯道段。

第5章 河道实体动床模型"松弛边界"试验理论与方法

本章依据河床演变学的原理，融合数学模拟的方法，针对河工实体动床模型试验中经常遇到的因试验周期所限，而难以快速有效地得到河床演变达到相对平衡态条件下试验结果的实际问题，提出了"松弛边界"试验方法。"松弛边界"试验方法通过实体模型试验与数值模拟相结合的方法，依据相似理论和河床演变原理，设计河床演变达到相对平衡下的实体模型边界条件，可以在较短试验时段内反映较长周期下河道整治工程扰动边界影响的河床演变过程与状态，对于丰富河工实体动床模型设计理论与方法具有科学价值。

5.1 问题的提出

由于黄河河床演变的复杂性及河势的易变性和多样性，河道整治工程设计方案往往难以完全仅靠理论或经验的方法加以确定，无论是局部整治工程还是长河段河道整治工程的设计，大多需要借助于河工动床模型试验的方法加以论证和比选，以期了解设计方案中的整治工程对河势的控导作用及其对河床演变的影响，并以此为基础对设计方案进行调整或修正，最终确定出较优的设计方案。对于冲积型河道而言，在整治工程约束或干扰下，河床演变必然脱离原来经长期调整后的动平衡态，而将在新的边界条件下通过不断调整达到另一种新的动平衡态，而这一过程一般需要较长的时段。显然，当试验水沙过程为一场洪水或一个汛期等时间系列较短时，河床调整往往并不能达到新的平衡，此情况下所观测到的工程控导效果也并非其真实的"极值"，而只是对河床调整过程中某一状态下的控导效应。为此，在通过河工动床模型试验研究河道整治工程的控导效果时，大多需要施放长系列水沙过程进行长时段的试验，经河床自行塑造出稳定形态后才能观测到整治工程的极值控导参数，包括送溜长度、送溜稳定性及送溜的集中程度或送溜长度、河宽、水深和主流弯曲半径的变化等。这样，试验周期往往很长，相应的试验成本也较高。

由河床演变学的原理知，在一定的边界和水沙过程等约束条件下，将对应一定的河道形态。显然，若根据新的河床边界条件及试验水沙过程，通过经验估算或数值模拟的方法预估出河道演变新的动平衡态，并利用人为的方式，事先在模型上塑造出这一相对平衡形态的河岸和河床，然后在人为塑造的这种具有平衡状态的模型上，进行方案的整治工程试验研究，这样，就可望在较短的试验时段内观测出工程的极值控导参数，或最大的控导效果，从而有效缩短试验周期，降低研究成本。由于这个方法的基本思路是在河道模型布设整治工程后，先依据数学模型计算给出一个河床变形（如河道展宽、下切）的预测值，或相当于给出一个河床变形初始值，然后，根据这个初始值，人工塑制河道模型的边界，并通过率定试验判断初始值是否为河床变形终值，即根据试验判断人工塑制的边界是否还有明显的冲刷或淤积, 否则, 重新调整数学模型参数, 直至得出河床变形后的可能稳定状态。因而, 若借用数值计算中的称谓, 可将这种试验方法称作 "松弛边界试验方法"。

几十年来, 黄河河工实体模型试验理论和技术得到很大的发展, 但是还鲜见关于 "松弛边界" 模拟理论和试验方法研究方面的成果报道, 这是一项亟须研究解决的难题。本书将结合黄河下游河道整治工程设计方案论证试验实例, 基于河床演变学的理论, 利用数值模拟的方法, 对研究河段在新的整治工程方案下的演变趋势做出预估, 通过人工塑造的方法, 模拟制作出河床演变可能达到的新的平衡状态下所对应的边界形态。从而在这种 "松弛边界" 条件下研究河道整治工程设计方案的效果。

显然, 针对河工动床模型试验中存在的一般性问题, 提出 "松弛边界" 试验方法是有普遍性意义的, 尤其是这一方法的思想对于广泛开展河工模型试验方法的探讨, 促进河流模拟技术的发展, 无疑有着明显的学科意义。

5.2 "松弛边界" 试验方法的理论依据

根据河床演变自动调整原理, 天然河流的形态 (包括河宽、水深、弯曲半径等) 的形成与上游来水条件、来沙条件和河床边界条件 (包括河床河岸泥沙组成、节点和控导工程等) 有关。改变其中一个因素, 河流将经过自动调整作用, 重新达到一个新的平衡点, 维持相对稳定的断面形态。以此为基础, 提出黄河河道实体模型 "松弛边界" (或称人为可动边界) 试验方法, 并进行试验探讨。

在数学表达上, 河道的形态取决于河床物质组成及水沙条件等, 即

$$P = f(x_1, x_2, \cdots, x_n) \tag{5-1}$$

式中, P 为河流形态参数, 包括河宽、水深、弯曲半径等; x_1, x_2, $\cdots$, x_n 为河床物质组成、水流、泥沙等因素。

从理论上讲, 在一定边界和水流等条件下, 通过水流的长期塑造作用和泥沙输移和沉积, 河道的形态也就确定了, 即总存在一个相对稳定的形态。通过分析河道形态与来水来沙条件和河床边界条件的关系, 即可预测在某一因素改变的情况下, 河床平面形态的变化趋势和范围。实际上, 这就为人工塑造河流的平衡形态, 即 "松弛边界" 的试验方法提供了理论依据。据此, 根据水流泥沙运动方程及经验关系, 对河道修建丁坝整治工程后, 河宽、水深、弯曲半径的变化趋势进行分析。同时, 根据模型试验资料, 对计算结果进行了率定和验证。

5.2.1 "松弛边界" 试验方法的理论基础

对 "松弛边界" 试验方法进行理论探讨的基础就是依据水流泥沙运动方程和河床变形方程, 在边界等因素作用下, 分析河流调整演变趋势, 并给出定量结果。根据理论分析所得参数, 对物理模型进行人工塑造调整。

黄河可动边界影响因素众多, 其中之一就是在控导工程作用下, 主流和河道发生演

变，这种情况在黄河河床演变中具有普遍意义。为简单起见，分析所用方程为一维水流泥沙方程，关于二维影响效果问题将在有关参数中得以考虑，以此建立"松弛边界"计算方法。

设丁坝未建前，河道平均水面宽为 B_0、水深为 h_0、断面面积为 A_0、水流挟沙力为 S_0、流速为 V_0；丁坝建成后（即整治方案布设后），河道平均水面宽 B、水深为 h、断面面积为 A、水流挟沙力为 S、流速为 V。假定丁坝建成前后，分析所采用的流量 Q、糙率 n、河岸坡降 m 三个参数的值不变。那么，取用

水流连续方程：

$$Q = BhV \tag{5-2}$$

河床变形方程：

$$\rho' \frac{\partial(A_b)}{\partial t} + \frac{\partial(AS)}{\partial t} + \frac{\partial G}{\partial x} = 0 \tag{5-3}$$

式中，A_b 为冲淤面积，在下游基准面不发生变化的条件下，可以认为本河段水位变化不大，则有 $A_b = A - A_0$；h 为水深，对于黄河下游又可认为 $h = R$，R 为水力半径；ρ' 为泥沙干密度；G 为断面输沙率，$G = QS$，S 根据有关的水流挟沙力公式

$$S = K \left(\frac{\rho_m}{\rho_s - \rho_m} \frac{V^3}{gh\omega} \right)^m \tag{5-4}$$

计算。对于试验河段，若考虑输沙率沿程变化项 $\left(\frac{\partial G}{\partial x} \right)$ 较断面含沙量时间变化项 $\frac{\partial(AS)}{\partial t}$ 小，忽略其影响，对式（5-3）积分，并由初始条件，可得河道过水面积随水流挟沙力变化关系式

$$A - A_0 = -\frac{1}{\rho'} (AS - A_0 S_0) \tag{5-5}$$

或

$$A = \frac{1 + \dfrac{S_0}{\rho'}}{1 + \dfrac{S}{\rho'}} A_0 \tag{5-6}$$

丁坝布设前及布设后的河道过水面积可根据水深、河宽和河岸坡降确定。如图 5-1 所示，在丁坝一侧，河岸可近似为垂直边岸，对岸为边坡为 m 的斜面，由此得

$$A_0 = (B_0 - 0.5mh_0)h_0 \tag{5-7}$$

和

$$A = (B - 0.5mh)h \tag{5-8}$$

考虑丁坝对河道束窄作用，其影响宽度为 B_d，以及河道在丁坝作用下的展宽或束窄宽度为 ΔB，则修建工程后河宽为

$$B = B_0 - B_d + \Delta B \tag{5-9}$$

式（5-9）中 B_d 的计算将考虑丁坝伸入河道长度、挑流角度及丁坝群沿河岸布置长度（L_g），以及丁坝群中单个丁坝的平均布置长度（L_d）等因素。如图 5-2 所示，设丁坝群沿河岸布置角度与上游来流的夹角为 α，则有

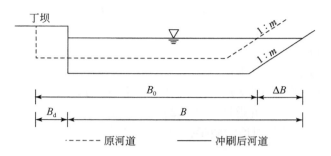

图 5-1　丁坝修建后河道冲深展宽示意图

$$B_d = C_g L_g \sin\alpha + L_d \cos\alpha \qquad (5\text{-}10)$$

式中，C_g 为丁坝群影响过水断面宽度折减系数，取 $C_g = 0.5$。

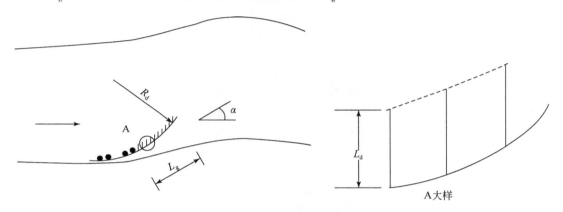

图 5-2　丁坝平面布置示意图

丁坝作用下，水深变化为

$$h = h_0 + \Delta h \qquad (5\text{-}11)$$

及河宽变化为

$$\Delta B = \frac{1}{2}\varepsilon m \Delta h \qquad (5\text{-}12)$$

式中，ε 为平面丁坝布置弯曲半径对河宽影响的参数，取决于河宽和弯曲半径之比，现给出一个量纲和谐的计算公式，$\varepsilon = 1.0 + c_1\left(\dfrac{B}{R_d}\right)^{c_2}$，其中 c_1 和 c_2 分别为考虑丁坝布置弯曲性影响的系数和指数；R_d 为丁坝群联坝的弯曲半径（图 5-2）。

河道弯曲半径与河宽存在以下关系：

$$R = \xi B \qquad (5\text{-}13)$$

式中，ξ 为系数，根据黄河下游的统计经验，可取 $\xi = 3$；R 为河道弯曲半径。

由上述关系可以确定丁坝作用下的河宽、水深、弯曲半径等。具体求解步骤如下：

（1）令 $\Delta B = 0.0$；$\Delta h = 0.0$，由式（5-11）计算 h；

（2）由式（5-12）、式（5-9）和式（5-10）计算 B；

（3）由式（5-2）计算 V；

（4）由式（5-4）计算 S；

（5）由式（5-7）和式（5-8）计算 A；

（6）由式（5-7）和式（5-8）计算 h_0 和 h，若 h_0 与 h 之差较小，则进入下一步骤，否则由式（5-11）计算 Δh，并返回步骤（2）；

（7）由式（5-13）计算河道弯曲半径 R。

5.2.2　公式率定和验证

水流挟沙力公式因河道而异，同时，出于形式较为简单考虑，选用布设工程前后的水流挟沙力公式分别为

$$S_0 = K\left(\frac{\rho_m}{\rho_s - \rho_m}\frac{V_0^3}{gh_0\omega}\right)^m \tag{5-14}$$

$$S = K\left(\frac{\rho_m}{\rho_s - \rho_m}\frac{V^3}{gh\omega}\right)^m \tag{5-15}$$

式中，S_0 为工程布设前的水流挟沙力；S 为工程布设后的水流挟沙力；K 和 m 分别为系数和指数，由利津站实测资料率定得到 $K=0.44$、$m=0.7414$；$\omega = \omega_0(1-S_V)^{6.0}$，其中 ω_0 为单颗粒泥沙在清水中的沉速，S_V 为体积泥沙浓度；ρ_s 为泥沙的密度；ρ_m 为浑水的密度，$\rho_m = \rho + \left(1-\frac{\rho}{\rho_s}\right)S$，其中 ρ 是清水的密度。式（5-14）、式（5-15）假定来沙中悬移质泥沙的沉降速度在修建工程前后是不变的，均为 ω。

在进行"松弛边界"试验方法设计之前，首先须对式（5-12）中的参数进行率定。率定试验是在验证好的河道实体模型上进行的。在验证过的河道实体模型上布置控导工程（丁坝群），控导工程的可调参数为丁坝长度、丁坝群的弧度半径（联坝弯曲半径）及挑流角度，试验观测控导工程布置后的河床冲淤变化。试验中取丁坝群长度约为 1000m。每组试验经过长时段的水沙过程作用，直至河床冲淤接近平衡，再观测河床冲淤变化量。试验河段的原型河道特征值见表 5-1。根据试验观测的部分数据，对式（5-12）中的参数进行了确定，当取 $c_1 = -0.75$、$c_2 = 1.0$ 时，计算得河道展宽、河床冲淤厚度与观测的数值比较一致（表 5-2）。

表 5-1　原型河道特征值

流量/(m³/s)	河宽 B_0/m	水深 H_0/m	含沙量 S_0/(kg/m³)	弯曲半径 R/m
4000.0	700.0	5.0	13.135	2100.0

表 5-2　河道冲深展宽计算与试验对比

弧弯半径 /m	丁坝长度 /m	水流夹角 / (°)	河道展宽/m		冲淤厚度/m	
			计算	试验	计算	试验
3900	25	0	1.5	2.0	0.145	0.154
	25	20	17.3	18.0	1.728	1.736
	50	20	20.3	21.1	2.033	2.042
	100	10	16.2	15.6	1.616	1.611
	100	20	27.4	27.0	2.740	2.732
3000	25	0	1.3	2.0	0.128	0.136
	25	20	16.0	16.7	1.599	1.618
	50	20	18.8	20.1	1.876	1.889
	100	10	15.0	14.3	1.497	1.488
	100	20	25.1	24.2	2.512	2.501
2200	25	0	1.0	1.8	0.102	0.110
	25	20	14.1	14.7	1.408	1.402
	50	20	16.5	17.3	1.646	1.640
	100	10	13.2	12.5	1.320	1.311
	100	20	21.8	21.3	2.183	2.177

5.3　"松弛边界"试验方法的设计

"松弛边界"试验方法的设计是借助于数值模拟手段进行的，这既是一种对试验方法的创新探索，也是一种对基于数值模拟下的实体模型试验技术的探索。"松弛边界"试验方法是基于验证过的河道实体模型，综合考虑丁坝长度、丁坝群布置与水流的角度、丁坝群布置弯曲半径等，以及水沙因素（包括流量、河宽、水深、床沙和悬沙粒径等），按照5.2节的有关公式计算河床冲淤厚度、河道展宽度及弯曲半径等，以此为控制参数，人工塑制控导工程布设后的河道新的断面形态，以此进行模型试验，观测工程效果并进行分析。"松弛边界"试验设计流程见图5-3。

图5-3表明，"松弛边界"试验方法设计的总体思路是，第一步，进行模型试验的前期准备工作，包括收集整理有关试验资料，插补断面，塑制地形，概化试验水沙过程等；第二步，准备工作完成后，进行模型验证试验；第三步，验证满足要求后，按整治工程初步设计方案在模型上布设工程，此时的工程设计参数值完全取用设计方案所确定的数值；第四步，在初步设计方案布设后的河道边界初始条件下，根据试验水沙条件，按照5.2节所给的计算公式，估算河床通过调整后，可能达到的动平衡边界形态，包括河宽、水深及弯曲半径等；第五步，依据上述估算参数，通过人工塑造的方法，模拟塑

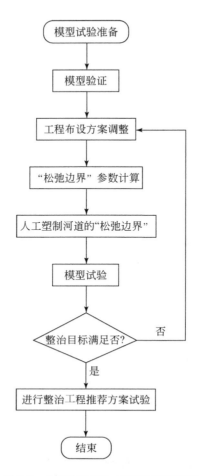

图 5-3 "松弛边界"试验设计流程图

制出新的河道边界；第六步，在人为形成的河床边界即河床可能达到的新的动平衡态下进行放水试验，观测各项控导效果参数，分析是否达到设计目的，否则调整方案，再从第三步开始进行试验。若已基本达到设计目的，则提出修正或调整的推荐方案，并再进行试验，与初步设计方案作进一步比较。至此，试验结束。

5.4 小 结

在通过河工动床模型试验研究河道整治工程的控导效果时，一般需要施放长系列水沙过程进行长时段的试验，经河床自行塑造出稳定形态后才能观测到整治工程的极值控导参数，包括送溜长度、送溜稳定性及送溜的集中程度或送溜宽度等。这样，试验周期往往很长，其成本也较高。依据河床演变学原理，借用数学模拟的方法，提出了"松弛边界"试验方法。该试验方法的总体思路是根据整治工程布设下所形成的新的河床边界条件及试验水沙过程，通过经验估算或数值模拟的方法预估出河道演变新的动平衡状态，并利用人为的方式，事先在模型上塑造出这一相对平衡形态的河岸和河床，然后在人为塑造的这种具有平衡形态的模型上，进行方案的整治工程试验研究，这样，便可望在较短的试验时段内观测出工程的极值控导参数，或最大的控导效果。该试验方法是针对河工动床模型试验中经常遇到的实际情况而提出的，因而，其方法的研究具有普遍性的意义，在模型试验中有着广泛的应用前景。

"松弛边界"试验方法是依据数值计算预测的手段，确定新建工程后河床演变在新边界约束下所可能达到的一种动平衡状态，因此，其数学模型的建立相当重要。但目前由于人们对河床演变尤其是多泥沙堆积性河流河床演变的理论认识和数学描述水平还很有限，那么，对于本研究所建立的数学预测模型还需不断完善。另外，由于这一方法是通过人为塑制改变河床边界的，因此，是否存在边际误差问题还需通过更多的试验实例进行研究。

第6章 河道实体模拟若干设计理论的应用

本章结合黄河下游河道整治方案比选、挖河减淤工程等河道治理的试验研究，成功地应用了河型变化段河道动床模型设计理论与方法、河道实体动床模型"人工转折"设计理论与方法、河道实体动床模型"松弛边界"试验理论与方法。同时，通过这些设计理论与方法的应用，对黄河下游河道治理的有关应用基础问题也得到了一些重要认识，并解决了相关的关键技术。

6.1 河型变化段河道动床模型设计理论与方法的应用

为论证黄河小浪底水利枢纽温孟滩移民安置区河段河道整治设计方案的合理性，开展了该河段的河道整治试验。在模型设计中，成功地应用了本书提出的河型变化段河道实体动床模型设计方法，取得的试验研究成果对优化河道整治方案起到了重要的指导作用。

在河道整治试验中，主要从河势演变、河床冲淤调整等方面分析了由河务部门提出的该河段河道整治方案，论证了整治方案的合理性。同时，结合试验观测，从理论上分析了黄河下游游荡型河道河床演变对河道整治的响应关系。

6.1.1 河道整治试验设计

6.1.1.1 模型设计

模型设计是根据本书提出的"分段设计、过渡处理"的方法进行的。上段模型床沙采用天然沙，下段的床沙采用郑州热电厂粉煤灰，对于河型转化过渡段的床沙，按照原型级配及阻力相似要求，将上下段模型沙按不同粒径要求进行调制铺设。模型设计比尺见第三章表3-4。

6.1.1.2 模型试验组次

为尽可能从多方面论证整治工程设计方案的合理性，充分考虑小浪底水库运用后不同典型水沙条件下整治工程的适应性，确定了9种水沙条件及相应的地形条件。先后开展了20个试验组次，完成了8个整治工程布设方案的比选试验研究工作。

1）水沙过程及地形条件

确定的试验水沙过程有1982年放大型水沙条件、"54·8"洪水及其放大型洪水、小浪底水文站多年汛期概化水沙过程，以及所假定的4种概化水沙条件（表6-1）。

表 6-1　试验水沙、地形条件

序号	流量（Q）过程	含沙量（S）过程	前期地形条件	历时	备注
1	1000m³/s 级和 3000m³/s 级	低含沙水流	1995 年汛后	1000m³/s 为 30d，3000m³/s 为 20d	试验中实际取 $S=0$
2	1982 年放大型洪水	1982 年放大型含沙量过程	2015 年	7 月 29 日~8 月 9 日	2015 年地形系由数学模型计算确定。放大后的洪峰流量为 10000m³/s
3	4000m³/s 级	100kg/m³	1995 年汛后	5d	
4	4000m³/s 级	200kg/m³	1995 年汛后	5d	
5	4000m³/s 级	400kg/m³	1995 年汛后	5d	
6	"54·8" 洪水	"54·8" 洪水含沙量过程	2000 年	8 月 2 日~12 日	
7	"54·8" 放大型洪水	"54·8" 洪水放大后含沙量过程	2000 年	8 月 2 日~12 日	放大后伊洛河洪峰流量为 10509m³/s
8	小浪底水文站实测多年汛期洪水概化过程	小浪底多年汛期概化过程	2000 年	35.2d	
9	同 8	同 8，将最大含沙量概化为 100kg/m³	2000 年	35.2d	
10	同 8	同 8	1993 年汛前	35.2d	
11	4000m³/s 和 3000m³/s 级两级	$S=0$	流量过程 1 的试验后地形	各 10d	两流量级为连续施放
12	同 8	同 8	1995 年	35.2d	
13	1961~1964 年	1961~1964 年	2000 年	786d	$Q<1000$m³/s 的舍弃
14	1969~1973 年	$S=0$	2000 年	1969 年 3 月~1973 年 9 月	$Q<700$m³/s 的流量级舍弃
15	"54·8" 修正型洪水	"54·8" 修正型洪水含沙量过程	2000 年	8 月 2 日~12 日	伊洛河洪峰流量为 6500m³/s

2）模型试验组次

工程布设试验方案共 12 个（表 6-2），先后完成 22 个组次的试验。各试验组次的地形及水沙组合情况见表 6-3。

表 6-2　工程布设模型试验方案一览表

序号	方案编号	方案概化	方案来源	备注
1	0Ⅰ	初步设计方案	河南黄河河务局规划设计院	
2	0Ⅱ	初步设计方案的试验调整方案	模型试验	成果已为设计部门采纳

序号	方案编号	方案概化	方案来源	备注
3	0Ⅲ	修改补充设计方案	河南黄河河务局规划设计院	
4	Ⅰ-1	将0Ⅱ方案减掉白坡工程设计下延的全部工程	模型试验	进行了2000年和2015年两种初始地形的试验
5	Ⅰ-2	白坡工程设计下延全部减掉；裴峪上延由设计方案顺延改为填湾布设	模型试验	高含沙洪水试验
6	Ⅰ-3	白坡工程设计下延工程全部减掉；大玉兰工程增加下延2道坝	模型试验	水库运用清水冲刷期试验
7	Ⅱ	白坡工程设计下延工程全部减掉；大玉兰工程增加下延两道坝；裴峪工程上延坝段上移500m	模型试验	小浪底水库正常运用期试验
8	Ⅲ	白坡工程下延10道坝；大玉兰工程仍增加下延2道坝	模型试验	小浪底水库拦沙运用期试验
9	Ⅳ	白坡工程下延3道坝；裴峪工程增加4道坝；大玉兰工程下延增加2道坝，改为9道坝	模型试验	伊洛河入汇试验
10	Ⅴ	裴峪工程上延增加4道坝，新老坝之间修6道垛；化工工程下延增加2道潜坝；花园镇工程上延4道坝；白坡工程下延为10道坝；大玉兰工程增加下延2道坝	模型试验	小浪底水库正常运用期试验
11	Ⅵ	同上	模型试验	清水下泄1969~1973年系列
12	Ⅶ	白坡工程下延12道坝；花园镇工程上延4道垛；开仪工程下延增设2道坝，赵沟工程减去上延5道坝；化工工程增加下延4道坝6道垛；裴峪工程增加上延4道坝6道垛，上延坝段顺山弯布设；大玉兰工程增加下延2道坝	模型试验	推荐方案

注：模型试验提出的工程平面布设方案调整情况，均是相对设计单位提出的修改补充设计方案而言的。

表6-3 试验组次一览表

序号	初始地形	洪水类型	试验方案
T1	1993年汛前地形	小浪底水库正常运用期概化水沙过程，$Q_{max}=10000\text{m}^3/\text{s}$	设计方案
T2	1993年汛前地形	同上	设计方案的修改方案
T3	2000年地形	"54·8"洪水	补充设计方案
T4	T2放水后地形	"54·9"洪水	同上
T5	2000年地形	"54·8"放大型洪水	同上
T6	2000年地形	"54·9"放大型洪水	同上

序号	初始地形	洪水类型	试验方案
T7	2000 年地形经 1961~1964 年水沙系列冲刷后	"82·8" 放大型洪水	补充设计调整方案
T8	2000 年地形	小浪底水库正常运用期概化水沙过程，$S_{max}=60.6\text{kg/m}^3$	同上
T9	2000 年地形	小浪底水库正常运用期概化水沙过程，$S_{max}=100\text{kg/m}^3$	同上
T9-1	2000 年地形	同 T8	同上
T10	1995 年汛后地形	$Q=4000\text{m}^3/\text{s}$，$S=100\text{kg/m}^3$，历时 5d	同上
T11	1995 年汛后地形	$Q=4000\text{m}^3/\text{s}$，$S=200\text{kg/m}^3$，历时 5d	同上
T12	1995 年汛后地形	$Q=4000\text{m}^3/\text{s}$，$S=400\text{kg/m}^3$，历时 5d	同上
T13	1995 年汛前地形	清水冲刷，$Q=1000\text{m}^3/\text{s}$，历时 30d	同上
T14	T13 放水后地形	清水冲刷，$Q=3000\text{m}^3/\text{s}$，历时 20d	同上
T15	T14 放水后地形	清水冲刷，$Q=4000\text{m}^3/\text{s}$，历时 10d	同上
T16	T15 放水后地形	清水冲刷，$Q=3000\text{m}^3/\text{s}$，历时 10d	同上
T17	2015 年地形	"82·8" 放大型洪水	同上
T18	2000 年地形	"54·8" 放大型洪水	同上
T19	2000 年地形	1961~1964 年实测水沙系列	同上
T20	2000 年地形	1969~1973 年实测水沙系列	同上
T21	同上	1969~1973 年实测水沙系列	建议推荐方案

注：补充设计调整方案是指在补充设计方案的基础上，根据模型试验结果提出的各类修正方案。

6.1.2　河道整治方案概况

6.1.2.1　原有工程情况

本河段（图 6-1）修建最早的河道整治工程是铁谢险工，始于 1873 年。于 1962 年开始兴建白鹤控导工程，后又兴建白坡堵串工程，铁炉、花园镇工程亦相继上马。

1970~1974 年开始布置逯村、开仪、赵沟、化工、裴峪及大玉兰六处工程。小浪底水库库区移民安置前本河段已有河道整治工程 10 处，修筑丁坝 220 道、垛 146 道、护岸 40 道，工程总长度 34.64km。

6.1.2.2　初步设计方案

设计的温孟滩移民安置区河道工程有防护围堤和原工程的上续下延工程两个部分。防护围堤上起洛阳市吉利区的白坡村，连接各个河道整治工程，临黄河的防护围堤在大玉兰工程结束，新修堤防为 29km。

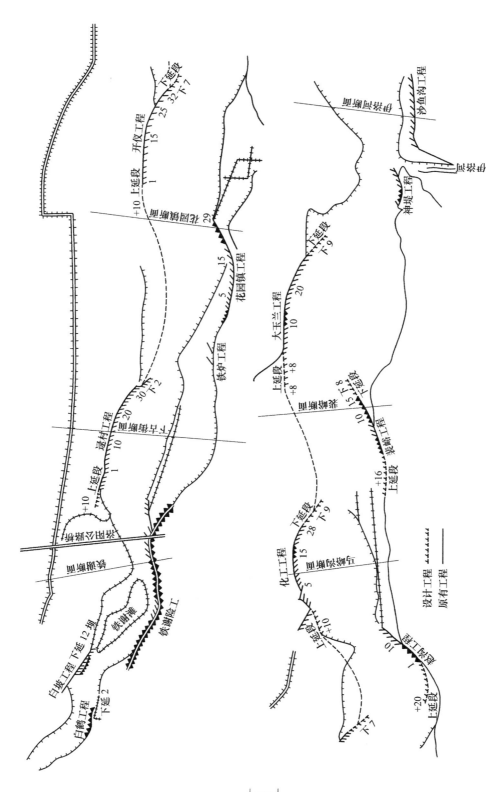

图6-1 温孟滩河段及推荐方案河道整治工程平面布置

河道整治工程的作用：一是保护防护围堤的安全；二是理顺流路，为其下游的河道创造一个较为稳定的整治条件。河道整治工程分连坝和丁坝两部分。连坝沿治导线布置，以丁坝作掩护，不靠大溜（大溜即指主流线带）。

丁坝坝长一般为100m。为便于与原有工程衔接，开仪、化工及大玉兰等处工程的上延工程，具有藏头性质。所谓藏头，指处在工段之首，为掩护他坝之坝。表6-4为河道整治设计有关参数，各工程上续下延坝（垛）数见表6-5。

表6-4　温孟滩河段河道整治设计参数

工程名称	弯道上段		弯道下段		过渡段长度/m	现有工程长度/m	拟修工程长度/m	工程总长度/m
	半径/m	中心角/(°)	半径/m	中心角/(°)				
白鹤						500	200	700
白坡	3400	36			0	880	1600	2480
铁谢	3500	60			1950	7330		7330
逯村	9500	20	4250	33	1300	5300	200	5500
花园镇	6200	31	3450	44	1600	4000		4000
开仪	3750	73			1350	3900	1200	5100
赵沟	1900	90	6530	5	1300	1850	2500	4350
化工	3800	30	2650	57	1450	4600	1500	6100
裴峪	2600	54	5450	17	1950	1440	2000	3440
大玉兰	4550	37	3130	41		4840	1500	6340
合计						34640	10700	45340

表6-5　温孟滩河段河道整治工程状况

工程名称		逯村	花园镇	开仪	赵沟	化工	裴峪	大玉兰	神堤
原工程坝数/道		34	29	32	15	28	14	36	16
整治方案	上延/道			10（垛）	24	10		15	
	下延/道			5		5			

在河道整治工程设计中，采用平滩流量5000m³/s作为控制流量。河段的整治河宽为1200m。防护围堤的设计流量$Q=10000$m³/s。防护围堤共分四段，即逯村至开仪、开仪至化工、化工至大玉兰、大玉兰以下堤段（分别简称逯开段、开化段、化大段、大下段）。

6.1.2.3　修改补充设计方案

工程设计部门在初步设计方案基础上，依据原进行的概化模型试验结果（姚文艺，1995）和原型河道整治工程实施情况，对初步设计方案进行了适当调整和补充（河南黄河河务局，1995）。修改补充设计主要对部分坝型和数量作了适当调整，治导线参数亦作了小量变更，工程长度由11.2km调整为12.1km，丁坝由112道圆头坝增调为圆头坝50道、拐头坝 50 道、垛 18 道，共增 6 道。

北岸险工的丁坝坝顶高程为 10000m³/s 流量的水位加 1.0m 超高。南岸控导工程为 5000m³/s 流量的水位加 1.0m 超高。

各处整治工程的调整长度及坝垛平面布置情况详见表 6-6。初步设计治导线参数的调整情况见表 6-7。

表 6-6 河道整治工程长度、坝垛平面布置调整表

工程名称	类别	初步设计				修改补充设计				较初步设计的调整量			
		工程长度/m	坝/道	垛/道	合计/道	工程长度/m	坝/道	垛/道	合计/道	工程长度/m	坝/道	垛/道	合计/道
总计		11200	112		112	12100	100	18	118	900	-12	18	6
白鹤	下延	200	2		2	200	2		2				
白坡	下延	1600	16		16	1600	16		16				
逯村	下延	200	2		2	200	2		2				
开仪	上延	600	6		6	600		10	10		-6	10	4
	下延	600	6		6	600	5		5		-1		-1
赵沟	上延	2500	25		25	3000	25		25	500			
化工	上延	1000	10		10	1000	10		10				
	下延	500	5		5	600	5		5	100			
裴峪	上延	1500	15		15	1200	12		12	-300	-3		-3
	下延	500	5		5	960	8		8	460	3		3
大玉兰	上延	1500	15		15	1300	8	8	16	-200	-7	8	1
	下延	500	5		5	840	7		7	340	2		2

表 6-7 治导线参数的调整情况

治导线参数	初步设计	修改补充设计
河湾曲率半径 R/m	3936	4025
湾道中心角 ω/(°)	64.27	63.55
河道弧长 S/m	4415	4464
过渡段长度 L/m	1656	1834

注：河湾曲率半径又简称为弯曲半径。

防护围堤按防御黄河流量 10000m³/s，堤顶超高 1.5m，北部围堤堤顶高程按流经该河段北岸滩地的新蟒河 20 年一遇洪水设计，超高为 0.5m。防护围堤工程包括南部防护堤长

39.57km，西部围堤 2.90km，东部围堤 2.95km，北部围堤 10.67km，堤线总计 56.09km。防护围堤的设计调整不大，大玉兰以下围堤下延 420m。

6.1.3 河道整治方案适应性研究

6.1.3.1 小浪底水库拦沙运用期整治方案适应性研究

小浪底水库的运用方式分两个阶段，即 2015 年前的拦沙运用阶段和后期的调水调沙蓄清排浑运用阶段。拦沙运用期水库逐步淤积形成高滩深槽，将是水库对黄河下游河道发挥重要作用的时期。根据三门峡水库的运用经验，在小浪底水库拦沙运用期该河段往往所受影响最直接，河床演变会发生显著变化。

根据河床演变学原理，在一定的河道边界（包括物质组成、人工整治工程等）条件下，河床演变主要受制于水流的动力输入。在长系列的水沙条件下，河床演变通过自动调整作用，将逐渐趋近于一种动平衡状态，达到长时期统计意义上的稳定态势。小浪底水库在 2000 年汛后投入运用，此时施工导流洞将相继封堵，在最低泄空水位 205m 以下无泄流能力，初期的 3~4 年水库只能下泄清水，三门峡水库在长期采用"蓄清排浑"运用方式条件下所形成的具有一定平稳性的进入下游河道的水文过程将会大大改变。由此必将引起下游河道冲淤及河势较大幅度的重新调整，如根据小浪底水库招标设计和有关黄河的"八五"国家重点科技项目（攻关）计划各承担单位的计算结果，在淤满 254m 以下 78 亿 m³ 堆沙库容时，黄河下游河道将冲刷 9 亿~20 亿 t 泥沙（黄河水利科学研究院，1995）。实际上，三门峡水库在 1960~1964 年的蓄水运用期下游河道的冲淤变化（潘贤娣等，1994）也充分说明了这一点。根据三门峡水库蓄水拦沙期 1960 年 9 月至 1964 年 10 月实测资料，黄河下游共计冲刷泥沙 23 亿 t，其中铁谢至孤柏嘴河段冲刷泥沙 6.55 亿 t，占全下游冲刷量的 28.5%，河床下切平均达 2m 多。同时，河势亦发生了较大调整。

为论证小浪底水库拦沙运用期整治工程设计方案的适应性，模型试验主要进行了 T19、T20 两个组次，前者采用 1961~1964 年三门峡水库蓄水运用及滞洪排沙运用初期实测水沙过程进行了冲刷试验，以检验温孟滩河段工程对该类水沙条件的适应性及河床下切程度。另外，考虑到黄河水沙变化趋势，预估小浪底水库拦沙运用初期年均下泄水量将比 1961~1965 年偏小，因此，后者又选取了相当于小浪底水库 1985 年设计水平的 1969~1973 年的枯水系列作为小浪底水库拦沙运用初期的试验水沙条件。

所开展的 1961~1964 年水沙系列（即 T19 组次）和 1969~1973 年水沙系列（即 T20 组次）试验的初始地形均取为 2000 年水平。从冲刷最不利的角度考虑，在 1969~1973 年系列试验中还专门不考虑进口含沙量的影响，即按清水系列施放流量过程。

两个试验组次的工程布设均为依据前述试验结果经部分调整后的方案Ⅲ，即白坡工程下延布设 10 道坝，较修改补充设计方案 0Ⅲ减少 6 道坝，大玉兰工程下延增加 2 道坝，下延坝数计 9 道。

试验表明，在小浪底水库拦沙运用期，整治工程体系对总体河势可以起到较强的约束作用，主流线的上提下挫均基本在工程的控导范围之内。在试验水沙条件下，没有形成严重的工程脱溜（"溜"，黄河水势用语，指河水中流速较大的流线带）或抄后路现象，尤其与下游非整治河段相比，该河段的河势已得到大大改善。说明即使在小浪底水库拦沙运用初期的水沙条件下，设计治导线仍是基本合理的。但就局部河段来说，个别工程对河势的控导作用仍嫌弱，如工程的着溜点（即主流线带开始靠工程的位置）上提下挫幅度大、工程迎溜不到位、河槽摆动范围宽、出流外摆影响围堤安全等。根据试验结果分析，为改变局部河段不利河势，建议对设计方案作进一步调整。

调整内容主要包括适当增加开仪、化工和大玉兰三处工程的下延长度；裴峪工程的上延明显不足，亦应增加。另外，上延坝段与原坝段之间的山体着溜概率较高，为防止冲蚀，应考虑布设护弯工程；从小水长历时下泄条件下的主流线最大上提范围看，对赵沟工程的上延坝段设计长度可以适当减小，一般来说，在上游河势得到控制的条件下，上延1500~2000m已基本可满足河势上提的需要。此外，要考虑铁谢工程可能形成的出流顺势下滑（即主流靠工程贴岸下行）问题，因为该河段为温孟滩移民安置区河段河势的"龙头"段，只要保证铁谢工程送溜至逯村工程，其下游工程即可基本起到着溜控导作用。

总之，初步设计方案的治导线是基本适应小浪底水库拦沙运用期河势变化要求的，对局部工程的布设进行适当调整后，工程体系的控导作用将会得到进一步加强。

6.1.3.2 小浪底水库正常运用期设计方案可行性研究

小浪底水库正常运用期设计方案可行性论证的试验共进行了包括T8、T9和T9-1三个组次。三个试验组次的初始河床地形均考虑为经小浪底水库拦沙运用后，下游河道回淤至2000年的水平。河道工程布设是依据前期试验结果对修改补充设计方案加以适当调整后确定的，其中，T8、T9的布置方案为表6-2中的方案Ⅱ。在开展T9-1组次试验时，根据前两组次及其他组次的试验分析，对工程的布设又作了进一步调整。调整方案为表6-2中的方案Ⅴ。

T8、T9和T9-1的试验水沙条件的类型均为该河段基本冲淤平衡条件下小浪底多年汛期的洪水概化过程，但各组次的含沙量过程有所差异。为考虑水流含沙量达到100kg/m³左右时的情况，将T8组次水沙过程中10 000m³/s流量所对应的含沙量60.6kg/m³修正为100kg/m³（即T9组次）。

通过试验，得到以下几点认识。

（1）试验进一步证明设计方案的治导线是基本合理的。与前述同一水沙系列的各组次试验相比，尽管所选河床边界为抬高较多的2000年地形，但河势仍是归顺的。两种方案3个组次的主流横向游荡范围相对近年工程整治前有所减小（表6-8），无脱溜、横河、斜河等畸形河势出现。所谓"横河"是指在未整治工程不得力的游荡型河段，主溜（居水流动力轴线主导地位的溜，即河流中流速最大，流动态势凶猛，并常伴有波浪的水流现象，亦称"正溜""大溜""主流""大流"）以大体垂直于河道的方向顶冲滩岸或直冲大堤的河势；所谓"斜河"是指大溜以与河道有较大的夹角的方向顶冲堤岸的河势（水利部黄河水利委员会，1995）。另外，从主流线来看，可形成曲直相间的弯曲状。因此，设计方案的治导线可以适应小浪底水库正常运用期试验水沙条件下的河势变化。

表 6-8　工程整治前后主流最大摆动范围比较

类型	时段或组次	主流摆动范围/m						
		逯村	花园镇	开仪	赵沟	裴峪	大玉兰	神堤
原型	1986~1990 年	1250	2000	1650	1750	4900	1850	1050
模型	T8、T9、T9-1	200	600	900	650	960	1320	1050

在河道边界条件约束的情况下，相对而言，整治工程的整体平面布局是基本合理的，上下呼应较好。不论中水还是大水均可形成较合理的流路。另外，无论是方案Ⅱ还是方案Ⅴ，相对修改补充设计方案，在调整或改善局部河段河势方面均有明显效果，因此，有必要依据不同初始地形、水沙条件下的试验结果对修改补充设计方案的个别工程布设进行必要的调整，使总体设计逐渐趋于更为合理。

（2）白鹤工程下延具有较强的送溜作用，大水时水流可集中进入至白坡工程下游滩沿，所以白坡工程有必要下延。方案Ⅴ将白坡工程下延 10 道坝，已基本可控制中水流量以上洪水对其下游滩岸的淘蚀；在小浪底水库正常运用期的试验水沙条件下，裴峪山体常迎主流，对山体的冲蚀严重，故可考虑在上延坝与原坝之间加修护弯工程。方案Ⅴ的试验结果表明，加修护山湾工程后，还可增强裴峪工程的控导作用，下延段送溜效果有所改善。无论是将裴峪工程上延段上移 500m，还是增加上延 4 道坝，在试验中，较方案调整前，上延坝段均起到了更好的靠河束水作用；不增加大玉兰工程下延，有明显的出流外移现象，即主溜离开工程，对围堤掩护作用较弱，同时，送溜不到位，主流大多脱离神堤工程，使神堤工程难以起到控导主流作用。方案Ⅴ增加大玉兰工程下延 2 道坝以后，行水范围和流速也有所减小。因此，大玉兰工程的出流问题通过增加下延 2~3 道坝是可以改善的；化工工程下延两道坝后，对改善送溜效果，减小防护围堤的靠河范围及行水流速具有一定的效果，但仍须进一步改善。不过到底是增加下延长度，还是调整下延段平面设计的其他参数，须进一步研究；开仪工程送溜有嫌不力，赵沟工程河势较散，着溜范围变化较大。增加开仪工程下延 2 道坝为宜。改善开仪工程的送溜效果对稳定下游河势具有很大作用。

在流量达到围堤设计标准 10000m³/s，逯开区、开化区及大玉兰下游围堤均可偎水行洪，各方案下的流速最大均可至 1.5m/s 左右，方案Ⅱ可至 2m/s 左右，对此，应有所考虑。

6.1.3.3　对大洪水的适应性

试验组次的设计条件是：假设小浪底水库首先下泄 1961~1964 年水沙过程后，又泄放洪峰流量达到 10000m³/s 的 "82·8" 放大型洪水过程。因此，试验的初始地形是在 2000 年地形（韩巧兰，1998）基础上通过施放 1961~1964 年三门峡水库清水过程塑造而成的，用以研究在此类地形前提下，河道又遭遇大水少沙型的洪水，河床将作何调整，规划的河道整治工程能否适应此类大洪水的河势变化等问题。

根据上述试验目的，选择了 1982 年汛期（7 月 29 日至 8 月 9 日）的洪峰过程（"82·8" 洪水）。该水沙过程的特点是洪峰流量大、含沙量低，属于大水少沙型洪水，且沙峰稍滞后于洪峰。进一步考虑到温孟滩移民安置区防护围堤的设防标准为 10000m³/s，故以此洪水过程为基础，采用同倍比法将小浪底洪峰流量放大至 10000m³/s，沙量按输沙率相应放大，以此作为小浪底水库拦沙运用期河床冲刷下切后遭遇的大洪水类型。

通过试验分析，得出如下几点初步认识。

（1）因前期河槽下切，水流相对集中，河势较为稳定，除逯村工程下首主流摆幅 600m 外，其余均未发生大的变化。

（2）由于前期的清水冲刷，床沙已严重粗化，因而本次洪水过程中河床冲淤调整不大。洪峰流量达到 10000m³/s 时，未出现漫滩现象，说明河道行洪能力大大增加。

（3）洪水过后，局部冲深均有所增加，但南北工程局部冲刷特点不同，在相同流速下，南岸工程的入流角大于北岸工程入流角，所以南岸工程局部冲深大于北岸工程局部冲深。

（4）由于个别工程的平面布设及曲率半径不甚合理，工程的下延长度嫌短，因此不能完全适应河势的变化，如出现入流过死，出流散乱外移等不利河势。为此，提出的工程调整建议为：逯村工程增加 2 道潜坝；赵沟工程上延可减少 5 道坝；化工工程在增大送溜段曲率半径的前提下再下延 2~3 道坝；裴峪工程修建上延护弯工程，另外，需要对逯村至开仪、化工至大玉兰的防护围堤上段堤根进行防护处理。

总之，试验表明，多数工程对大洪水河势的控导作用是较理想的，没有出现大的畸形河湾，水流相对归顺，河床冲淤调整不明显。然而，对于诸如赵沟工程、裴峪工程的局部冲深较大问题应给予足够重视。

6.1.3.4 高含沙洪水条件下设计方案的适应性

模型地形按照 1995 年汛后实测大断面资料进行制作，尾门水位按黄河防汛办公室制定的 1996 年官庄峪设防水位控制。工程布设为方案 I-2（表 6-2），即白坡工程设计下延全部减掉，裴峪工程上延段由设计顺延改为填湾布设。试验水沙条件为 T10、T11 和 T12 组次。三组试验的历时均为 5d。考虑到该河段的高含沙洪水含沙量越高，其悬沙组成越粗的特点，在不同含沙量级，选配的悬沙中值粒径是不同的，选配的各含沙量级的悬沙中值粒径见表 6-9。每组试验结束后重新制作地形。

表 6-9 高含沙洪水试验水沙过程及悬沙中值粒径

试验组次	进口流量/(m³/s)	进口含沙量/(kg/m³)	原型历时/d	悬沙中值粒径/mm
T10	4000	400	5	0.040
T11	4000	200	5	0.032
T12	4000	100	5	0.025

试验表明，只要河道整治工程达到一定密度、平面布置合理，高含沙洪水的河势是可以得到控制的；高含沙洪水的河势上提现象较突出，要求工程的上首藏头段不能太短，应有适当的长度。从设计方案来看，各工程的上延长度已基本可满足试验水沙条件下高含沙

洪水主流线上提的要求，如赵沟工程的上延约有 20 道坝已比较合适。另外，在高含沙洪水过程中，如化工工程、大玉兰工程等弯曲半径较小的工程往往会出现二次靠河现象，且首次靠河位置又往往靠下，因此，要求工程的下首送溜段也不能过短。化工工程及大玉兰工程二次靠河形成的局部冲坑范围都已超过工程下首最末一道坝，这对工程的稳定和对防护围堤的掩护都是不利的。应适当增加化工工程和大玉兰工程的下延长度；高含沙洪水形成的局部冲刷强度往往较一般挟沙水流更大，在试验条件下，历时 5d 床面以下最大冲深可至 15m 左右；白坡工程下游滩沿可形成迎溜之势，有冲蚀现象。因此，白坡工程下延是必要的，但考虑到对下游河势的影响问题，下延长度以不堵北支汊为宜。

总的来说，设计方案是基本可以适应高含沙洪水的，能起到较好的控导作用，主流的横向摆动范围缩小，但是化工工程、大玉兰工程的下延长度嫌短，二次靠河的迎溜点偏下，冲坑范围已逾越工程的控制范围，对此应有所修正。

6.1.3.5 河道整治推荐方案试验研究

根据 20 个组次的试验及对原型资料的分析，并结合原型查勘和数学模型计算等方面的反复论证，在不断对设计方案逐步调整的基础上，提出了河道整治设计方案的调整推荐方案，并对推荐方案的效果进行了试验研究。

表 6-10 为调整推荐方案与修改补充设计方案的对比。在平面布设上，裴峪工程上延坝段整体上移 500m，同时根据 "97·8" 洪水调查分析结果，参考下延坝段、原坝段的联坝轴线方位及裴峪河段河道边界情况，改为从裴峪沟口往上顺山弯布设，本次试验工程平面布置调整见图 6-1。

推荐方案的试验水沙条件取为 1969～1973 年小浪底水文站水沙过程。在 1969～1973 年月均流量大于 700m³/s 的清水过程条件下，对调整推荐方案的合理性进行了多方面的分析论证。

表 6-10　推荐方案与修改补充设计的工程布设情况

工程名称	类别	修改补充设计				推荐方案			
		工程长度/m	坝/道	垛/道	合计/道	工程长度/m	坝/道	垛/道	合计/道
白鹤	下延	200	2		2	200	2		2
白坡	下延	1600	16		16	1200	12		12
逯村	下延	200	2		2	200	2		2
花园镇	上延					250		4	4
开仪	上延	600		10	10	600		10	10
	下延	600	5		5	800	7		7
赵沟	上延	3000	25		25	2500	20		20
	下延								
化工	上延	1000	10		10	1000	10		10
	下延	600	5		5	1000	9		9

工程名称	类别	修改补充设计				推荐方案			
		工程长度/m	坝/道	垛/道	合计/道	工程长度/m	坝/道	垛/道	合计/道
裴峪	上延	1200	12		12	2050	16	8	22
	下延	960	8		8	960	8		9
大玉兰	上延	1300	8	8	16	1300	8	8	16
	下延	840	7		7	1080	9		9
工程量总计		12100	100	18	118	13140	103	28	131

通过试验，得到如下结论。

（1）与同样水沙系列其他方案及其他类似水沙条件的各方案相比，在控导河势及对围堤的掩护方面推荐方案的效果较佳。

（2）从温孟滩河段与下游未整治河段对比来看，后者由于工程体系不完善，未形成工程对峙的约束边界条件，河面宽浅散乱，河势摆动频繁且剧烈，横河、汊流、脱溜现象均有出现，局部河段的畸形河湾相当发育。由此说明，河道整治加强边界的约束作用，可以改变主流的游荡性，使之成为约束性的弯曲型河段。但还应看到，尽管温孟滩河段的工程体系已相对配套，工程密度已达90%以上，基本上形成了以弯导流、一弯送一弯的格局，且整治河宽相对较窄，在2km左右，然而，赵沟工程、裴峪工程的下游过渡段在推荐方案及其他一些方案下，小流量长期下泄时，仍会出现主流外摆坐弯、河面展宽、心滩交替兴衰的现象，同时，考虑到黄河下游其他河段的现状整治效果，对游荡型河道的整治，为适应小流量过程的长期下泄，河道整治似乎不能单靠增加工程密度的方式。就整治的原则而言，与其他方案对比可知，只要保证适当的工程密度，视自然边界就势设弯、合理布坝的效果将可能会更好。

（3）在整个试验过程中，温孟滩河段的河床一直处于冲刷状态，而伊洛河口断面以下河段自第2年后，则处于冲淤交替过程中，以清水下泄初期的两年内冲刷最为严重，在流量变差不太明显情况下，以后各年冲刷量基本上呈逐年减少的趋势，历年的冲刷量与床沙粗化程度有关，床沙中值粒径越大，冲刷量相对减少。在冲刷过程中，各河段的横断面调整趋势是不一样的，由于河床比降及工程的约束作用的影响，温孟滩河段上段以下切为主，下段则下切和展宽同时存在，对非整治河段，河槽以展宽为主。

（4）从工程局部冲刷情况看，逯村工程、化工工程的局部冲刷均不明显，其他工程的局部冲深也比较小，最大在8m左右。局部冲刷位置多处于工程弯道段，说明工程的着溜点是基本到位的，没有严重的上靠或下挫现象，也表明入流较为平顺。

总之，推荐方案相对其他修改方案而言，在控导河势、掩护围堤、减小局部冲刷等方面的效果更显著。

6.1.4 整治工程控导作用分析

黄河游荡型河道的整治流量一般是采用中水河槽的平滩流量，按控导作用可将工程的平面构成形式分为迎溜段、导溜段和送溜段（图 6-2）。按设计要求，迎溜段多为小水靠溜段，导溜段多为中水靠溜段，送溜段多为洪水漫滩后靠溜段。一般来讲，出于工程安全角度和导流效果考虑，总是希望迎溜角（主流线与连坝切线的夹角，图 6-2）不宜太大。同时，力求整个导溜段和送溜段均靠大溜，出溜角（图 6-2）不宜太大，以防止挑流过陡，造成下游工程入溜上提。就是说，若在不同流量下，能够基本达到入溜平顺，出溜集中，送溜到位，则表明工程的适应性比较好。

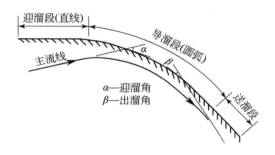

图 6-2　控导工程平面图

根据 T19、T20 试验组次河势河岸线套绘，进一步统计知，送溜长度与流量一般呈正相关系（图 6-3～图 6-7），随流量增大，送溜长度也随之增加。就平均情况而言，多数工程在流量小于 3000m³/s 条件下的送溜长度不足 2km。从总的趋势看，几处工程在流量大于 5000～7000m³/s 以后，单位流量送溜长度的增加率会有所减小。显然，小流量下工程送溜长度不足，必将引起主流的摆动，造成河势不稳。另外，从图 6-3～图 6-7 还可看出，尽管各图的点据分布集中程度不一样，但反映的趋势是基本一致的，即当流量小于 3000m³/s 时，随迎溜角增大，送溜长度增加，至迎溜角为 40°～50°时，送溜长度达到最大，其后则有所减小；而对于流量大于 3000m³/s 的条件下，随迎溜角增大，送溜长度反而减小。从能量的观点来说，此结论也是可以理解的。在流量较小时，水流动能也较小。水流以一定角度进入工程后会因工程的阻水作用而产生壅水，使上游来水势能增加，迎溜角越大，所增加的势能也会越大。相应地，工程所在河段的水面比降亦会增大，那么由势能转化的动能也就必然会越大，从而出流的长度就会越大；对于大流量来说，其水流流速高，动能大，河势会相对归顺，主流更易趋直走中泓，如黄河下游有"大水趋直"的现象。但如果大水顶冲工程，尤其迎溜角较大时，由明渠水流转弯的局部水头损失的一般表达式

$$h_\omega = \frac{V^2}{2g} f\left(\theta, \frac{1}{R}\right) \tag{6-1}$$

由上式可知，流速 V、迎溜角 θ 越大，水流转弯轴线弯曲半径 R 越小，局部水头损失 h_ω 就

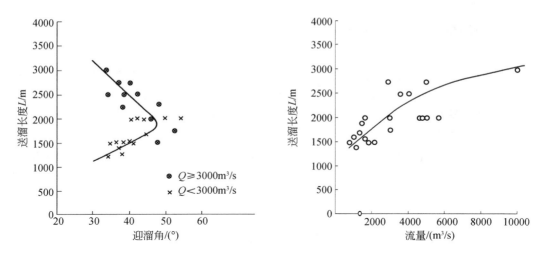

图 6-3　开仪工程送溜长度与迎溜角、流量的关系

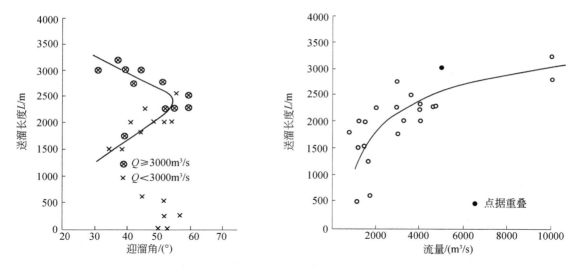

图 6-4　赵沟工程送溜长度与迎溜角、流量的关系

会越大。另外，由洪水能波演进理论知，因为大水的动能较大，壅水所形成的势能相对小流量来说也会较小，即不会产生较大的壅水比降，反而可能会使动能相应减弱。因此，在大流量时也就必然使得出流长度随入流角的增加而减小。

　　进一步分析表明，在整治工程的弯曲半径过小、工程联坝轴线（图 6-2）过陡的情况下，所形成的入流也往往较陡，不仅在大水时使出流长度减小，同时所形成的工程局部冲刷坑的深度也往往较大。

　　根据 T8、T9、T9-1 试验组次，冲深与迎溜角之间存在着很好的正比关系，迎溜角越大，冲深越大。从图 6-8 的趋势看，当冲深接近 20m 时，其迎溜角趋近 90°。因此，在工

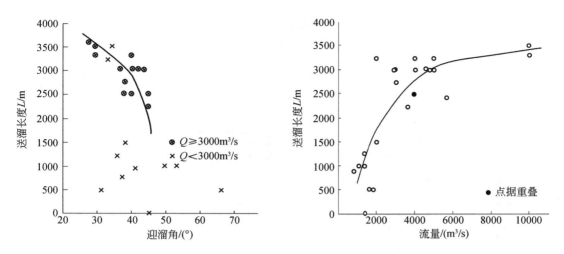

图 6-5　化工工程送溜长度与迎溜角、流量的关系

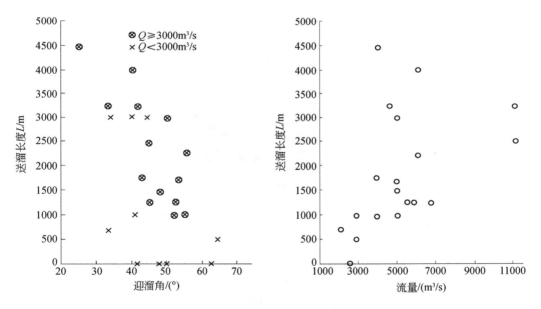

图 6-6　裴峪工程送溜长度与迎溜角、流量的关系

程设计中，尽量避免曲率半径过小而形成较大迎溜角的情况是必要的，若因河道边界条件所限，亦应采取填湾等措施加以解决。

其他试验结果还表明，最大冲深一般发生在大洪水期或中水长期下泄过程中，尤其在不利的前期地形条件下，再遇到低含沙大洪水，坝前淘刷更为严重。如在 2000 年地形经 1961～1964 年水沙系列冲刷后的基础上，遇到"82·8"放大型洪水，赵沟和裴峪两工程最大冲深均达 17m 以上，中水（$Q=4000\text{m}^3/\text{s}$，$S=200\text{kg/m}^3$）过后，赵沟、化工工程前

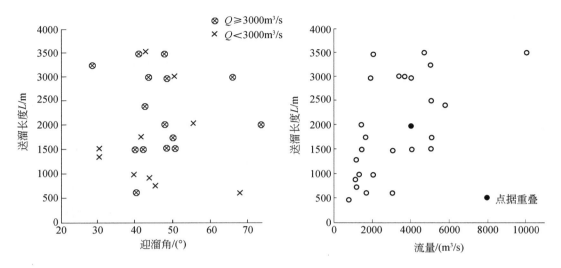

图 6-7　大玉兰工程送溜长度与迎溜角、流量的关系

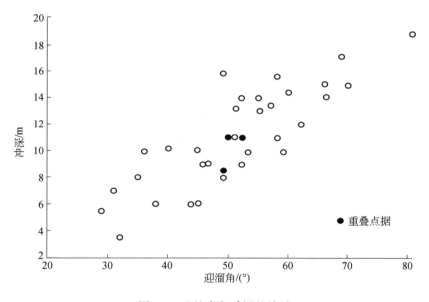

图 6-8　迎溜角与冲深的关系

的局部冲深也可达 15m 左右。在小浪底水库拦沙运用后期或进入正常运用期，出现这类水沙系列组合的可能性还是有的，因此，在工程的平面设计中应考虑这种可能性，除优化平面设计外，因该河段特殊的地形因素，还应有相应的防险措施。

图 6-9 为温孟滩河段 20 世纪 80 年代中期以来实测和试验的曲率与流量的关系，可以看出，工程限制性较强的河段仍具有随流量减小，河槽弯曲程度迅速增加的特性，即在试验流量级范围内，在工程相对配套及趋于完善的情况下，河槽平面变化仍有"大水趋直、

小水坐弯"的现象。由此也说明，在小浪底水库拦沙运用下泄中小水流量清水期，在河宽范围内仍会出现坐弯现象，若工程长度和密度达不到一定要求，外移钻裆出险的概率依然存在。所谓"钻裆"是指若两坝裆距过大，横河顶冲时，部分主溜钻入坝裆造成坝基及连坝坍塌的险情（水利部黄河水利委员会，1995）。

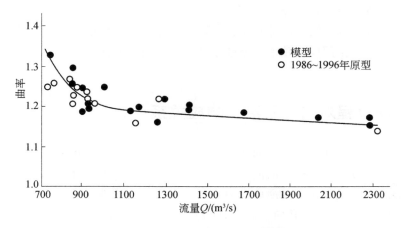

图 6-9　温孟滩河段曲率与流量的关系

与温孟滩移民安置区河段的河势相比，下游河段工程密度较低，其河势变化是相当剧烈的。图 6-10 为 T19 组次整治工程不完善河段沙鱼沟工程附近河势变化情况。

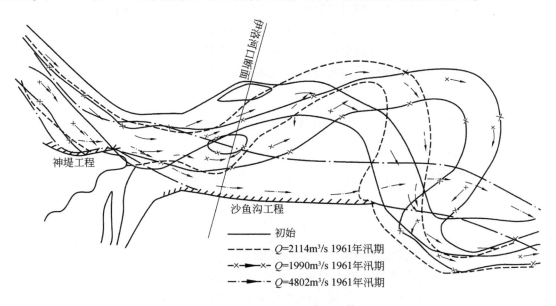

图 6-10　沙鱼沟工程附近河势

试验初始，沙鱼沟前发育有一个半径较大的弯道，因小水作用时间较长使曲率半径缩小；其后施放较大流量时（但时间不长）将弯顶进一步向下游推进，使弯顶下游河流方向偏转向上游形成畸形河弯；在又一个洪峰到来时（ $Q=4802\text{m}^3/\text{s}$ ）水流自动裁弯取直，主流紧靠沙鱼沟工程下行。T20 组次驾部工程河段的河势由于缺乏配套的工程体系，自 1969 年 3 月初至 1969 年 8 月，河势上提下挫、坐弯横摆非常严重，驾部工程前河走"S"弯，工程弯段脱河，迎溜段、送溜段靠河迎溜，且入工程的河湾顶点坐至驾部工程上游滩地，主流直接顶冲工程上首，抄后路之险很大。至 1971 年 7 月，驾部工程河段的河势变得十分散乱，水流宽浅多汊，河道沙滩众多，河面展宽塌滩，流势摆动不稳。由此表明，对于游荡型河道来说，上游河段的整治并不能改变下游河道的游荡性，应对整个游荡型河道进行统一整治。

6.1.5 河床过程对河道整治的响应关系

河床过程是指在水沙两相流与河床边界条件相互作用下，冲积型河流河床形态调整的一种物理状态。通过这一过程，河流将力求塑造出与来水来沙条件和河床边界条件相适应的河床几何形态，并生成相应的河型。河床过程不仅是河流地貌学的主要研究领域，而且自 20 世纪中叶以来，以钱宁和周文浩（1965）的《黄河下游河床演变》著作为标志，其已成为河床演变学研究的重要课题之一。其后，钱宁等（1987）、张瑞瑾（1961）、许炯心（1996，2001）、陆中臣等（1991）都曾根据不同的理论体系和方法，针对黄河下游游荡型河道的河床演变问题，开展了大量的研究工作，而且大多都把水沙过程及河床物质组成等因素影响下的河床形态调整及河型变化作为主要研究内容之一。

然而，关于黄河下游游荡型河道河床形态及河型演变对河道整治响应关系的研究还较缺乏。为此，以黄河温孟滩河段河道整治方案试验为基础，基于河流动力学的理论，通过实体模型试验及实测资料分析的途径，重点研究黄河下游游荡型河道整治与河床横断面几何形态、水力比降及河型调整之间的关系，预测河床几何形态、河型变化和河道泄洪输沙能力的变化趋势。

6.1.5.1 河槽横断面形态调整的响应关系

1）调整机理分析

由水流连续方程、曼宁阻力公式、水流挟沙力公式和横断面河相关系 $\zeta=\sqrt{B/H}$ 联解可知

$$\zeta=K_0 B^{1.25}\left(\frac{\omega}{Q^3}\right)^{0.25}S^{2.5} \tag{6-2}$$

式中，K_0 为系数；B 为河槽平滩宽度，与边界物组成及河道整治条件等有关；ω 为悬沙沉速；Q 为流量；S 为含沙量。可以看出，冲积型河流河槽的几何形态是与河流系统的动量输入和能耗边界约束有关的，任何一种因子发生变化，河槽几何形态都会做出相应的调整。进一步而言，对于具有人工整治作用的河道，决定河槽断面形态调整的主要有两类因子集，一是人为作用约束集，可记作 $\{x|M\}$，二是水沙因子集，可记作 $\{y|f\}$。人为作用约束集主要包括河道整治边界元素，水沙因子集主要包括来水（Q）来沙（S）及河床物质组成（D）等元素。两类因子集具有各自的独立作用，但其共同作用决定了一定的河

槽断面形态。或者说，河槽断面形态的调整过程相当于在一定程度的人工整治作用下，将一组投入要求（来水来沙）转化为产出（塑造断面形态）的过程。因而，根据集合原理，可将河槽横断面形态进一步写为一般函数关系：

$$\zeta' = Mf(Q, S, D) \tag{6-3}$$

式中，ζ' 为横断面形态参数；M 为人工形成的河道边界约束条件，作为独立变量的函数；f 为水沙因子函数。实际上，两类因子集中各项元素均随时间 t 而变化。对式（6-3）加以求导，并认为在某一时段内，床沙组成相对变化不大，取黄河下游河道整治设计流量为 $5000\mathrm{m}^3/\mathrm{s}$，则可得到关系式：

$$\frac{\Delta\zeta'}{\zeta'} = \frac{\Delta M}{M} + \varepsilon\left(1 - \frac{Q_i}{5000}\right) + \varphi\,\frac{\Delta S}{S} \tag{6-4}$$

式中，ε、φ 分别为水、沙因子对河槽形态调整影响的弹性系数。可以看出，河槽断面形态的调整与人工边界约束程度、流量变差及含沙量变差有关。随河道边界约束强度、流量变差和含沙量变差的增加，河槽断面形态的调整幅度也越大。以下将重点探讨河道整治边界约束条件对河槽横断面形态的影响。

2）河道整治工程对横断面几何形态的影响

黄河下游游荡型河道河床横断面呈复式形态，按其过水断面划分，可分为河槽和滩地两部分，其中河槽包括深槽（主槽）及嫩滩两个断面，滩地分为滩唇和二滩两个子断面（图 6-11）。中水以下流量水流主要在河槽内行进，河槽是行洪输沙的主要通道。

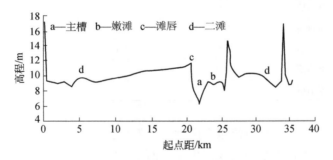

图 6-11 黄河下游游荡河段横断面形态示意图

试验观测表明，随河道整治工程量增加，水流摆动范围减小，水流相对集中，河槽断面形态趋于窄深方向发展。对于短时期水沙过程下的横断面形态可用宽深比（$\sqrt{B}/H$）参数表征。如表 6-11 所示，在相同水沙条件及床沙物质组成条件下，河道整治前后各断面的宽深比（$\sqrt{B}/H$）均发生较大变化。在工程整治后，无论是 1961～1964 年水沙系列，还是 1969～1973 年水沙条件，断面宽深比都明显减小，如下古街至裴峪河段，断面宽深比减小了 30%～77%。显见，人工约束强度大小对断面形态的调整具有很大影响。河槽断面形态的这种调整趋势主要是整治工程对水流的约束作用使断面流速在同样水沙条件下增大所致。表 6-12 是河道整治前后，在同一水沙过程下代表断面垂线最大平均流速的对比，可以看出，河道整治后，各断面流速均有不同程度的增大，增幅在 15% 左右。而且，根据李贞儒（1998）的研究，河道整治后断面流速的增加主要发生在离工程头部不远的河道中间，水流动力轴线相应发生转移。就是说，河道整治后对流速沿横向分布改变的结果，是加强了断面中泓部的水流强度，这样，必然有利于水流的冲刷下切作用，使断面易于趋向窄深形态发展。

表 6-11　河道整治前后宽深比对比

试验水沙	工程情况	不同断面宽深比（$\sqrt{B}/H$）				
		下古街	花园镇	马峪沟	裴峪	大玉兰
1961～1964 年	整治前	20	10	17	12	
	整治后	10	7	4	5	9
1969～1973 年	整治前		26	31	26	
	整治后	14	6	7	9	15

表 6-12　河道整治前后相同水沙条件下断面垂线最大平均流速

流量级（m³/s）	工程情况	断面垂线最大平均流速/（m/s）			
		逯村	花园镇	开仪	裴峪
3000	整治前	1.90	2.25	1.99	2.00
	整治后	2.10	2.70	2.23	2.43
5000	整治前	2.42	2.86	2.80	3.10
	整治后	2.68	3.30	3.52	3.76
7000	整治前	2.57	3.22		3.98
	整治后	2.91	3.94		4.29
10 000	整治前				4.12
	整治后				4.63

宽深比的减小将意味着平滩流量有所增大。例如，各组次试验结果统计，位居整治河段的裴峪断面的宽深比较未整治河段孤柏嘴断面小 10%～44%，而前者平滩流量较后者增加 30% 以上。

根据清水流量级试验（T13～T16）断面及河势演变过程分析，在清水或低含沙水流条件下，对于具有工程约束的河段，过流断面的调整过程基本遵循"展宽+下切—下切—下切+局部河段展宽"的模式。例如，在 T13～T16 组次的第二级流量 $Q=3000\mathrm{m^3/s}$ 时，其河宽和断面深泓点分别较第一级流量 $Q=1000\mathrm{m^3/s}$ 增加了 190m 和 0.8m，至第 3 级 $Q=4000\mathrm{m^3/s}$ 时，河宽已基本稳定，与第二级相同，但断面呈平行下切或底部展宽下切之势。第四级流量 $Q=3000\mathrm{m^3/s}$ 结束时，断面深泓点进一步下降，较 $Q=4000\mathrm{m^3/s}$ 约低 1.2m，另外，局部河段的水面宽有所增加，如裴峪工程出流后主溜外摆坐湾，水面展宽，平面呈放射状，在大玉兰工程上首，试验结束时流量 3000m³/s 时的水面较上一级流量 4000m³/s 宽约 200m。

根据经小浪底水库调节后 1969～1973 年水沙系列的 T20 组次试验分析，上游修建水库以后河流做出的断面调整是一个比较复杂的过程，绝不是直线演进式的。运用初期的第一年，断面调整非常明显，展宽下切同时进行，如流量分别在 857.7m³/s 和 877.2m³/s 的基本相同条件下，断面宽度由初始的 350m 到当年汛末 9 月增加到 550m，断面深泓点下降约 1m。

在进入 1969 年汛末以后，断面下切变得相对明显，如 9 月的河床平均高程较 3 月下降了 1m 左右，深泓点也下降 1m 多。在第二年汛期，断面再次展宽，如 1970 年 7 月末流量为 812m³/s 时的河宽为 500m，至 8 月初流量涨至 2213m³/s 时，断面向左岸展宽达 300m 左右。到 8 月末期，断面调整开始以下切为主，较 1969 年汛期平均下降约 2.5m，比试验初始断面刷深约 4m。同时，断面侧向淤积，水面变窄，水面宽已变化不大，在 500 ~ 650m 调整。

经 1969 年、1970 年的较大幅度调整后，断面已相对比较稳定，尤其是河宽基本上保持在 650m。自 1972 年以后，断面平均深度较前期的升降范围也明显减小，河床平均高程基本上稳定在 105.0 ~ 105.5m，主要表现为断面底宽增加，形态趋于窄深矩形。

6.1.5.2 河道整治后河床纵向形态的调整

1）河床纵向冲淤特点

对于一定物质组成的河段，河床冲淤调整除与水沙条件有关外，还受制于人工的约束条件即河道整治工程的影响。例如，河道整治后，过流断面尤其是中水过流断面束窄，主流摆动范围减小，水流相对集中，流量增大，将会改变河床演变的趋势。

由 1969 ~ 1973 年水沙系列试验的河段历年沿程累积冲刷量分布来看（图 6-12），以第一年的冲刷量最多，且累积分布曲线斜率基本为一常数，说明各河段的冲刷比相差不大。其他年份的累积曲线均在 1969 年的下方，且累积冲淤量逐年减少。其中 1973 年的月均流量较 1972 年大，故在孤柏嘴以上河段，前者的累积冲刷量较后者稍大，但从整个试验河段而言，累积冲刷量基本相同。由此可见，随冲刷历时增加，河段历年的冲刷量减少得非常明显（图 6-13）。

另外，平均而言，除 1969 年以外，其他年份神堤以上河段的冲刷量累积曲线的斜率较下游河段为大，表明温孟滩河段的冲刷量较下游河段多，如 1972 年下游河段的累积冲刷量沿程减少，即河床发生淤积。

2）纵比降的调整

在明渠均匀流情况下，水面比降可以作为河床纵比降的水力学特性的反映。试验表明，河道整治后，在河床横断面形态重新塑造的同时，水面比降亦发生相应调整，但不同河段的调整程度是不一致的。由表 6-13 所列小浪底水库拦沙运用期 1969 ~ 1973 年试验水沙系列的观测结果可以看出，水沙过程初期，在花园镇以上，由于低含沙水流由山区峡谷河段进入下游沙质游荡型河段后，沿程发生冲刷，且随下游床沙沿程变细，试验河段内的冲刷量沿程递增，因而，水面比降明显调陡，由 2.44‰增至 3.20‰；花园镇至神堤河段水面比降稍有变缓，但调整不大，且沿程冲刷强度较稳定，基本上属平行下切。在小浪底水库拦沙运用期冲刷 5 年后，铁谢至花园镇比降增至 3.80‰，较初始增加了 55.74%；而花园镇至神堤河段为 2.00‰；神堤以下未整治河段则处于不断来回调整的过程中。陆中臣等（1991）的研究表明，黄河下游低含沙水流冲刷阶段，比降的调

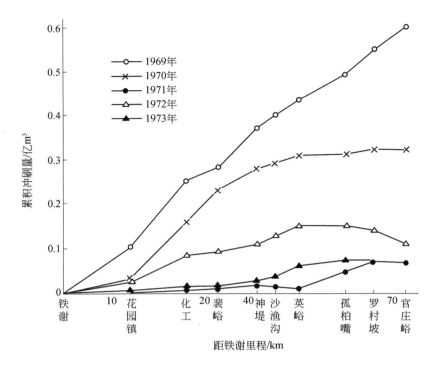

图 6-12　1969～1973 年历年沿程累积冲刷量

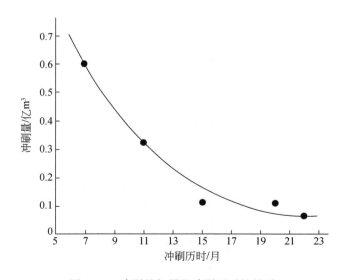

图 6-13　冲刷量与累积冲刷历时的关系

整幅度不大，纵剖面以近于平行下切的形式调整。但由上述试验结果分析知，在试验条件下，低含沙水流冲刷阶段的比降调整还是比较明显的，而且这种"平行下切"的特征是有一定条件的。

表 6-13 不同河段历年平均水面比降

时间	平均水面比降/‰		
	逯村	花园镇	开仪
1969 年 3 月	2.44	2.30	2.26
1969 年 9 月	3.28	2.17	2.48
1970 年 9 月	3.35	2.06	2.23
1971 年 9 月	3.70	2.02	2.37
1972 年 9 月	3.77	2.02	2.19
1973 年 9 月	3.80	2.00	1.97

由表 6-13 还可看出，比降沿程变化呈现出上段陡、中段缓、下段陡的总趋势，形成这种现象的原因主要有两方面：一是河流地貌条件的差异，二是河道整治的作用。首先，在天然条件下，铁谢至花园镇河段属于由砂卵石河床向沙质河床的过渡段，河床比降较陡，多年平均约为 3.4‰，而其下至牛口峪河段河床比降较缓，为 2.8‰左右，因而，在均匀流条件下，花园镇以上河段的平均水面比降也将会陡于其下河段同流量的平均水面比降。其次，对于长度为 L 的河段，水流总能耗率 E 可表示为

$$E = L\gamma QJ \tag{6-5}$$

式中，J 为水流比降；γ 为水体容重。由此求得单宽能耗率为

$$\frac{\mathrm{d}E}{\mathrm{d}B} = L\gamma \left(Q\,\frac{\mathrm{d}J}{\mathrm{d}B} + J\,\frac{\mathrm{d}Q}{\mathrm{d}B} \right)$$

式中，B 为水流宽度。对该式改写，并依据最小能耗原理（Yang，1971；Yang and Song，1979）有

$$Q\,\frac{\mathrm{d}J}{\mathrm{d}x}\,\frac{\mathrm{d}x}{\mathrm{d}B} + J\,\frac{\mathrm{d}Q}{\mathrm{d}B} = 0 \tag{6-6}$$

式中，x 为沿水流方向的距离；$\frac{\mathrm{d}x}{\mathrm{d}B}$ 为河流缩窄率。显然，在河床物质组成条件下，对于整治河段，由于过流宽度缩窄，$\frac{\mathrm{d}Q}{\mathrm{d}B}$ 和 $\frac{\mathrm{d}x}{\mathrm{d}B}$ 都会增大，那么，为使式（6-6）成立，则必有 $\frac{\mathrm{d}J}{\mathrm{d}x}$ 减小，即水流动力比降 J 减缓。而对未整治河段，河槽由于不受人为控制约束，横向可动性强，水流散乱，$\frac{\mathrm{d}Q}{\mathrm{d}B}$ 和 $\frac{\mathrm{d}x}{\mathrm{d}B}$ 均会减小，那么必有 $\frac{\mathrm{d}J}{\mathrm{d}x}$ 增大，即水流动力比降 J 变陡。这就是在同期同流量条件下，神堤至牛口峪未整治河段的比降较花园镇至神堤整治河段的比降为陡的机理所在。

另外，从对应时段床沙中值粒径的沿程变化看（表 6-14），在整治河段内，花园镇、裴峪断面的床沙逐年粗化，而在未整治河段的官庄峪断面，床沙基本上处于细化过程。由此表明，试验过程中，整治河段处于冲刷状态，而未整治河段则处于淤积状态，必有表 6-14 的观测结果。

表 6-14　不同断面历年床沙中值粒径

断面	历年床沙中值粒径/mm					
	1969 年 3 月	1969 年 9 月	1970 年 9 月	1971 年 9 月	1972 年 9 月	1973 年 9 月
花园镇	0.25	2.29	0.45	0.42	0.42	0.45
裴峪	0.23	2.27	0.35	0.31	0.35	0.40
官庄峪	0.22	0.23	0.22	0.20	0.21	0.20

河床比降的调整过程在一定程度上可以反映出河势的稳定状况。根据河流能量平衡方程：

$$E = \gamma (QJ' + Q_{横} J'') \tag{6-7}$$

水流纵向能坡 J' 与横向能坡 J'' 的调整亦应处于一种相对稳定的过程。式中，$Q_{横}$ 为横向水流的流量。由表 6-13 可以看出，在工程整治相对完善的河段内，尽管不同河段比降调整的幅度不一样，但分别保持各自的调整方向，也就说明该河段的河势是较为稳定的；而下游神堤至牛口峪未整治河段的比降调整方向不稳定，水面比降时有增大时有减小，表明该河段河床处于冲淤交替、主流摆动不定的演变过程中。

6.1.5.3　河道整治对河型转化的影响

河道整治的直接作用是加强了河道边界的约束效应，如使过流宽度缩窄、主流摆动范围减小等，由此，也就可能在一定程度上促使河型转化。温孟滩河段整治后，工程长度增加，控导工程通过防护围堤上下联结，有效行洪宽度缩窄至 2.5km 左右，显然，河道的边界控制作用大大加强，从而也就在一定程度上限制了该河段河道的游荡性。从同样试验水沙条件下整治河段与未整治河段的曲率沿程变化看，整治河段的曲率变幅较小，最大变幅不超过 0.10，全河段平均曲率约为 1.25，与黄河下游陶城铺以下两岸人工控制较严的弯曲型河段（1.21）接近；而在未整治河段，曲率变幅较大，可达 0.19~0.26。由此说明整治河段的河槽纵横向调整幅度较小，趋向于人工控制性的弯曲型方向发展，而未整治河段则较大，形态摆动仍相当剧烈。

另外，将各试验组次的横断面相关系数与黄河下游高村以下过渡型及弯曲型河段的实测横断面河相关系数（钱宁和周文浩，1965）相比可以看出（表 6-15、表 6-16），温孟滩河段整治工程体系建成后，各断面的河相关系数与高村以下趋近，整治工程不完善的河段远较其为大。由此可推知，在工程体系较完善的条件下，河型已明显趋向于弯曲型或过渡型转化。试验研究进一步表明，河道整治是否可以达到有效控导主流、改善河势，并使河型由游荡型转为弯曲型或过渡型主要取决于河道整治工程体系的布设状况，若河道整治工程平面布设不合理，治导线参数选择不恰当，即使修建了一定规模的整治工程，仍然难以达到上述整治目的。温孟滩河段的工程密度已达 90% 以上，每处工程长度均在 4km 以上，而且其河道整治工程体系的布设方案是在通过对以往大量河势观测资料分析和多组次模型试验等研究基础上加以论证确定的，从而方取得了较明显的整治效果。

表 6-15　不同试验组次河相关系数

试验边界条件	整治工程较完善				整治工程不完善	
断面	铁谢	花园镇	马峪沟	裴峪	伊洛河口	孤柏嘴
河相关系数 /(m$^{1/2}$/m)	3.68~10.72	5.00~10.00	4.00~13.60	5.03~25.71	10.00~55.09	9.32~28.89

表 6-16　高村以下河相关系数

断面名称	高村	孙口	艾山	泺口	杨房	利津	前左
河相关系数 /(m$^{1/2}$/m)	12.4	8.6	4.6	2.0	2.3	6.0	10.5

6.2　"人工转折"设计方法的应用

为研究黄河下游山东窄河段挖河减淤关键技术，开展了河工动床模型试验研究。由于研究河段较长，试验场地不能满足由优化的平面比尺所确定的模型长度的需要，因而，在模型设计中应用了"人工转折"的设计方法。

6.2.1　试验研究内容

试验研究以河道实体动床整体模型和概化模型试验为主要手段，以数学模型计算和原型观测分析作配合，研究挖河减淤机理和挖河减淤的优化水力设计参数，为制定多泥沙河流挖河的工程设计提供科学依据。主要研究内容包括：①挖沙效果影响因素分析及减少挖河段回淤量及回淤速率的研究；②在一定挖沙量的前提下，挖河长度、宽度、深度等参数的优化组合及相应减淤效果的研究。

6.2.2　模型设计

研究河段为黄河下游弯曲型河段的最下端，上起利津，下至清7（图4-5），该河段河道的冲淤不仅与河段上游来水来沙量有关，还受下游河段河床升降的显著影响。因此，模型设计较为困难，设计比尺的确定牵涉的因素多。

6.2.2.1　河道实体动床整体模型设计

1）模型设计相似条件

模型设计遵循的主要相似条件为式（3-4）、式（3-5）、式（3-16）~式（3-19）和式（2-15），其中，式（3-5）中的α取为1/3。同时，也要满足式（3-12）、式（3-13）的限制条件。

2）模型比尺设计

（1）几何比尺。

根据试验要求及场地限制条件，取模型平面比尺 $\lambda_1 = 500$，垂直比尺 $\lambda_h = 55$，几何弯率 $D_t = 9$。

根据有关学者（李保如，1992；张瑞瑾等，1983；窦国仁等，1978；李保如，1991）提出的变率适宜判别标准分析，所选几何比尺是合适的，可以达到良好的二度相似程度，保证模型过水断面上约有80%的流区的流速场与原型基本相似，同时亦可满足式（3-12）和式（3-13）的要求。

（2）模型沙比尺。

原型河道由粒径较细的沙质土壤组成，水流作用下易冲易淤，为保证所选模型沙能同时满足悬移相似及起动相似的要求，一般应选用比重和凝聚力较小的轻质沙。根据以往成功的模型试验经验，模型选用郑州热电厂粉煤灰作为模型沙。

床沙粒径比尺：利用计算与试验相结合的方法确定床沙粒径比尺，即首先确定原型与模型的起动流速，从而推估床沙粒径比尺。

含沙量及冲淤量时间比尺：在黄河下游河道动床实体模型含沙量比尺设计中，张红武等（1994）近年经过研究，依据其提出的水流挟沙力公式计算，认为取含沙量比尺 λ_s 为2左右比较合适，并在不少动床实体模型试验中得到应用。屈孟浩（1981）在开展黄河下游某河段的动床实体模型试验中取用含沙量比尺 $\lambda_s = 5$。

考虑到本模型模拟河段的具体情况，参考上述不同专家的取值范围，作为初选，取含沙量比尺 $\lambda_s = 3.5$。实际上，通过有关水流挟沙力公式的计算，证明该值是有一定可选性的。

根据韩其为（1980）提出的水流挟沙力 S_* 公式：

$$S_* = 0.00014\gamma_s \left(\frac{V^3}{\frac{\gamma_s - \gamma}{\gamma} gh\omega} \right)^{0.92} \tag{6-8}$$

含沙量相似比尺为

$$\lambda_{s_*} = \lambda_{\gamma_s} \frac{\lambda_V^{2.76}}{(\lambda_{\frac{\gamma_s - \gamma}{\gamma}} \lambda_g \lambda_h \lambda_\omega)^{0.92}} \tag{6-9}$$

取 $\lambda_g = 1$，将有关比尺代入可得

$$\lambda_{s_*} = \lambda_s = 3.38$$

若选黄河干支流水流挟沙力公式：

$$S_* = 1.07 \frac{V^{2.25}}{h^{0.74}\omega^{0.77}} \tag{6-10}$$

得含沙量比尺为

$$\lambda_{s_*} = \lambda_s = \frac{\lambda_V^{2.25}}{\lambda_h^{0.74} \lambda_\omega^{0.77}} \tag{6-11}$$

将有关比尺代入得

$$\lambda_{s_*} = \lambda_s = \frac{7.4^{2.25}}{55^{0.74} \times 1.41^{0.77}} = 3.55$$

可见，依据上述公式求得的估算值与拟选值非常接近。当然，$\lambda_s = 3.5$ 仅为初估值，选择是否合适，仍须通过验证试验进一步论证或调整。

冲淤时间比尺为

$$\lambda_{t_2} = \frac{\lambda_{\gamma_0}}{\lambda_s} \lambda_{t_1} = \frac{2.0}{3.5} \times 67 = 38.3$$

作为初选，拟取 $\lambda_{t_2} = 40$。

3）"人工转折"设计

"人工转折"设计按第 4 章的方法进行。

4）比尺总汇

表 6-17 为模型设计得到的主要比尺总汇。按所选定的比尺，根据原型河道边界、水沙条件的平均特征值，可以得到相应的模型特征值（表 6-18）。

表 6-17 主要比尺汇总表

比尺名称	比尺数值	依据	备注
水平比尺 λ_l	500	根据场地需要	h_m 能满足式（2-17）要求
垂直比尺 λ_h	55	根据场地需要	
流速比尺 λ_V	7.4	式（3-4）	
糙率比尺 λ_n	0.65	式（3-5）	
沉速比尺 λ_ω	1.41	式（3-17）	
悬移质泥沙粒径比尺 λ_d	1.0	按 G. G. Stokes 公式计算	
床沙粒径比尺 λ_D	2.5	试验确定	
起动流速比尺 λ_{V_c}	7.13 ~ 7.70	基本满足式（3-4）	
扬动流速比尺 λ_{V_f}	7.03 ~ 7.59	同上	
含沙量比尺 λ_s	3.5	根据有关挟沙力公式计算，并参考以往试验及预备试验结果	最后由验证试验确定
干容重比尺 λ_{γ_0}	1.93	$\lambda_{\gamma_0} = \gamma_{0_p} / \gamma_{0_m}$	
河床变形时间比尺 λ_{t_2}	40	式（3-19）	

表 6-18 模型特征值汇总表

名称	数值	备注
模型长度/m	105	
主槽平均宽度/m	1.0 ~ 1.5	
平均水深/cm	1.8 ~ 10.0	
平均流速/(m/s)	0.108 ~ 0.4	开展验证试验时，还依据原型实测资料，对模型沙的级配进行配合
主槽糙率	0.013 ~ 0.0215	
床沙中值粒径/mm	0.025 ~ 0.03	
悬移质泥沙中值粒径/mm	0.017 ~ 0.020	

5) 模型验证试验

验证试验水沙条件包括两类，一是汛期中等洪水流量过程，二是非汛期流量过程，分别为：①汛期中水流量洪水过程的验证水沙条件选用利津站"92·8"洪水过程，初始边界条件为 1992 年汛前实测地形。②将利津站 1988 年 10 月至 1998 年 11 月的实测概化流量过程作为非汛期的验证水沙条件，初始地形按 1988 年汛后实测断面制作，流量 300m³/s 以下概化为断流。

该项试验研究分两阶段进行：第一阶段主要是针对黄河下游窄河段挖河启动工程进行的，其模拟长度为利津至 CS37 断面，原长度约为 50km，模型按原型河道走势布设；第二阶段主要是结合"九五"国家科技攻关计划项目、国家重点基础研究发展计划（973）项目及黄河下游窄河段第二期挖河试验工作进行的，根据需要对模型进行了下延。由于场地长度所限，用"人工转折"方法下延。因而模型验证试验也是分两个阶段进行的：第一阶段为利津至 CS37 断面的验证；第二阶段为利津至清 7 断面，主要是验证转折下延的相似性问题。验证试验结果表明，模型设计是基本合理的，可较好地满足悬移质输沙率相似（图 6-14），满足汛期及非汛期水沙条件下的水流阻力相似（图 6-15、图 6-16），满足水流流态相似（图 6-17）。表 6-19 为相应的河床冲淤变形验证结果。

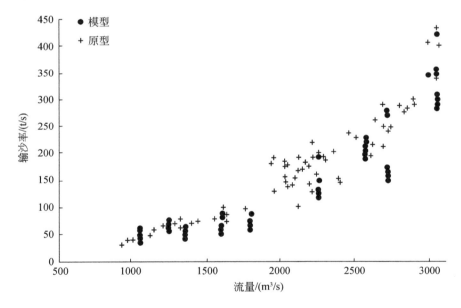

图 6-14　"92·8"洪水原型、模型沿程输沙率与流量关系

表 6-19　"92·8"洪水冲淤量验证结果

断面	断面间距 L/m	原型冲淤量 /万 m³	模型冲淤量 /万 m³	原型累积冲淤量/万 m³	模型累积冲淤量/万 m³	相对误差 /%
利津				0.00	0.00	
王家庄	9.14	−705.61	−840.88	−705.61	−840.88	19.17

续表

断面	断面间距 L/m	原型冲淤量 /万 m³	模型冲淤量 /万 m³	原型累积 冲淤量/万 m³	模型累积冲 淤量/万 m³	相对误差 /%
东张	5.98	-325.31	-189.27	-1030.92	-1030.15	-0.07
章丘屋子	6.64	50.13	79.02	-980.79	-951.13	-3.02
1 号坝	5.73	-3.72	16.90	-984.51	-934.23	-5.10
前左	4.10	-22.76	-1.84	-1007.27	-936.07	-7.07
朱家	3.76	75.95	64.07	-931.32	-871.40	-6.43
渔洼	5.58	130.01	94.86	-801.30	-776.54	-3.09
6 断面	5.31	-92.39	-84.69	-893.70	-861.24	-3.63
CS37	1.19	-42.66	-39.39	-936.36	-900.62	-3.82

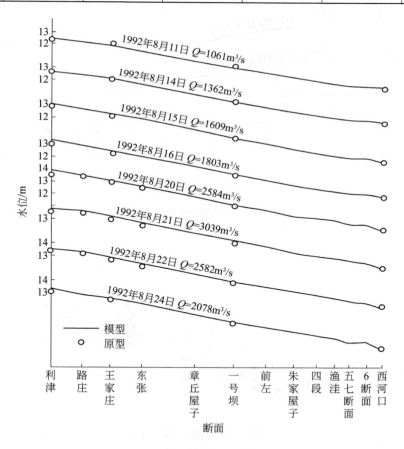

图 6-15 汛期验证试验水面线

总之，模型设计是合理的，可以基本满足水流阻力、河床冲淤、输沙等方面的相似要求。关于"人工转折"设计的验证详见第 4 章。

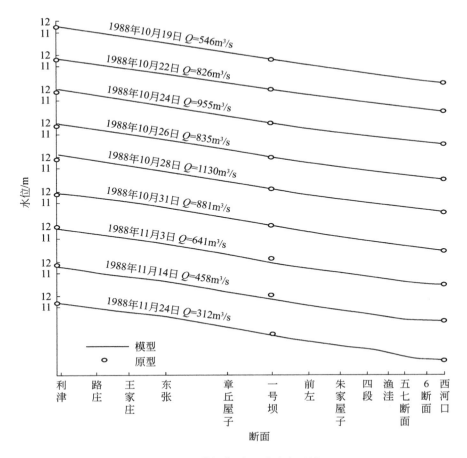

图 6-16 非汛期验证试验水面线

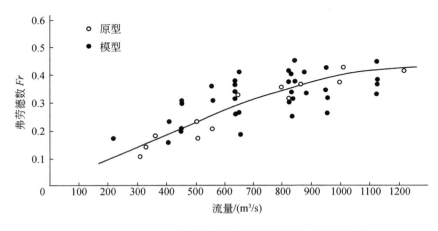

图 6-17 "92·8" 验证试验水流弗劳德数与流量的关系

6.2.2.2 概化模型设计

根据研究内容要求，除开展了利津至清 7 河段的整体动床实体模型试验外，还开展了小比尺短河段大变率的概化模型试验。考虑到与动床整体模型模拟河段的一致性，经分析比较，最后确定将王家庄至渔洼断面长约 30km 的河段作为概化模型模拟的河段。在该河段内，共有王家庄、东张、章丘屋子、前左、朱家屋子及渔洼 6 个测验大断面。根据场地及研究内容要求，水平比尺选为 1200，垂直比尺选为 50，模型变率为 24。设计的概化模型相似比尺见表 6-20。

表 6-20　概化模型主要相似比尺汇总

相似参数		符号	比尺值
模型沙特性	重率比尺	λ_{γ_s}	1.25
	水下重率比尺	$\lambda_{\gamma_s-\gamma}$	1.47
几何相似	平面比尺	λ_l	1200
	垂直比尺	λ_h	50
水流运动相似	流速比尺	λ_V	7.07
	流量比尺	λ_Q	424264
悬沙运动相似	沉降比尺	λ_D	1.44
	粒径比尺	λ_d	0.99
	含沙量比尺	λ_s	2.50
	冲淤时间比尺	λ_t	136
床沙运动相似	沉降比尺	λ_ω	1.44
	粒径比尺	λ_D	1.02

率定试验表明，概化模型设计可以较好地满足河床冲淤相似和水流阻力相似（姚文艺等，2003）。

6.2.2.3 数学模型设计

根据黄河下游河床特性及泥沙冲淤特性，建立了复式河床断面水动力学数学模型，该模型为准二维、非平衡输沙、非恒定流数学模型。数学模型的设计及其验证详见姚文艺等（2003）的研究。

6.2.3　试验及计算方案

6.2.3.1 河道实体动床模型试验方案

1）试验水沙条件及地形条件

河道实体动床模型试验的基本地形条件以 1997 年汛后的地形为河床初始边界条件，

按不同的方案开挖断面。基本水沙条件有两种：①1995 年 10 月 9 ~ 28 日非汛期水沙过程（流量大于 400m³/s）；②1993 年汛期概化水沙过程。汛期水沙过程属于窄瘦型的含沙量较高的中常洪水。

2）试验组次

为对比分析挖河效果，试验共设计两大类别，即"不开挖类别"和"开挖类别"。两个类别共设 9 个研究对比方案（表6-21），共20 个不同放水组次。对于开挖类别组次的设计，除在原型挖河固堤工程方案的试验组次中，开挖断面按设计的确定外，其他组次中的开挖断面尺寸、开挖河槽长度的选择均按在一定的挖沙量（338 万 m³）的条件下进行组合。挖沙量 338 万 m³ 是考虑到近年挖河固堤工程实施方案的平均情况而拟定的。

表6-21　河工动床模型试验组次

编号		水沙条件	初始地形	试验类别
T1	T1-1	1995 年 10 月 9 ~ 28 日非汛期水沙过程	1997 年汛后实测大断面，动床	不开挖
	T1-2	1993 年 7 月 24 日至 8 月 17 日洪水	T1-1 水后地形、动床	不开挖
	T1-3	1993 年 7 月 24 日至 8 月 3 日洪水	1997 年汛后实测大断面，动床	不开挖
T2	T2-1	T1-1 水沙过程	在 1997 年汛后大断面基础上按山东黄河河务局设计院设计的挖河固堤启动工程开挖断面挖槽，动床	开挖
	T2-2	T1-2 水沙条件	T2-1 水后地形，动床	开挖
T3	T3-1	1998 年 6 月 6 ~ 21 日实测日均水沙过程	同 T2-1	开挖
T4	T4-1	T1-3 水沙过程	在 1997 年汛后地形基础上，按 150m×2m、长度 11.25km 挖槽，比降 0.9‰，动床	开挖
	T4-2	T1-3 水沙过程	在 1997 年汛后地形基础上，按 300m×1m、长度 11.25km 挖槽，比降 0.9‰，动床	开挖
	T4-3	T1-3 水沙过程	在 1997 年汛后地形基础上，按 200m×1.5m、长度 11.25km 挖槽，比降 0.9‰，动床	开挖
T5	T5-1	T1-3 水沙过程	在 1997 年汛后地形基础上，按 200m×2.3m、长度 7.32km 挖槽，比降 0.9‰，动床	开挖
	T5-2	T1-3 水沙过程	在 1997 年汛后地形基础上，按 200m×1.5m、长度 11.25km 挖槽，比降 0.9‰，动床	开挖
	T5-3	T1-3 水沙过程	在 1997 年汛后地形基础上，按 200m×1.8m、长度 15.65km 挖槽，比降 0.9‰，动床	开挖

编号		水沙条件	初始地形	试验类别
T6	T6-1	T1-3 水沙过程	在 1997 年汛后地形基础上，按 150m×2.3m、长 11.25km 挖槽，比降 0.37‰，动床	开挖
	T6-2	T1-3 水沙过程	在 1997 年汛后地形基础上，按 150m×2m、长度 11.25km 挖槽，比降 0.9‰，动床	开挖
	T6-3	T1-3 水沙过程	在 1997 年汛后地形基础上，按 150m×1.7m、长 11.25km 挖槽，比降 1.43‰，动床	开挖
T7	T7-1	概化流量 $Q=500$、1000、1500、2000、2500、3000m³/s，含沙量 $S=0$	1997 年汛后地形，定床	不挖河
	T7-2	概化流量 $Q=500$、1000、1500、2000、2500、3000m³/s，含沙量 $S=0$	在 1997 年汛后地形基础上，按 150m×2.5m、长 13.33km 挖槽，比降 1.0‰，动床	开挖
	T7-3	$Q=1500$m³/s，$S=36$kg/m³	在 1997 年汛后地形基础上，按 150m×2.5m、长 13.33km 挖槽，比降 1.0‰，动床	开挖
T8	T8-1	$Q=1500$m³/s，$S=36$kg/m³ 水沙过程循环施放	1999 年挖河固堤工程设计方案，开挖段为义和庄至朱家屋子，挖长 9.3km，平均挖宽 125m，深度 1.60m。另对下游进行疏通，疏通量 68.29 万 m³	开挖
T9	T9-1	1995 年 10 月 9~28 日，1993 年 7 月 24 日至 8 月 17 日水沙过程	在 1997 年汛后地形基础上，分别按 200m×2.5m、150m×2m、100m×2m 断面开挖河槽，挖槽长 11km	开挖

在挖河影响因素研究中，分别设置了三个挖槽比降组次、三个挖槽长度组次和三个挖槽形态组次。为进一步了解挖槽回淤过程和回淤速率，还分别设置了定床清水和浑水的试验组次。不同试验组次的挖槽河段均以前左以上 0.5km 为起始断面，按设计长度向下游开挖。

6.2.3.2 概化模型试验方案

利用概化模型分别开展了定床清水和动床浑水两类试验。

1）清水试验方案

清水试验进行了 10 个组次，分别采用 500m³/s、1500m³/s、3000m³/s 三种流量级，挖槽宽度的变化分为 100m、200m、300m 三种，深度分为 1m、2m、3m 及 4m 四种，长度分为 5km、10km 及 15km 三种，挖槽比降分为 1‰ 及 2‰ 两种，共 10 个组合方案。

2）浑水试验方案

浑水试验方案是在清水试验方案的基础上，增加了泥沙影响因素，共进行了 13 个组次的试验，其水流条件及挖槽尺寸与清水试验相似。流量级分别为 500m³/s、1500m³/s、

$3000\text{m}^3/\text{s}$，挖槽长度分别为 5km、10km 及 15km，挖槽床面比降分别为 1‰及 2‰，含沙量为 $15\text{kg}/\text{m}^3$、$38\text{kg}/\text{m}^3$、$75\text{kg}/\text{m}^3$ 及 $200\text{kg}/\text{m}^3$。考虑到与整体动床模型试验结合分析，在水沙条件的组合中也选取了 1993 年汛期水沙过程。

考虑到试验的目的主要是研究挖河减淤机理，河床的淤积变化为主要分析对象，因此，各流量级的放水历时均按 1993 年汛期洪水总沙量进行控制，即按拟定流量级的输沙率进行推求，如当流量为 $3000\text{m}^3/\text{s}$、含沙量为 $75\text{kg}/\text{m}^3$ 时，按 1993 年汛期试验概化水沙过程的输沙量 1.94 亿 t 推算，放水历时为 1.76h，原型约为 10d。

在动床和定床的组次设计中，主要分别考虑了挖槽长度、宽度、深度、比降及流量、含沙量的不同组合，而未将挖沙量作为一个恒定因素。

6.2.3.3 数学模型计算方案

根据河道实体动床模型试验方案，数学模型计算中，挖河的初始断面亦选为距一号坝较近的前左，按不同挖河段长度，向下游开挖。计算河段为利津至丁字路口，全长约 83km，接近清 7 断面。

1）进出口水沙条件

进口水沙条件选两个过程：一是与动床模型相同的利津 1993 年汛期第一场洪水（即 T1-3）过程；二是利津 1998 年 6 月 6 日至 6 月底的汛前枯水段及汛期第一场洪水，其水量为 34 亿 m^3，沙量为 1.49 亿 t，最大洪峰流量为 $2400\text{m}^3/\text{s}$，最大含沙量为 $75\text{kg}/\text{m}^3$。出口水位由丁字路口的水位与流量关系确定。

2）计算组次

计算组次同表 6-21 的 T4～T6。

6.2.4 挖河减淤机理及关键技术试验研究

6.2.4.1 挖河减淤机理分析

1）挖沙减淤比定义

为表征挖沙减淤效果，本研究将挖沙减淤比作为其表征参数。

在以往的泥沙问题研究中，并没有挖沙减淤比的概念。本研究定义挖沙减淤比为相对同一基准面，在相同水沙条件及河道工程边界条件下，与不挖河相比，挖河后研究河段的泥沙净增减量（包括因水流溯源冲刷及挖河减少的河床泥沙量）相对挖沙量的比例，即相当于减少单位淤积量所需的挖沙量。据此，可将挖沙减淤比表示为

$$\beta=\frac{W_{\text{Sd}}}{W_{\text{S}}-W'_{\text{S}}} \tag{6-12}$$

式中，W_{Sd} 为挖沙量；W_{S} 为挖河前研究河段冲淤量；W'_{S} 为挖河后研究河段冲淤量。当 $W_{\text{S}}=W'_{\text{S}}$，说明挖河后的淤积量与挖河前的淤积量是相等的，床面上减少的泥沙量就等于挖沙量。若记挖河后在开挖河段的上游河段可能产生的溯源冲刷量为 W_{Su}，沿程淤积量为 W'_{Su}，开挖河段的回淤量为 W_{Sb}，则上述定义可表示为图 6-18。对于同一个起始边界条件而言，

图中 W_{Su} 为挖河段上、下游可能产生的冲刷量，W_{Su}' 为淤积量，W_{Sb} 为挖河段相对于挖河后边界条件下的回淤量。按挖沙减淤比的定义，W_S' 应为

$$W_S' = W_{Su}' - W_{Su} - (W_{Sd} - W_{Sb}) = W_{Su}' + W_{Sb} - W_{Su} - W_{Sd} \tag{6-13}$$

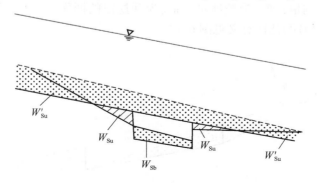

图 6-18　挖河前后河段冲淤示意图

令 $W_S'' = W_{Su}' + W_{Sb} - W_{Su}$，$W_S''$ 即是研究河段在同样水沙条件下，相对于挖河后边界条件下的淤积量，或者说是挖河工程实施后在某一时段内的淤积量。很显然，所谓"在黄河河道挖个坑，一场洪水就填平"的淤积量是指 W_S' 中 W_{Sd} 的这一部分，并不是式（6-12）中的 W_S'。即使 $W_{Sb} = W_{Sd}$，$W_{Su} = 0$，则 W_S'' 也只是等于 W_{Su}'，仍然小于 W_S。定义中的 W_S' 应该在 W_S'' 的基础上再减去挖沙量 W_{Sd}，若用挖河后研究河段实测的淤积量 W_S'' 来计算减淤量，还应加上挖沙量 W_{Sd}，此时，挖沙减淤比应写为

$$\beta = \frac{W_{Sd}}{W_S - W_S'} = \frac{W_{Sd}}{(W_S - W_S'') + W_{Sd}} \tag{6-14}$$

或写为

$$\beta = \frac{W_{Sd}}{W_{Sd} + W_S + (W_{Su} - W_{Su}' - W_{Sb})} \tag{6-15}$$

可以分析出 $\beta \leqslant 1$。

在挖沙量一定的前提条件下，由式（6-14）可知，影响 β 值的关键因素是 W_S''，而 W_S'' 的大小又与挖河断面的尺寸，或者说与回淤量 W_{Sb} 和冲刷量 W_{Su} 有关。若挖河前微小时段 Δt 内，研究河段进口断面的含沙量为 S_0，出口断面的水流挟沙力为 S_{*0}，流量为 Q；挖河后在同样水沙条件下，由于开挖河段改变了河道边界条件，出口断面的水流挟沙力调整为 S_{*c}，则任意时段内 $(W_S - W_S'')$ 可写成

$$W_S - W_S'' = \int_{t_1}^{t_2} [S_0 - S_{*0} - (S_0 - S_{*c})] Q dt = \int_{t_1}^{t_2} Q(S_{*c} - S_{*0}) dt \tag{6-16}$$

由式（6-14）和式（6-16）可以看出，挖沙减淤比是时间的函数。在挖沙量不太大的情况下，随着河床形态的自动调整，当研究河段各断面的水流挟沙力逐渐趋于挖河前的挟沙力时，$W_S - W_S''$ 将趋于 0，β 趋于 1，此时挖河减淤的效果将消失。

2）挖河后河床调整机理分析

定义挖河后在一定河段、时间及水沙条件下，研究河段实际净减少的泥沙淤积量与挖

沙量的比值为减淤效率，即

$$\eta = \frac{W_{Su} + W_{Sd} - W_{Sb} - W_{Su}^{'}}{W_{Sd}} \qquad (6\text{-}17)$$

式中，W_{Su} 为溯源冲刷量；W_{Sd} 为挖沙量；W_{Sb} 为开挖段的回淤量；$W_{Su}^{'}$ 为非挖河段淤积量；η 为减淤效率。各符号的几何意义见图6-19。

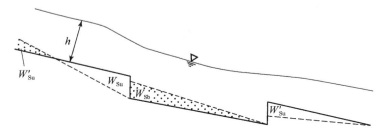

图6-19 挖河后河道冲淤示意图

由式（6-17）知，$\eta > 1$，说明包括挖沙量在内的全河段总的减淤量大于挖沙量，即 $W_{Su} > (W_{Sb} + W_{Su}^{'})$；$\eta = 1$，说明全河段总的淤积量与冲刷量相等，或河段减少的泥沙量就等于挖沙量。

将式（6-15）代入式（6-17）可得

$$\eta = \frac{1}{\beta} - \frac{W_S}{W_{Sd}}$$

实际上，W_S / W_{Sd} 表示了挖河强度，即当 $W_S / W_{Sd} = 1$ 时，表明挖沙量相当于在某一时段内研究河段上的冲淤量，W_S / W_{Sd} 越小于1，表明挖沙强度越大。令

$$\alpha = \frac{W_S}{W_{Sd}}$$

则

$$\eta = \frac{1}{\beta} - \alpha \qquad (6\text{-}18)$$

显然，在挖沙强度一定时，要提高减淤效率，就需要减小挖沙减淤比 β 和增大挖沙量。当挖沙强度一定时，以 β 为自变量，对式（6-18）求导得

$$\frac{\mathrm{d}\eta}{\mathrm{d}\beta} = \frac{1}{\beta^2} \qquad (6\text{-}19)$$

可知，随 β 的增加，减淤效率 η 的递减率将随 β 的平方级数而变化。因此，挖沙减淤比对减淤效率影响很大。由式（6-19）知，要提高挖沙减淤效果，就要力求减少挖河后的回淤量 W_{Sb}。因此，减少开挖段的回淤量对提高减淤效率是最为重要的。不过，挖河以后，由于河床边界条件的变化，在一定的水沙条件下，必然在挖河段产生一定的回淤，同时在挖河段上、下游发生一定的冲刷。为尽量减少在开挖段的回淤量，提高挖河减淤效果，需要从能量的角度分析河床演变的内在规律。

对于单位时间内的浑水水流，其能量损失 E_S 为

$$E_\mathrm{S}=\gamma(1-S_V)QJ_\mathrm{S}+\gamma_\mathrm{S}S_VQJ_\mathrm{S}$$

式中，S_V 为体积比含沙量；γ 和 γ_S 分别为浑水水流和泥沙的容重；J_S 为浑水比降；Q 为流量。

那么，沿程能量损失率为

$$\frac{\mathrm{d}E_\mathrm{S}}{\mathrm{d}x}=\gamma Q\left[\frac{\gamma_\mathrm{S}-\gamma}{\gamma}J_\mathrm{S}\frac{\mathrm{d}S_V}{\mathrm{d}x}+\left(1+\frac{\gamma_\mathrm{S}-\gamma}{\gamma}\right)\frac{\mathrm{d}J_\mathrm{S}}{\mathrm{d}x}+\left(1+\frac{\gamma_\mathrm{S}-\gamma}{\gamma}S_V\right)Q^{-1}J_\mathrm{S}\frac{\mathrm{d}Q}{\mathrm{d}x}\right]$$

式中，x 为距离。

若流量沿程不变，则有

$$\frac{\mathrm{d}E_\mathrm{S}}{\mathrm{d}x}=\gamma Q\left[\frac{\gamma_\mathrm{S}-\gamma}{\gamma}J_\mathrm{S}\frac{\mathrm{d}S_V}{\mathrm{d}x}+\left(1+\frac{\gamma_\mathrm{S}-\gamma}{\gamma}S_V\right)\frac{\mathrm{d}J_\mathrm{S}}{\mathrm{d}x}\right] \tag{6-20}$$

考虑到河口段含沙量大于 200kg/m³ 的洪水出现概率很小，$(\gamma_\mathrm{S}-\gamma)\,S_V/\gamma$ 一项的值相对较小，如按 200kg/m³ 含沙量考虑，忽略 $(\gamma_\mathrm{S}-\gamma)\,S_V/\gamma$ 产生的相对于 $1+(\gamma_\mathrm{S}-\gamma)\,S_V/\gamma$ 一项的误差仅约 10%，因而，可忽略式（6-20）中 $\frac{\gamma_\mathrm{S}-\gamma}{\gamma}S_V\frac{\mathrm{d}J_\mathrm{S}}{\mathrm{d}x}$ 项。那么根据最小能耗理论，则有

$$J_\mathrm{S}^{-1}\frac{\mathrm{d}J_\mathrm{S}}{\mathrm{d}x}+\left(\frac{\gamma_\mathrm{S}-\gamma}{\gamma}\right)\frac{\mathrm{d}S_V}{\mathrm{d}x}=0 \tag{6-21}$$

对于冲积型河流而言，挖河后，水位的陡降必然会引起上游河段河床的溯源冲刷，若挖河所形成的 J_S 较小，其不能满足水流输移因冲刷所形成的较高含沙量，河床将通过自动调整的方式，增大比降 J_S，即 $(\mathrm{d}J_\mathrm{S}/\mathrm{d}x)>0$。由式（6-21）知，为保证该式的成立，必有 $\mathrm{d}S_V/\mathrm{d}x<0$，即含沙量沿程减小，这就是说，在开挖河槽内将会产生回淤现象。然而，为提高挖河减淤效果，又要尽量减少挖河段的回淤量，使得含沙量的沿程衰减率尽量降低。也就是说，应力求在回淤量不是太大的条件下，使挖河的比降尽快达到式（6-21）所要求的平衡状态，这就要求必须选择恰当的挖河比降。换言之，要实现上述目的，从理论上来说，就是最好能达到 $\mathrm{d}J_\mathrm{S}/\mathrm{d}x>0$。

若取水流挟沙力的表达式为

$$S_V=\kappa'\frac{V^3}{gh\omega}$$

式中，S_V 为体积百分比的含沙量；V 为平均流速；h 为平均水深；ω 为泥沙沉降速度；g 为重力加速度；κ' 为挟沙力系数。

对该式求偏微分（武汉水利电力学院，1983），得

$$\frac{\partial S_V}{\partial x}=\frac{3\kappa'V^2}{g\omega h}\frac{\partial V}{\partial x}-\frac{\kappa'V^3}{g\omega h^2}\frac{\partial h}{\partial x} \tag{6-22}$$

一维恒定的水流运动方程为

$$V\frac{\partial V}{\partial x}+g\frac{\partial Z}{\partial x}+g\frac{V^2}{C^2h}=0 \tag{6-23}$$

联解式（6-22）及式（6-23）可得

$$\frac{\partial S_V}{\partial x}=3\frac{\kappa'V}{\omega h}\left(-\frac{\partial Z}{\partial x}-\frac{V^2}{C^2h}\right)-\frac{\kappa'V^3}{g\omega h^2}\frac{\partial h}{\partial x} \tag{6-24}$$

式中，C 为谢才系数；Z 为水位。

进行整理后有

$$\frac{\partial S_V}{\partial x} = 3\frac{\kappa' V}{\omega h}\left[i_0 - J_\omega - \frac{\partial h}{\partial x}\left(\frac{V^2}{2g}\right) + \frac{4}{3}\frac{\partial}{\partial x}\left(\frac{V^2}{2g}\right)\right]$$

$$= \frac{3\kappa' V}{\omega h}\left[i_0 - J_\omega - \frac{\partial}{\partial x}\left(h + \frac{V^2}{2g}\right) + \frac{4}{3}\frac{\partial}{\partial x}\left(\frac{V^2}{2g}\right)\right]$$

$$= \frac{3\kappa' V}{\omega h}\left[i_0 - J_\omega - J_e + \frac{4}{3}\frac{\partial}{\partial x}\left(\frac{V^2}{2g}\right)\right]$$

式中，$J_e = \dfrac{\partial}{\partial x}\left(h + \dfrac{V^2}{2g}\right)$，为断面单位能量比降；$J_\omega = \dfrac{V^2}{C^2 h}$，为摩阻坡度。若记单位流程的行进流速水头为流速水头比降，用 J_V 表示，那么，在忽略二阶微量的条件下，根据棱柱体明渠流水力要素的微分关系易知

$$J_V = -\frac{\partial}{\partial x}\left(\frac{V^2}{2g}\right)$$

代入上式有

$$\frac{\partial S_V}{\partial x} = \frac{3\kappa' V}{\omega h}\left(i_0 - J_\omega - J_e - \frac{4}{3}J_V\right)$$

显然，若要 $\dfrac{\partial S_V}{\partial x} \geq 0$，则有

$$i_0 \geq J_\omega + J_e + \frac{4}{3}J_V \tag{6-25}$$

这就是为使水流挟沙力沿程不降低而要求的床面比降理论值。式（6-25）表明，为保证水流挟沙力沿程不降低，挖河床面比降应等于或大于水流为克服因边界摩擦所引起的摩阻比降、为保证水流应有的断面能坡（能量比降）及为补偿行进流速水头的坡降之和。在开挖段，一般可认为 J_V 较小，则

$$i_0 \geq J_\omega + J_e \tag{6-26}$$

不难分析，挖河条件下的沿程水头损失和水流能量坡降的调整是与挖河水力几何形态、尺寸及挖河方式等因素有关的。

J_ω 可写为

$$J_\omega = \frac{V^2}{C^2 h} = \frac{q^2}{h^3 C^2} \tag{6-27}$$

式中，q 为单宽流量；h 为过流深度。若只讨论挖槽内的水流问题，则可认为 h 为挖槽深度。

设挖沙量为 W_{Sd}，挖河长度为 L，挖槽断面面积为 f_n，相应的宽度为 B_n，挖槽深为 h_n，令断面形态由断面宽深比

$$\zeta_n = \frac{\sqrt{B_n}}{h_n} \tag{6-28}$$

描述，则可推得挖河几何形态、尺寸等要素之间的耦合关系：

$$h = \left(\frac{W_{Sd}}{\zeta_n^2 L}\right)^{1/3} \tag{6-29}$$

将式（6-29）代入式（6-27），有

$$J_\omega = \frac{q^2}{C^2}\left(\frac{\zeta_n^2 L}{W_{Sd}}\right) \tag{6-30}$$

由此可知，在单宽流量和河床边界糙率一定的条件下，对于一定的挖沙量，要使 J_ω 尽量减小，就要使开挖断面设计为窄深的。同时，在满足一定的宽深比的前提下又要尽量使挖河长度短一些。当挖河长度一定时，挖沙量不能太小，挖河断面也不能过小。开挖断面一定时，要尽可能增大挖沙量。这些因素之间显然存在着严格的制约关系。

J_e 主要取决于水流的流态。因此，要使其减小，就要尽量消除或减弱挖河河槽的"坎栏"效应，即尽量减轻挖槽尾端与原河床之间衔接处的底坎对水流的壅阻减速作用，或者说最大限度地控制壅水现象。显然，从这一点来说，对开挖段下游河段进行适当的"疏通"是很必要的，对于提高挖河减淤效果有一定作用。

6.2.4.2 挖河长度对减淤效果的影响

试验挖河长度的确定主要考虑两个因素：一是参考 1997 年和 1999 年黄河下游窄河段挖河固堤工程的设计长度，其长度分别为 11.0km 和 9.7km；二是依据黄河下游窄河段过渡段的长度。根据分析，黄河下游窄河段的过渡段河槽宽浅，水流分散，出流不畅，河道易淤，应属开挖的重点河段。经统计，利津以下过渡段的长度一般为 5~16km。因此，在河道实体动床模型试验中选取的挖槽长度方案有 7.32km、11.25km、15.65km 三个尺寸，在概化模型中选取的长度有 5km、10km、15km 三个方案。

试验及数值计算表明，挖河后，研究河段的河道纵剖面将发生大的调整，按其冲淤变化性质可将研究河段分为三个不同河段，即开挖段上游的溯源冲刷段、开挖段的回淤段以及开挖段下游的一般冲淤段。图 6-20 为河道实体动床模型 T5 试验组次三个不同挖河方案放水后的纵剖面图。可以看出，开挖段发生明显回淤，其上游河段原床面呈现溯源下降，而下游河段的床面则基本变化不大。

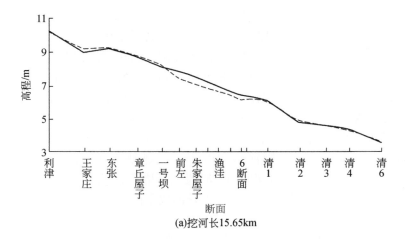

(a)挖河长15.65km

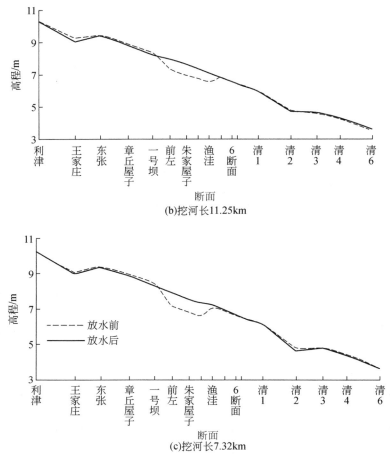

(b)挖河长11.25km

(c)挖河长7.32km

图 6-20　不同挖河长度方案河道纵剖面

　　根据上游溯源冲刷和挖槽回淤段代表断面的河底高程变化过程线分析认为，不论挖河长度大小，开挖河段的回淤及其上游河段的溯源冲刷，均在过流初期调整速率最快。也就是说，在试验水沙过程中，溯源冲刷和挖槽回淤主要集中发生在洪水的前段，而且在这一时段，开挖段越短，溯源冲刷引起的河床高程降低越少，甚至在整个试验水沙过程中，其降低都是最少的。然而，挖槽长 11.25km 和 15.65km 虽然比 7.32km 方案的下降幅度大，但两者的下降幅度相差不是太大；在回淤段，前一时段开挖段河床高程回升得也相对较慢，但是到后期，开挖段越短，则河床回升得反而越快。同时，还可以看出，挖槽长11.25km 和 15.65km 的开挖段在后期的同一时段床面抬升的高度基本接近。因而，从减少开挖段床面回升或增加上游溯源冲刷段床面下降的效果而言，挖槽长度不宜太短，但太长其作用也不会增加太明显。

　　如果用式（6-12）判断挖河的减淤效果，则可计算不同挖河长的减淤比 β，见表 6-22，从表中可以看出，在挖沙量一定的条件下，挖槽长度太短时其减淤效果不明显。例如，对于1993 年汛期第一次洪峰过程，数学模型计算和模型试验结果都表明，对于挖槽长 7.32km 的方案，其减淤比都在 0.82 以上，而其他两个方案则在 0.80 以下。总体来说，挖槽越长，减淤效果相对越好，挖沙减淤比越低。但从三个长度方案的减淤效果对比来看，长度由 7.32km 增至 11.25km 时，减淤比减小相对明显，但由 11.25km 增至 15.65km 时，减淤效果增加不太明显。

表 6-22 不同挖槽长度减淤效果模型试验及数模计算结果

分析方法	水沙条件	挖槽长度 /km	挖沙量 /万 m³	挖沙减淤比 β	回淤比 /%
动床模型试验	1993 年汛期第一次洪峰	7.32	338	0.93	65.0
		11.25	338	0.75	71.3
		15.65	338	0.72	80.2
数学模型计算	1993 年汛期第一次洪峰	7.32	338	0.82	51.8
		11.25	338	0.80	65.3
		15.65	338	0.79	61.3
数学模型计算	1995 年 10 月 9～28 日水沙过程 + 1993 年 7 月 24 日至 8 月 17 日水沙过程	7.32	338	0.96	
		11.25	338	0.90	
		15.65	338	0.84	

6.2.4.3 挖河几何形态对减淤效果的影响

挖河断面的几何形态是决定水流能耗大小的主要因素。挖河几何形态要素包括挖槽宽度 B_n、挖槽深度 h_n 及其组合因子宽深比，即 $\sqrt{B_n}/h_n$。

1）挖槽宽度 B_n 的影响

选取挖长 10km，挖槽深度分别为 1m、2m、3m 和 4m，每一挖槽深度均与挖槽宽度 100m、200m 和 300m 进行组合。

表 6-23 为挖长 10km 的条件下，挖槽宽度变化对开挖段上下游河段冲淤量的影响，从表中可以看出，对于相同的水沙条件（流量为 3000m³/s，含沙量为 75kg/m³）而言，在挖槽深度相同的情况下，随着挖槽宽度的增加，挖槽上游的溯源冲刷量也相对增加，如当挖槽深度为 4m，挖槽宽度 100m、200m 及 300m 挖槽的溯源冲刷量分别为 134.80 万 m³、300.00 万 m³ 及 344.41 万 m³；当挖槽深度为 2m 时，挖槽宽度 100m、200m 及 300m 挖槽的溯源冲刷量分别为 94.06 万 m³、164.87 万 m³ 及 149.40 万 m³。而挖槽段下游相对冲淤量随挖槽宽度的变化规律不明显。

表 6-23 挖河宽度对减淤效果的影响

概化模型试验方案号	H100210 S30	H200210 S30	H300210 S30	H100410 S30	H200410 S30	H300410 S30
挖槽深度/m	2			4		
挖槽宽度/m	100	200	300	100	200	300

概化模型试验方案号	H100210 S30	H200210 S30	H300210 S30	H100410 S30	H200410 S30	H300410 S30
挖沙量/万 m³	222.44	335.55	387.21	379.56	760.00	988.02
上游冲淤量万 m³	−94.06	−164.87	−149.40	−134.80	−300.00	−344.41
下游冲淤量/万 m³	7.61	8.90	6.61	2.03	−2.35	3.47
上游冲淤比	−0.42	−0.49	−0.39	−0.36	−0.39	−0.35
回淤量/万 m³	137.30	170.53	203.23	226.87	420.51	490.61
回淤比/%	61.72	50.82	52.49	59.77	55.33	49.66
单位挖沙量 回淤比/%	0.28	0.15	0.14	0.16	0.07	0.05

从表 6-23 的挖槽方案来看,挖槽上游冲淤比(单位挖沙量的冲刷量或减淤量)的绝对值均是随着挖槽宽度的增加先增大后减小的。因此,从溯源冲刷的角度来看,单位挖方量引起的溯源冲刷量的大小并不是随着挖槽宽度的增加呈线性变化的,而是当挖槽宽度处于某一中间值时,上游冲刷比达到最大。试验结果表明,200m 挖槽宽度相对较为合理。

从表 6-23 中还可以看出,在一定的挖槽深度条件下,同一水沙过程的挖槽回淤量随着挖槽宽度的增大而增加。例如,当挖槽深度为 2m 时,挖槽宽度 100m、200m 及 300m 挖槽回淤量分别为 137.30 万 m³、170.53 万 m³ 及 203.23 万 m³。然而,挖槽回淤比随着挖槽宽度的增加而逐渐减小。例如,挖槽深度为 2m 时,当挖槽宽度为 100m、200m、300m 时,挖槽回淤比分别为 61.72%、50.82%、52.49%。另外,挖槽深度为 2m 和 4m 两种方案的回淤比基本接近。从单位挖方量的回淤比来看,在挖槽宽度由 100m 增大到 200m 时,其值减小明显,在 2 倍左右,但从 200m 增大至 300m 时,减小已不明显,两者的单位挖方量的回淤比基本相同。在两种挖槽深度方案下,挖槽宽度从 100m 增至 200m 时,单位挖方量的回淤比减小 46.43% ~ 56.25%,而由 200m 增至 300m 时,单位挖方量的回淤比仅减小 6.67% ~ 28.57%。这一点也说明,并非挖槽越宽越好。从整个试验河段来看,当挖槽深度为 2m 时,以 200m 挖槽的回淤比相对较小,同时,上游冲淤比最大。比较挖槽深度 4m 的方案亦可看出,以挖槽宽度 200m 的方案相对较佳。

2)挖槽深度 h_n 的影响

试验方案取挖槽宽度为 100m、200m 和 300m 三个方案组,每个方案组分别包括挖槽深度为 1m、2m、3m 和 4m,挖河长度均为 10km。

试验表明,随着挖槽深度的增加,挖槽河段上游冲刷量逐渐增加。例如,当挖槽宽度为 100m 时,挖槽深度从 2m 增加到 4m,挖槽上游冲刷量从 94.06 万 m³ 增加到 134.80 万 m³。然而,单位挖沙量所引起的溯源冲刷量(冲刷比)却并非随挖槽深度的增加而呈线性增加。例如,在挖槽宽度为 100m,挖槽深度增大到 3m 时,上游冲刷比达到最大;在挖槽宽度 200m,挖槽深度增大到 2m 时,上游冲刷比达到最大。从相应的挖沙量来看,挖方量为 300 万 ~ 350 万 m³ 所引起的上游冲刷比相对最大。同时,对于挖槽宽度为 100 ~ 300m 而言,当挖槽深度为 2 ~ 3m、挖方量为 300 万 ~ 350 万 m³ 时,同时段的回淤比也是最小的,基本为 50% ~ 60%；而当挖方量小于 300 万 m^3 或大于 350 万 m^3 时，除挖槽深度为 3m 的方案外，其他的回淤比均在 55% ~ 85%。因而，在挖槽宽度一定的条件下，开挖段的回淤量是随挖槽深度的增加而增加的，这就是说，随挖槽深度增加，绝对回淤量增加。

上述分析表明，挖槽深度是影响挖沙减淤效果的一个主要因子，但不是独立因子，而是与挖沙量等因素组成了一个影响挖河减淤效果的复合因子。

3）几何形态（$\sqrt{B_n}/h_n$）的影响

将组合因子 $\sqrt{B_n}/h_n$ 作为挖河的形态变量，分析其对减淤效果的影响。

关于试验挖槽断面面积及形态的选定，参考 1997 年和 1999 年黄河下游窄河段挖河固堤工程设计方案，并考虑黄河下游利津以下窄河段过渡段长度及几何形态 $\sqrt{B}/h$ 的变化范围，在河工动床模型试验中，选取挖沙量 338 万 m^3，挖槽长度为 11.25km，挖河几何形态 $\sqrt{B_n}/h_n$ 近似取 6、9 和 17 三种。根据挖河几何形态 $\zeta_n = \sqrt{B_n}/h_n$、挖沙量及挖槽长度，可求得相应的 h_n 和 B_n，并计算出相应于三个 ζ_n 值的挖槽面积约为 150m×2m、200m×1.5m 和 300m×1m（表 6-21 中的 T4）。

试验结果表明，无论挖河形态如何，挖河段及其上游溯源冲刷河段的水面线比挖河前原河道的都低。在挖沙量 338 万 m^3 的情况下，三个方案的上游溯源冲刷影响长度均超过 2.8 倍的挖河长度，这对汛期水位表现较高的第一次洪峰有一定的防洪效果。

表 6-24 列出了挖河前原河道和挖河后三个挖河方案的试验冲淤量。从表 6-24 看出，三种方案的挖河段均是一个回淤明显的河段。但相对而言，在挖沙量一定的条件下，以宽浅开挖断面（300m×1m）的回淤量较多，其在一个洪水期的回淤比达 93.8%，而相对窄深挖槽断面的回淤比为 80.5% ~ 86.7%。同样水沙条件的数值计算也表明，以宽浅挖槽（300m×1m）的回淤比最大，为 72%，其他两个的为 65% 左右。

表 6-24 研究河段不同挖河断面形态方案的河道冲淤量

河段范围	河段冲淤特性	河段长度/km	原河道冲淤量/万 m^3	不同挖河方案冲淤量/万 m^3		
				150m×2m	200m×1.5m	300m×1m
利津—挖河始端	溯源冲刷	31.09	125	−239	−257	−271
挖河段	回淤	11.25	145	293	272	317
挖河段回淤比/%				86.7	80.5	93.8

图 6-21 为挖槽几何形态系数 ζ_n 与挖槽回淤比的关系，从图中可以看出，随着挖槽几何形态系数 ζ_n 的增加，挖槽回淤比呈现出先减小后增大的分布特征。当几何形态系数 ζ_n 较小时，挖槽回淤比随着 ζ_n 的增大而减小，但减小幅度相对较缓；当 ζ_n 较大时，挖槽回淤比随着 ζ_n 的增大而增加，而且递增的幅度相对较快，极值区域出现在 5 ~ 8，回淤比极值约为 50%。

从研究河段总的减淤量而言，以挖槽相对窄深为好，其减淤量相对较多。表 6-25 是按式（6-12）计算的三种不同试验挖河方案挖沙减淤比。可以看出，以挖槽几何形态系数 ζ_n 为 6 ~ 9 的效果较好，而挖槽 ζ_n 较大或挖槽宽浅时，减淤比较大。另外，根据数学模型计算结果，挖槽 ζ_n 为 6 ~ 9 的减淤比为 0.81 左右，而 ζ_n 为 17.3 的减淤比则为 0.82，也说

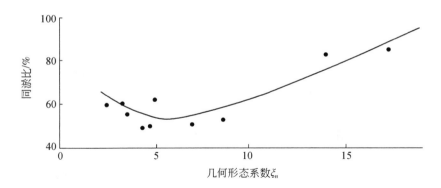

图 6-21　挖槽几何形态系数 ζ_n 与挖槽回淤比的关系

明挖槽断面形态设计为相对窄深的具有较好的减淤效果。

表 6-25　研究河段不同挖河方案挖沙减淤比

挖河情况	挖河方案	挖槽几何形态系数 $\sqrt{B_n}/h_n$	挖沙量 /万 m³	研究河段淤积量 /万 m³	计入挖沙量的挖沙减淤比
不挖河	原河道		0	385	0
挖河	150m×2m	6.1	338	274	0.75
	200m×1.5m	9.4	338	287	0.78
	300m×1m	17.3	338	310	0.82

6.2.4.4　挖槽纵比降对减淤效果的影响

河道纵比降是河流的重要水力几何要素。由于比降与流量的乘积即为单位河长的能耗率，因此比降的大小也就体现了河流能耗的水平。在自然条件下，河道纵比降表征在经过长期平均水沙条件下，河流通过自动调整所形成的一种相对均衡的纵剖面形态，其正好具有适应于上游的来水来沙过程的要求。显然，人工开挖形成的河道纵比降也存在着一个是否与天然条件下来水来沙过程相适应的问题。也可以说，挖河后由人工形成的河道纵剖面是否有利于水沙的输移下泄将直接关系到挖河减淤作用的大小。

关于开挖高程的确定，在概化模型试验中，以开挖末端（出口）断面的高程为控制点，按不同的设计比降向上游确定开挖段其他断面的高程。挖槽底坡比降分别选择了 1‰ 和 2‰ 两种。

在河道实体动床模型试验中，首先依上述方式确定 1997 年挖河固堤启动工程开挖比降 0.9‰ 的河床高程。然后，为保证在各种槽坡条件下的设计开挖量相同，在确定其他开挖坡度的沿程开挖高程时，以开挖段中心位置的断面为轴点，按比降大小上下转动河床纵剖面线，由此确定各断面的开挖高程。也就是说，对比降大于 0.9‰ 的槽坡，适当抬高开挖段首端（进口）断面的高程，同时，相应降低开挖段末端（出口）断面的开挖高程；

而对比降不大于 0.9‰ 的槽坡，按同样原理设计各断面开挖高程。试验设计的挖槽比降为 0.37‰、0.9‰ 和 1.43‰，挖河长度均为 11.25km，挖方量均为 338 万 m^3。

从表 6-26 可以看出，尽管概化模型试验和河工动床模型试验的水沙条件、开挖方式有所不同，但均表现出在不同挖槽比降下，不同河段的河槽冲淤变化趋势是相同的，即不论开挖比降大小，在开挖段均是回淤的，在开挖段的上游均是冲刷的，下游河段则有少量冲刷。然而，由于开挖方式不同，其冲淤变化趋势和幅度有所不同。对于以开挖段末端为推算开挖高程的方式，由于开挖段起始断面的高程在挖河比降陡缓时相差较多，因此河槽的冲淤调整受挖槽比降的影响较大。例如，在开挖段，明显表现出 2‰ 比降的回淤量比 1‰ 比降的为低，而在开挖段上游段的冲刷量或冲刷比也低。如果从回淤比和冲刷比的对比来看，挖河坡降 1‰ 的减淤效果相对较好。对于以开挖中间断面为轴点推算开挖高程的方式，由于随挖河比降调整起始断面高程的升降与挖河末端断面的升降是同步的，各比降对应的挖方量相同，因而河段的冲淤调整受试验挖槽比降的影响相对要小。

表 6-26 不同挖槽比降河床冲淤变化

试验方法	试验组次	试验水沙条件或试验方案	挖河比降/‰	挖槽断面面积（宽×深）/m^2	挖槽长度/km	挖沙量/万 m^3	挖河段回淤量/万 m^3	回淤比/%	上游河段冲淤量/万 m^3	冲刷比/%	下游单位长度相对冲淤量/（万 m^3/km）
水槽概化模型试验	M3	流量 3000m^3/s 含沙量 75kg/m^3	1	200×2	10	335.55	170.53	50.8	−165.17	49.2	1.62
	M5	流量 3000m^3/s 含沙量 75kg/m^3	2	200×2	10	309.74	140.23	45.3	−121.54	39.2	0.94
河道实体动床模型试验	T6	T6-1	0.37	150×(1.7~2.3)	11.25	338.00	267	79.0	−248	73.4	3.5
		T6-2	0.90	150×2	11.25	338.00	293	86.7	−239	70.7	2.3
		T6-3	1.43	150×(1.7~2.3)	11.25	338.00	282	83.4	−247	73.1	3.8

从表 6-26 来看，各河段的冲淤调整基本相近，其差异也基本在量测误差范围以内。但对整个研究河段的冲淤而言，以 0.90‰ 时减淤量相对较少，而其他两者相对较多。若就挖河减淤比而言，根据式（6-12）计算 0.90‰ 时为 0.75，而 0.37‰ 和 1.43‰ 时分别为 0.80 和 0.83，即前者在试验水沙条件下，开挖 0.75m^3 可减淤 1m^3，而后两者开挖 0.80~0.83m^3 可减淤约 1m^3。

6.2.4.5 挖河几何参数优化组合研究

1）挖河断面面积选择

在一定的挖河长度下，开挖断面的大小不仅决定了开挖段的槽蓄能力，而且也直接影响河段的过流能力和水流的集中程度。如果粗略地将河槽开挖后的过流视为一种宽顶堰的跌水形式，则不难推知，开挖断面的大小亦必将决定开挖段上游河段水位的跌落幅度及水位跌落河段的长短（清华大学，1981），从而也就影响上游河段河道的冲淤强度和挖河减淤效果。

通过 T9 组次试验，研究了在同一挖河长度、断面形态接近（$\sqrt{B_n}/h_n$ 在 5～6）、不同挖河断面面积的挖河段减淤效果。由开挖量与研究河段累积冲淤量关系可知（表 6-27），随挖河断面面积增加，开挖段朱家屋子至 6 断面河段的回淤量增加，其增加率较 6 断面以上研究河段总冲淤量为大。如果进一步分析开挖段上游河段的冲刷量，可以看出，随挖河断面面积增大，开挖段上游河段的冲刷量亦有所增加，但挖河断面面积约在 300m² 以上时，其增加率减缓。也就是说，当挖河断面面积较大时，上游河段的溯源冲刷量增加已不明显。从单位挖方量的冲刷量（冲刷比）来看（图 6-22），在挖河断面面积为 300m² 左右时，冲刷比最大，为 0.30。

表 6-27　不同挖河断面模型试验冲淤量

河段	不同挖河断面时的冲淤量/万 m³			
	不挖河	200m×2.5m	150m×2m	100m×2m
利津至朱家屋子	377.62	−123.13	−90.59	49.38
朱家屋子至 6 断面	32.60	358.52	299.19	218.38
利津至 6 断面	410.22	235.39	208.60	169.00
冲刷比	0	0.22	0.30	0.22

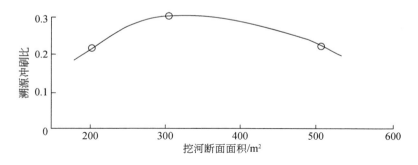

图 6-22　挖河断面面积与溯源冲刷比的关系

另外，从开挖段上游河段的溯源冲刷范围来看，开挖断面越小其距离越短，但断面过大时，距离增加也并不太明显。例如，挖河断面面积 500m² 方案的冲刷上溯范围可及东张至章丘屋子，300m² 方案也可基本到章丘屋子以上，而 200m² 方案只及一号坝工程稍上。

根据以上分析，挖河的减淤效果主要体现在开挖河段上游的溯源冲刷量。因此，为增加挖河减淤效果，就要力求上游河段的水位降落相对较多，溯源冲刷范围较长，其冲刷量相对较大。那么，从这一点来说，开挖断面既不宜过小，也不宜过大，在 250～400m² 较为合适。

至于挖河断面的形态，由前述分析可知，从减淤效果来说，断面宽深比 $\sqrt{B_n}/h_n$ 为 6～9 较好，不宜太窄深或太宽浅。

当确定了挖河断面面积 f 和挖河断面形态后，由式（6-31）即可确定挖槽深度：

$$h_{n} = \left(\frac{f_{n}}{\xi^{2}}\right)^{1/3} \tag{6-31}$$

计算挖槽深度后，根据确定的挖河断面面积，就可得出相应的挖槽宽度。如果取挖河断面面积为300m²，$\sqrt{B_{n}}/h_{n}$ 为8，那么，挖槽宽度可以取为180m，该挖槽宽度与刘月兰计算的黄河下游艾山以下窄河段疏浚槽宽200m是接近的；如果取挖河断面面积为200m² 左右，$\sqrt{B_{n}}/h_{n}$ 取为7，则可推知，$B_{n}=137$m，$h_{n}=1.45$m。

2）挖河长度选择

无论是实体模型试验，或者是数学模型计算及原型试验观测，尽管各研究途径所选取的前期地形、水沙条件及挖方量等都有一定差别，但其结果均表明，就单位挖河长度的冲刷量（单位挖河长度的开挖段上游河段的减淤量）而言，并非开挖段越长其值越大，而是在挖河长度较短时，随其长度增加，单位挖河长度的冲刷量增加，但在挖河长度超过一定值时，单位挖河长度的冲刷量反而有所降低。就平均情况而言（图6-23、图6-24），从12km以后，单位长度回淤量减少幅度明显趋缓；在10～12km，上游河段单位挖河长度的相对冲刷量较大，当挖河长度小于10km或大于12km时，都相对减小。

综合以上分析，在现有试验研究方案条件下，挖河减淤的效果以开挖段的长度在10km左右相对较佳。该长度范围与利津以下河口河段多数过渡段的长度基本上也是接近的。

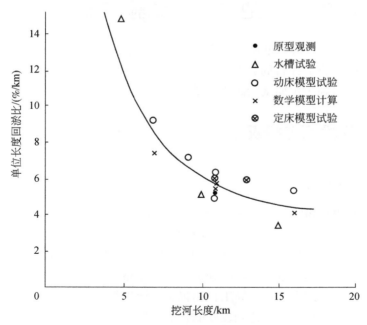

图6-23 挖河长度与单位长度回淤比关系

当然，挖河长度10km左右作为分段开挖的一个较佳长度。也就是说，若投资允许或根据改善河道淤积状况需要，需对长距离河段开挖时，可采用分段开挖的方式，为取得开

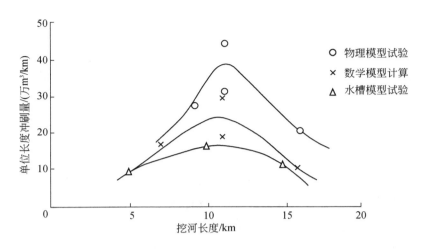

图 6-24　挖河长度与单位长度冲刷量关系

挖后的较大溯源冲刷效果，每段开挖长度应选在 10km 左右。

关于挖槽比降，根据设计流量，可参照式（6-30）确定。另外，对于黄河下游窄河段而言，由前述分析，可确定在 1‰左右较合适。

6.3　"松弛边界"试验方法的应用

结合黄河下游山东十八户至崔家河段河道整治方案研究，利用河道实体动床模型试验的方法，对河道整治的工程布局方案进行了优化。在模型试验中成功地应用了"松弛边界"的试验方法，得到了预期试验研究成果。

6.3.1　模拟河段河道概况

6.3.1.1　河段概况

黄河下游十八户至崔家河段居山东黄河弯曲型河道的末端，位于西河口水位站上游，在利津下游 38km 处。与 20 世纪 60、70 年代比，80 年代以来，十八户至崔家河段河势变化很大。自 1993 年 9 月以后，该河段的苇改闸工程全线脱河，给附近的工农业生产及生活用水造成很大困难，同时也直接影响到黄河入海流路清水沟的相对稳定。为此，山东黄河河务局规划对该河段的十八户控导工程和崔家控导工程进行续建，以增强工程的控导作用、归顺流路、改善河势。为了达到较好的整治效果，利用河道实体动床模型试验的方法对十八户下延控导工程的布局方案进行了研究和论证。

6.3.1.2　河道整治工程概况

十八户至崔家河段（图 6-25）河势易变，且影响因素较复杂，既受上游河势的影响，又与黄河河口段的河道变迁等因素有关。1969 年 9 月，在右岸桩 150+400 附近修建了十八户放淤闸。为有利于引水引沙、控制河势，于 1971 年在该闸上游左岸滩桩 146+700—148+835 增修了 6 道垛，并加固整修了原有的 4 道垛，组成了中古店控导工程。此工程分上下两段，中间留 600m 的空挡，平面布置为平顺型，由于工程长度有限，没有形成整体性，其控导作用不强。

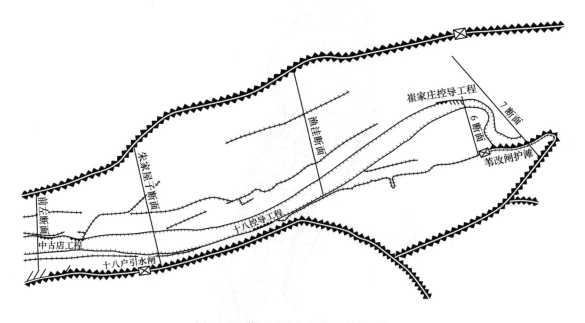

图 6-25　黄河下游十八户至崔家河段

　　1991 年汛后，为了控制十八户河湾右岸坍岸、维持西宋抽水站的安全，在十八户河湾右滩桩 154+000 上下建了 6 道坝垛（称为老十八户工程）。

　　1993 年汛期，崔家河湾坍岸，致使苇改闸工程自 1993 年 9 月 12 日以后长期全部脱河。山东黄河河务局于 1994 年、1995 年在此处修建了崔家控导工程的 9 道坝垛（14# ~ 22 #坝垛，原设计共 24 道坝垛）。一号坝—中古店工程—十八户控导工程—崔家庄控导工程—苇改闸工程的河段距离分别为 4500m、6500m、6500m、2000m。

6.3.2　模型设计

6.3.2.1　模型设计相似条件

　　根据试验要求及场地限制条件，取模型水平比尺 $\lambda_l = 500$，垂直比尺 $\lambda_h = 55$，几何变率 $D_t = 9$。经论证，在设计的几何变率条件下，模型变态的影响较小。

　　模型的平面布置见图 6-26。模拟河段长度约 50km，进口断面为利津，出口断面为 7 断面，出口水位的控制断面为西河口水位站。

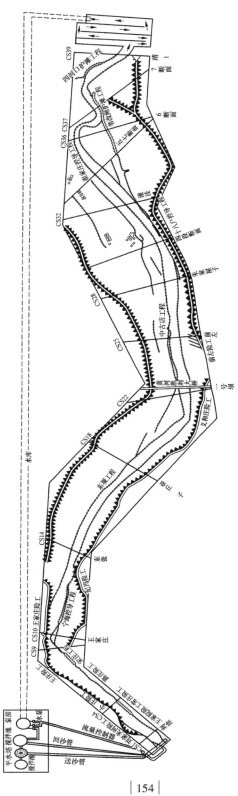

图6-26 利津至西河口河段动床模型试验平面布置图

根据前述有关章节的相关相似比尺关系的计算，得到的主要比尺汇总于表 6-28。按所选定的比尺，根据原型河道边界、水沙条件的平均特征值，得相应的实体模型特征值，见表 6-29。

表 6-28　模型主要比尺汇总

比尺名称	比尺数值	备注
水平比尺 λ_l	500	模型水深 h_m 能满足式（2-17）要求
垂直比尺 λ_h	55	
流速比尺 λ_V	7.4	
糙率比尺 λ_n	0.65	
沉速比尺 λ_ω	1.41	
悬移质泥沙粒径比尺 λ_d	1.0	
床沙粒径比尺 λ_D	2.5	
起动流速比尺 λ_{V_c}	7.13 ~ 7.70	
扬动流速比尺 λ_{V_f}	7.03 ~ 7.59	
含沙量比尺 λ_s	3.5	尚待验证试验定
河床冲淤变形时间比尺 λ_{t_2}	40	尚待验证试验定

表 6-29　模型特征值汇总

名称	特征值
模型长度/m	$L_m = 105$
主槽平均宽度/m	$B_m = 1.0 ~ 1.5$
平均水深/cm	$H_m = 1.8 ~ 10.0$
平均流速/(m/s)	$V_m = 0.108 ~ 0.40$
主槽糙率	$n_m = 0.013 ~ 0.0215$
床沙中值粒径/mm	$D_{50m} = 0.025 ~ 0.03$
悬移质泥沙中值粒径/mm	$d_{50m} = 0.017 ~ 0.020$

6.3.2.2　模型验证试验

1）验证试验水沙条件及河床边界条件

验证试验选取的水沙条件包括两类，一是汛期中水流量过程，二是非汛期的流量过程。

（1）对于中水流量洪水过程的验证水沙条件，选用利津水文站"92·8"洪水过程。该次洪水发生于 1992 年 8 月 11 ~ 27 日，历时 384h，总径流量为 29.14 亿 m³，输沙量为 2.21 亿 t，平均流量为 1845.94m³/s，平均含沙量为 76.00kg/m³。初始边界条件为 1992 年汛前实测地形。

（2）将利津站 1988 年 10 ~ 11 月的实测概化流量过程作为非汛期的验证水沙条件。对于300m³/s以下流量概化为断流。初始地形按1988年汛后实测断面制作。

验证时段内西河口水位站有较丰富的水位资料，可满足验证试验的要求。验证采用的模型悬沙、床沙级配均与原型的吻合均比较好（图6-27、图6-28）。

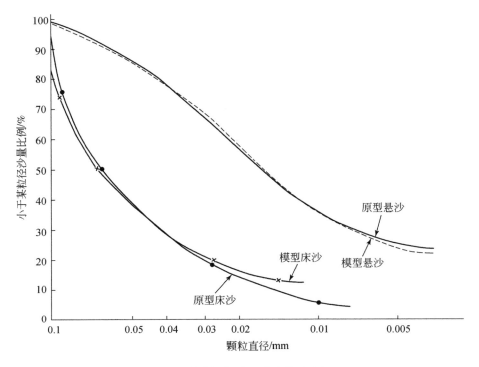

图6-27 利津汛期验证试验模型沙级配

2）验证试验结果

经选取的汛期和非汛期水沙过程的验证试验结果表明，模型设计是合理的，确定的$\lambda_s = 3.5$、$\lambda_{t_2} = 40$可较好地满足汛期及非汛期水沙条件下的水流阻力、河床冲淤变形、河型、河势、悬移质输沙等方面的相似性要求，能够进行试验研究。

6.3.2.3 模型试验初始边界条件及试验组次

1）试验内容及要求

为了改变目前十八户至崔家河段河势变化较大的不利局面，根据归顺中水河槽、控导主流、控制河势的指导思想，要求通过模型试验验证，调整十八户下延工程设计方案的平面布置形式和工程长度，使十八户下延工程在中水流量条件下（流量$Q = 1000 \sim 4000\,\text{m}^3/\text{s}$）能送溜至崔家庄控导工程的7#~9#坝段。

2）模型试验边界条件及水沙过程

（1）边界条件。对新十八户工程（即十八户下延工程）的布置共进行了4种方案的试验论证。试验前期地形均按1997年汛后实测河道断面地形资料制作，其中前3种方案中朱家屋子至CS6河段地形采用山东黄河河务局设计的挖沙固堤启动工程挖槽断面制作。

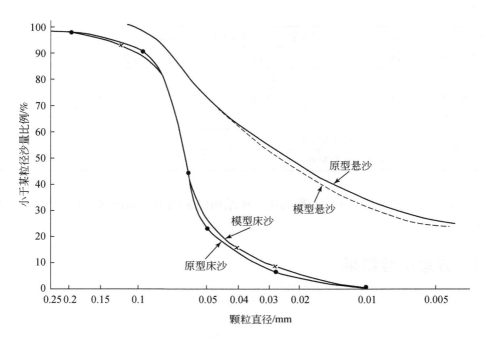

图 6-28　利津非汛期验证试验模型沙级配

新十八户工程按不同的设计方案布设，崔家庄工程按原设计布设方案，其他的工程均按现状布设。

（2）水沙过程。模型试验所选取的水沙条件为 1995 年非汛期、1993 年汛期和 1996 年汛期的水沙过程。另外，还模拟了 3360、4000m³/s 两个流量级。

（3）模型试验方案及组次。共进行了 4 个方案 7 个试验组次的试验，各试验组次的水沙、边界条件及工程布置方案概况见表 6-30。

表 6-30　模型试验方案及组次概况

试验方案及组次	新十八户工程布设方案	崔家庄工程布设方案	水沙过程
方案 I	山东黄河河务局勘测设计院设计方案	山东黄河河务局勘测设计院设计方案	1995 年非汛期
	工程长 140m	山东黄河河务局勘测设计院设计方案	1993 年汛期
			1996 年汛期
调整方案 II	（1）上延 300m	同上	1995 年非汛期
	（2）向河内平移 120~150m		1996 年汛期
调整方案 II	同上	同上	$Q=3360\text{m}^3/\text{s}$
无约束边界			$Q=4000\text{m}^3/\text{s}$
调整方案 III	下移至渔洼断面下	同上	1996 年汛期

试验方案及组次	新十八户工程布设方案	崔家庄工程布设方案	水沙过程
调整方案Ⅲ	同上	同上	$Q = 3360\text{m}^3/\text{s}$
有约束边界			$Q = 4000\text{m}^3/\text{s}$
调整方案Ⅲ	同上	同上	$Q = 3360\text{m}^3/\text{s}$
无约束边界			
调整方案Ⅳ	（1）上首位置同方案Ⅱ	同上	1996 年汛期
	（2）长度加长为2000m		

对于新十八户工程及崔家庄工程的垛、坝结构仍采用山东黄河河务局提供的原设计方案制作。

6.3.3　方案试验结果

6.3.3.1　方案Ⅰ

方案Ⅰ的工程布置见图6-29。

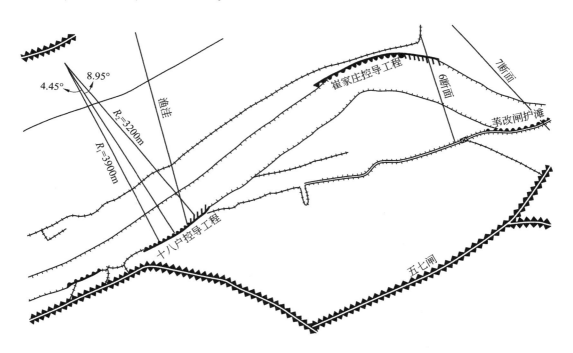

图 6-29　十八户下延工程平面布置方案Ⅰ

图中 R_1、R_2 为工程平面弯曲半径试验结果表明，按方案Ⅰ布设工程，与无控导工程情况相比，河道和主流位置变化不大。从河势来看，十八户至崔家河段深槽居右，而自渔洼以下，前期实施的挖河固堤启动工程形成的人工挖槽的位置逐渐偏离深泓、渐趋左岸。由于人工开挖的河槽河底高程低于其右边的深泓点高程，非汛期小水时渔洼以上主流趋中偏右，在渔洼以下主流基本上顺开挖河槽线路渐趋左岸下行。

尽管崔家庄工程附近人工开挖的河槽河床低于其右岸的深泓点高程，但从实测流速分布来看，断面流速呈现左右两个主流带，其中左边的主流带对应于断面高程最低的位置，右边主流带的存在显然表明了此方案布设的新十八户工程难以使水流集中下行，不能完全按治导线确定的趋势而走，原流路仍旧行水。就是说，新十八户工程的挑流作用不强，主流大部仍分居右岸，分散了左岸主流。总之，此方案的试验结果表明，经过施放 1995 年非汛期、1993 年汛期、1996 年汛期水沙过程，新十八户工程控导作用不明显，主流向右岸扩散，送溜入崔家庄工程不到位，对现行河势改善作用不大。

6.3.3.2 调整方案Ⅱ

崔家庄工程的布设仍如方案Ⅰ，新十八户工程上延 300m，送溜段向大河平移 130m。迎溜段与现状十八户平顺布置，工程弯段曲率略有增加，弯曲半径分别由方案Ⅰ的 3900m、3200m 相应减至 3050m、2200m，弯段曲率略有增加。

由试验知，汛期中水流量时，主流顺新十八户工程下行，出工程后被挑向左岸，向下行进约 500m 后渐趋右岸，至五七断面时基本走中，向下约 1km 后，主流已靠右岸，与方案Ⅰ情况相似，主流仍顶冲崔家庄工程最后 4 道坝，使工程难以起到较强的挑流作用。崔家庄工程前边滩变化不大。

从崔家庄工程前的河道流速横向分布来看，主流带仍然靠近河槽的右岸（图 6-30），表明新十八户工程挑流作用仍然不强。

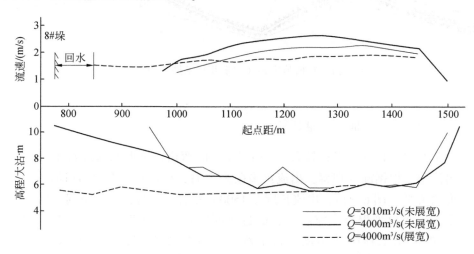

图 6-30 方案Ⅱ条件下崔家庄工程前的河道流速横向分布

6.3.3.3 调整方案 II 在松弛边界条件下的试验结果

为了进一步论证方案 II 的导流和送流效果，消除因试验水沙过程条件所限而使得模型水流造床时间短的影响，作为一种概化，应用了本研究提出的"松弛边界"（无约束）试验方法，把新十八户至崔家庄工程河段左岸滩地及苇改闸工程前的滩地顺河湾走势开挖掉（图6-31），给主流以更大的演变范围，以便充分了解新十八户工程的导流和挑流作用。根据前述计算方法进行估算，对于五七断面上下河段，左岸需"松弛"开挖展宽约100m，开挖半径2500m。松弛边界试验的水沙条件为3360m³/s和4000m³/s两个流量级过程。

试验表明（图6-31），在此边界和过流条件下，崔家庄工程前的河道流速横向分布特征仍是主流近右岸，并且在工程前出现100m宽的回水区，五七断面左岸附近存在约250m宽的回水区。主流仍顶冲至崔家庄工程最后4道坝，苇改闸工程下首5道坝着边溜，即工程的挑流作用仍不理想，主流依然走右岸，不能有效地导向左岸。这就说明，该方案下的"极值"控导作用是有限的，不能满足控导的要求。

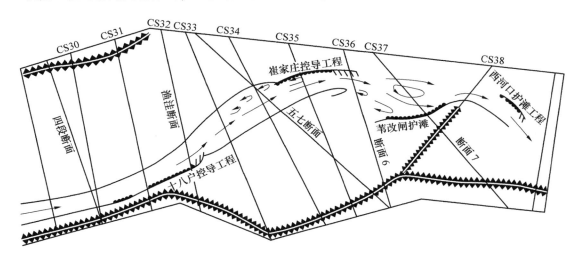

图 6-31　在松弛边界（方案 II）条件下的主流线

6.3.3.4 调整方案 III 第一组试验

由于新十八户工程处于半径较大（约15km）的弯道，因此水流经过工程一般不会形成较大的出流角，根据前期观察，出流角多在5°左右，根据利津至西河口河段工程出流角与出流长度的关系（图6-32），出流长度在1500m左右；同时，参考黄河下游河道整治的经验，减小新十八户工程至崔家庄工程的过渡河段长度，初选为河宽（500～600m）的2～3倍。即崔家庄工程维持不动，新十八户工程整体下移，距老十八户控导工程约3200m，距崔家庄工程约1200m，工程上首位于渔洼断面下游300m处。工程弯曲段由两段圆弧组成，其半径分别为3750m和2800m，相应的中心角分别为6.2°和8.1°。与方案 I 相比，此方案的工程弯曲段曲率半径有所减小，曲率有所增加。

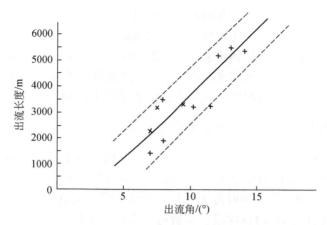

图 6-32　控导工程出流角与出流长度的关系

河道与主流位置的试验结果和计算分析结果表明，两种方法得到的结果比较一致，与无控导工程情况相比，主流位置左移。

试验的水沙条件为 1996 年汛期流量过程。与方案Ⅱ比，方案Ⅲ中水流出新十八户工程后，主流明显左移（图 6-33）。由此说明新十八户工程在调整方案Ⅲ的情况下导流作用明显增强。

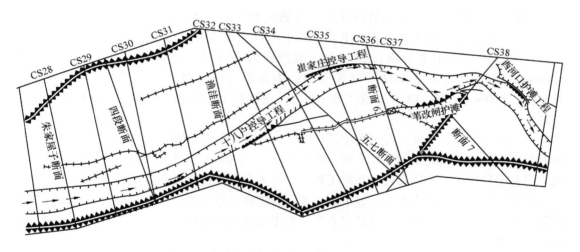

图 6-33　方案Ⅲ条件下 4000m³/s 流量时的主流线

6.3.3.5　无约束边界（松弛边界）调整方案Ⅲ第二组试验

为论证方案Ⅲ主流挑向左岸后，是否会造成崔家庄工程上首迎流段明显的抄后路现象，根据"松弛边界"试验方法，展宽新十八户至崔家庄工程河段左岸的滩约 125m，弯曲半径为 2800m。先后施放 3360m³/s 和 4000m³/s 的流量过程。试验观测到，崔家庄工程上游仍存在回水带，这与无约束边界（松弛边界）调整方案Ⅱ相似，但是与调整方案Ⅱ最大的不同在于崔家庄工程前不仅没有回水区，而且主流明显左移，居河左岸，改变了方案Ⅱ情况下主流走右岸不利于崔家庄工程上首段迎溜的局面。

试验还表明，主流可以上提到崔家庄工程的 10#～11#埽段，说明此方案中新十八户工程送流是基本到位的，同时在试验水沙条件下，在崔家庄工程上游没有出现明显的坐弯坍滩和工程上首滩地顶冲蚀退的现象，说明不会在崔家庄上首形成抄后路的形势。

6.3.3.6 有约束边界的调整方案Ⅲ的第三组试验

为进一步验证调整方案Ⅲ在中水流量长期下泄情况下新十八户工程的控导作用，在新十八户至崔家庄工程河段的右岸沿流线回填挖方，恢复原河宽，施放无约束条件下选取的 3360m³/s 的中水流量的过程，历时近 1 个月，测流表明，主流位置基本未变，而且主流顶冲崔家庄工程位置仍在 10#～11#埽段，试验进一步证明了按方案Ⅲ布置的新十八户工程送流作用较强，起到了一定的控导作用，对现状河势有所改善。由此也佐证了依据"松弛边界"试验方法进行整治方案试验是可行的。

但从新、老十八户工程的衔接方面来说，在调整方案Ⅲ的情况下，新十八户工程平面位置下移较多，新、老十八户工程间距嫌大，恐在一定的水沙条件下会有穿档之忧。为此，对调整方案Ⅲ需要作进一步改进。

6.3.3.7 调整方案Ⅳ

根据前期对十八户工程布置的 3 个方案的试验结果，又开展了第Ⅳ个方案的论证试验，该方案的工程平面布置参数如下：①新十八户工程与老十八户工程相距 700m，上首迎流段紧靠滩岸，中部导流段和下首送流段向河心顺移；②新十八户工程总长度为 2000m；③较调整方案Ⅱ增加下延 3 道坝；④新十八户工程弯道半径、中心角分别为 3600m、2800m，6.2°、13.5°；⑤工程下首坝头进河约 1/3 河宽。模型施放 1996 年汛期流量过程。

由试验结果知，在该方案下，主流出老十八户控导工程后靠右岸下行，入新十八户工程时虽没有形成较大夹角的迎溜之势，但因主流沿 2000m 长的工程下行，工程的控导作用较方案Ⅱ明显增强。主流出新十八户工程后，导入左岸，过渡段左岸滩唇有蚀退现象。入崔家庄工程后，主流较方案Ⅱ明显上提，工程着溜面逐渐增加，送溜至崔家庄工程 7#～9#埽段。在崔家庄工程以下，主流趋向右岸，右岸滩唇有蚀退现象。大流量时，苇改闸工程前滩面行水。

五七断面及崔家庄工程断面流速资料均表明，在方案Ⅳ的条件下，主流明显近左岸，而且随着左岸的蚀退，主流左移。正如方案Ⅲ所述，主流近左岸有利于崔家庄工程前滩地的蚀退现象，从而改善工程的迎溜状况。经过 1996 年汛期后，崔家庄工程前滩地有明显的蚀退现象，工程上首靠河。

新十八户工程设计参数进一步调整后，在新的布设方案下，控导作用较其他方案增强，能送溜至崔家庄工程的 7#～9#埽段，可比较有效地抑制大河出十八户工程后外摆走弯的趋势，基本达到了工程设计的预期目的。从工程的平面布设上来说，方案Ⅳ基本上符合"上平下缓中间陡"的原则，其迎溜、送溜均较平顺。

6.4　小　　结

本书所提出的河型变化段河道模型设计方法、"人工转折"设计方法和"松弛边界"试验方法，分别在黄河下游河道整治模型试验、挖河减淤关键技术模型试验中得到了应用，取得了很好的应用效果。通过试验对黄河河道整治、挖河减淤等不少应用基础和关键技术都得到了一些新的认识。

6.4.1　对河道整治的认识

（1）在工程相对配套的情况下，河槽平面变化仍有"大水趋中，小水坐弯"的现象。

（2）对于游荡型河道的整治，为适应小流量过程的长期下泄，不能单靠增加工程密度的方式，也不宜定局于大弯方案或小弯方案的格式。因此，就整治的原则性而言，只要保证适当的工程密度，视自然边界就势布弯、合理布坝、选择适宜的工程间隔距离，其效果将可能会更好，总而言之，就是"就势布弯，顺弯设坝，适当密度，疏密结合"。

（3）上游河段的整治并不能改变下游河段河道的游荡性。对游荡型河道的局部河段整治，可以改善该局部河段的游荡性，并可能会对下游河段的河势产生一定影响，但影响不会很大，并不能改变下游河段的游荡性。

（4）河槽横断面的调整与人工边界约束增加程度、流量变差和含沙量变差有关。随河道边界约束强度、流量变差和含沙量变差的增加，河槽横断面调整的幅度也就越大。

（5）长系列清水或一般含沙水量下泄河槽横断面的调整过程具有一定的规律可循，河槽横断面调整的过程基本上是"展宽+下切—下切—下切+局部河段展宽"。另外，低含沙水流冲刷阶段的比降调整不会平行下切，而是视工程约束强度不同，在不同河段的调整幅度及调整方向是不同的。

6.4.2　关于黄河挖河减淤关键技术的认识

（1）黄河下游窄河段挖河疏浚可以在一定时段及一定河段内起到一定的减淤效果，主要反映在开挖段上游河段的溯源冲刷或减淤作用的大小上。减淤效果的大小与开挖河槽的水力几何要素有关，包括挖河长度、断面形态（挖槽宽度、挖槽深度）、挖沙量、挖槽比降等。从减淤效果角度而言，开挖河槽水力几何要素的取值存在着临界阈问题。也就是说，只有在开挖长度、断面形态、断面面积和槽底比降在某一值域时，挖河的减淤效果才相对较佳。

（2）挖槽深度和挖槽宽度对挖河减淤效果的作用表现为非独立性的效应，即挖槽宽度与挖槽深度是一对耦合因子。这就是说，挖槽的断面形态对减淤效果更具有直接的影响作用，两者之间更具相对密切的函数关系。

（3）在选定的试验水沙条件和挖河断面方案下，通过分析比选，认为开挖断面面积在 $250 \sim 300 \mathrm{m}^2$、断面宽深比 $\sqrt{B_n}/h_n$ 在 $6 \sim 9 \mathrm{m}^{1/2}/\mathrm{m}$、挖河长度接近于过渡段的平均长度，即大致在 10～12km 的范围，挖槽比降接近挖河前河槽平均比降，挖河减淤的效果会相对较高。

应用"松弛边界"试验方法，对黄河下游山东河段十八户工程的下延工程平面布置设计方案进行了试验论证，对布设方案做了优化调整，提出了调整方案Ⅳ。试验表明，方案Ⅳ制定的十八户下延工程导流作用明显提高，主流出工程后趋向左岸，送溜可达到对岸控导工程迎溜段，基本达到了工程整治的预期目的。

第7章 土壤侵蚀实体模型模拟理论与技术

土壤侵蚀实体模型试验是研究土壤侵蚀规律、评价水土保持工程效益的重要方法，在土壤侵蚀研究领域越来越受到重视。然而，相对河道实体模型试验的理论与技术发展，因为土壤侵蚀过程与发生发展机理非常复杂，加之土壤侵蚀过程的降雨径流动力、侵蚀量及侵蚀床面边界的空间尺度差异大而难以协调等突出问题，土壤侵蚀实体模型试验的发展仍相对缓慢，目前还没有摸索出一套完善的相似律，至今多是采用自然模型。本章重点介绍了就目前研究提出的土壤侵蚀实体模型相似条件、试验设计方法，以及大型人工降雨系统设计与施工等相关技术，以期为土壤侵蚀实体模型的理论与技术发展提供借鉴。

7.1 模拟降雨与天然降雨的侵蚀相似性

7.1.1 问题的提出

通过模拟降雨试验可以较快地获得更多的侵蚀产沙信息，尤其是可以对某一暴雨侵蚀过程中的特殊环节进行深入细致的研究，填补天然降雨侵蚀观测资料的空缺，插补一些稀遇暴雨的侵蚀资料。天然暴雨侵蚀是水文、泥沙系统的综合反应，单一通过短时段的观测资料是很难通过对资料的分析来提供其中各因子间的相互联系的。

要实现以上目的，关键是要判断模拟降雨试验系统所得出的侵蚀过程能否代表天然降雨过程的侵蚀过程，这就是模拟降雨与天然降雨的侵蚀相似的问题。事实上，若模拟降雨与天然降雨特性有差异，那么在下垫面条件完全相同，降雨总量也相同的情况下，降雨径流侵蚀的径流量和泥沙量输出都不同。同样地，降雨过程完全相同，下垫面条件不同时，系统的径流量和泥沙量输出也不一样。在这种情况下，模拟降雨侵蚀试验系统的反应有可能完全失真。只有当模拟降雨与天然降雨特性具有良好的相似性，试验下垫面条件与参照下面垫面条件也相似时，才能保证试验资料的可靠性。试验资料才有与天然降雨侵蚀情况可比的基础。

模拟降雨应具备哪些条件才能保证其与天然降雨具有侵蚀相似性？如何模拟天然降雨侵蚀过程中的这些条件等问题这都要求对天然降雨特性进行观察分析，并观测积累一定的天然降雨侵蚀过程资料，通过合适的模拟降雨装置来实现。对目前模拟降雨径流侵蚀试验所面临这样的关键性问题，需要从模拟降雨装置的性能，到利用野外观测资料进行对比来考察和分析模拟降雨与天然降雨过程的异同，寻找模拟降雨试验与天然降雨侵蚀过程的相似性条件。为此，需要考察和分析的内容包括以下几方面：①天然降雨的侵蚀特性；②模拟降雨侵蚀过程的相似性条件；③侵蚀相似性试验技术。

7.1.2 天然降雨的侵蚀特性

7.1.2.1 天然降雨的物理特性

天然降雨的物理特性包括：

（1）总雨量，常以深度（mm）计；

（2）降雨强度及降雨历时，表达了降雨的强度变化过程；

（3）降雨的均匀性，常用式（7-1）计算：

$$K = \frac{\overline{H} - D}{\overline{H}} \times 100\% \tag{7-1}$$

式中，K 为均匀性系数，%；$\overline{H}$ 为观测面积的平均雨量，$\overline{H} = \frac{1}{n} \sum_{i=1}^{n} H_i$，其中 H_i 为观测点雨量（mm），n 为观测点数；D 为每个观测点雨量的绝对差的平均值，$D = \frac{1}{n} \sum_{i=1}^{n} | H_i - \overline{H} |$。在一般情况下，天然降雨的均匀性指标在 80% 以上。

（4）雨滴级配。

天然降雨的雨滴大小都是非均匀的，不同的降雨有不同的雨滴级配。天然降雨雨滴中值粒径 d_{50} 决定于降雨成因。研究表明，雨滴中值粒径 d_{50} 与雨强 i 有密切的关系。一般来说，雨强大，d_{50} 也大。不过，对于不同的地区，d_{50} 与 i 关系中的参数不同。Best（1951）分析了当时大量的天然降雨雨滴谱资料，拟合出雨滴谱表达式：

$$F = 1 - e^{-\left(\frac{d}{a}\right)^n} \tag{7-2}$$

式中，F 为直径小于等于 d 的雨滴体积占总雨滴体积的比例；a、n 为参数。

雨滴级配与降雨类型有关，根据分析，对于阵型降雨和普通型降雨有如下关系。

阵型降雨：

$$F = 1 - e^{-\frac{d}{3.58^{0.75} i^{245 - 0.05}}} \tag{7-3}$$

普通型降雨：

$$F = 1 - e^{-\frac{d}{2.96^{0.75} i^{254 - 0.05}}} \tag{7-4}$$

式中，i 为雨强，mm/min。

（5）雨滴中值粒径 d_{50} 与雨强 i 关系。

阵型降雨：

$$d_{50} = ki^m \tag{7-5}$$

普通型降雨也符合式（7-5）的形式，但是不同地区的系数 k 的取值有明显区别，而指数 m 差别不大，一般为 0.23~0.29。

7.1.2.2 天然降雨的动力特性

降雨动力特性主要指雨滴落速和降雨动能。

1）降雨雨滴动能

关于雨滴动能的计算，一般符合以下关系式

$$E = M + K\lg i \tag{7-6}$$

式中，E 为雨滴动能；i 为降雨强度。

此种模式是一种平均情况，对同一地区来说，降雨强度（简称雨强）相同，如果 d_{50} 不同，E 也就不同，对不同的地区来说，式（7-6）中的参数变化较大。

2）雨滴落速

观测研究表明，天然降雨雨滴落速与雨滴大小有关。由于天然降雨雨滴到达地面时均可以由加速运动进入匀速运动过程，其进入匀速运动降落到地面时的速度即雨滴终速。因此，在试验过程中，人们也主要关注于模型雨滴终速与天然降雨终速的相似性问题。天然降雨主要是由粒径为 0.125 ~ 0.5mm 的雨滴组成的，雨滴的终速主要集中在 1 ~ 5m/s，且在 1.4m/s 和 3.4m/s 处形成两个明显峰值。0.125mm 粒径的雨滴终速主要集中在 1 ~ 4.2m/s；0.25mm 粒径的雨滴终速主要集中在 0.8 ~ 5m/s；0.375mm 粒径的雨滴终速主要集中在 1 ~ 3.4m/s；0.5mm 粒径的雨滴终速主要集中在 1 ~ 4.2m/s。

7.1.2.3 天然降雨的侵蚀作用

（1）雨滴击溅侵蚀作用。当雨滴自空中落至地面时，其冲击作用不但使土壤表层变密实，而且能够使一部分土体从总体中分离出来而堆积在坡面上，成为雨滴击溅产沙，当坡面上有坡面流出现时，这些被分散的泥沙就很容易地由坡面流输出坡面进入下游沟道。雨滴击溅作用还可以扰动坡面水流，改变坡面水流的输沙能力，加大坡面流的挟沙能力。

（2）径流侵蚀作用。根据野外模拟降雨试验观测分析结果，坡面漫流往往是非均匀的且较为分散的，流向不一，往往在坡面上形成蜿蜒曲折的细沟。坡面流水深较浅且流程也较短，流速分布范围多为 1m/s 以下，从坡顶至坡脚逐渐增大。

地表径流的侵蚀作用主要表现在两方面：一是直接从地表剥离土壤颗粒。根据地表径流在坡面上的存在形式，可将其侵蚀形式归纳为两种：①面蚀，即由面流引起的剥离作用，在降雨产流时将雨滴击溅分散的泥沙输移到面流中去，同时也对地表较细的和较松散的颗粒有淘刷与剥离作用。②沟蚀，地表径流从坡顶向下逐渐将势能转化为动能，克服坡面阻力做功而产生冲刷作用，使坡面形成大小不等的细沟。在一般情况下，坡面流的流向很大程度上受坡面微地形的影响，所以坡面细沟侵蚀往往并不是一条细沟由浅至深一直贯通而下，而是在其中出现很多跌坎和交叉分开点，或交汇并入点。出现跌坎的原因是水流在向下流动的过程中，不断积蓄能量，当某位置抗蚀力小于水流的侵蚀力时，便发生冲刷，使水深加大，流速减少，然后再前进，重复此过程。径流侵蚀与降雨强度、历时、降雨过程及雨滴大小有关，还受被侵蚀下垫面的限制。

7.1.3 降雨侵蚀相似性条件

为了保证模拟降雨与天然降雨所造成的土壤侵蚀规律相似，则需要保证模拟降雨与天然降雨具有相似的侵蚀效应。流域的降雨侵蚀过程是降雨侵蚀力和土壤抗蚀力相互作用的过程。因此，降雨侵蚀相似性问题在于两方面：①模拟降雨应与天然降雨具有相似性；②模拟降雨侵蚀的下垫面条件应与所对应的天然降雨时的下垫面条件具有相似性。

7.1.3.1 模拟降雨与天然降雨侵蚀相似条件

（1）雨强及降雨历时。作为降雨侵蚀系统的输入量，雨强和降雨的时程分配是主要决定因素，决定着整个系统响应的剧烈程度和响应过程。大多计算土壤流失量的经验公式都包含雨强因素，如著名的通用土壤流失方程，就是把 30min 的最大雨强和降雨动能之积作为降雨侵蚀指标的。因此，模拟降雨必须保持与天然降雨在雨强过程和降雨历时方面的相似性。

（2）雨滴动能。如前所述天然降雨的雨滴落地时是匀速运动的，其匀速下降时的速度称为终速，取决于雨滴大小，因此雨滴动能的相似就归结雨滴大小和级配的相似。天然降雨的雨强与雨滴大小有很好的相关性。根据以上分析，模拟降雨必须有与天然降雨一致的 $i \sim d_{50}$ 关系。

（3）降雨均匀性。降雨均匀性主要指模拟降雨与天然降雨时空分布的相似性。

7.1.3.2 下垫面相似条件

下垫面是被侵蚀的对象，是影响降雨侵蚀系统的另一个重要方面。因此，对侵蚀相似试验来说，严格来说要保证试验的下垫面与被模拟的野外下垫面具有一定的相似性。下垫面的侵蚀相似性包括以下诸方面：①几何相似。下垫面的形状面积及坡度、沟壑密度等相似。②阻力相似。试验下垫面应保持与野外观测对象有相似的植被覆盖度和表面糙度。③土壤物化性质的相似。试验下垫面土壤应与野外土壤保持土壤孔隙度一致、土壤颗粒级配及密实度，土壤黏性及有机质一致，因为土壤的物化性质决定了土壤的抗蚀性及入渗特性，进而影响着土壤侵蚀与产流的相似性。④下垫面前期条件的相似性。模型与原型的前期土壤密度、级配应一致，而且含水量也必须保证一致。前期土壤含水量不仅对入渗有影响，而且对土壤的可蚀性有影响。然而，就目前的理论发展而言，要达到以上条件的完全相似实际上往往是难以做到的。

7.1.4 模拟降雨侵蚀相似性试验研究

为简化下垫面的模拟条件，本书采用较简单的矩形直坡面开展试验。

7.1.4.1 侵蚀相似性试验研究方法

被模拟的对象是西峰水土保持科学试验站南小河沟试验场天然降雨径流泥沙观测资料（1986 年 6 月 26 日及 7 月 23 日）。野外小区有两种：一个是坡长 10m，宽度为 2.0m，顺坡长方向的坡度为 3% 的小区；另一个是坡长 20m，宽度为 2.0m，坡度为 7% 的小区。3% 坡度的侵蚀小区是原状土小区，干容量为 1.33g/cm³，7% 坡度的侵蚀小区是回填小区，扰动土干容重为 1.45g/cm³。

根据对坡面侵蚀机理分析的认识，分别把不同的因素作为试验研究的侧重点，拟定如下试验方案：①雨强过程相同。②雨滴动能相同，降水量相同，雨强过程不同，即动能法。③在一定的前期条件下，按径流量相同的原则控制试验进程。④在一定的前期条件下，按侵蚀量相同的原则控制试验进程。⑤在一定的前期条件下，按径流量、侵蚀量变化过程相同的原则控制试验。

对于第一种方案，一般认为只要雨强过程相同，试验的结果就能近似代表天然降雨的侵蚀效应。该方案强调了降雨过程的一致性，虽然模拟的与被模拟的下垫面的土质完全相同，但地表的情况总是有差异的，更主要的是土壤前期水分状况及容重的差异，这是径流量和侵蚀量明显不同的主要原因。另外，雨滴击溅对坡面产流产沙影响是不可忽略的，尤其是小坡度和坡面面积较小时更不能忽略击溅的作用。

对有植被和无植被及不同坡度情况的试验表明，模拟降雨侵蚀试验的总径流量和侵蚀量都能达到与天然降雨的径流量和侵蚀量的基本一致。该法的要点是模拟降雨侵蚀小区的前期水分状况应与被模拟的天然观测小区同期的水分状况一致。根据模拟区域的天然降雨的雨强和动能关系：

$$e = 26.98 i^{0.177} \qquad (7\text{-}7)$$

和模拟降雨装置的 $e\text{-}i$ 关系：

单机工作时：

$$e_1 = 14.55 i_1^{0.649} \qquad (7\text{-}8)$$

双机工作时：

$$e_2 = 12.45 i_2^{1.639} \qquad (7\text{-}9)$$

式中，i、i_1、i_2 均为雨强，mm/min。

由动能相等的原则，可求得天然降水量与模拟降水转换关系。

单机工作时：

$$i_1 = 2.59 i^{0.273} \qquad (7\text{-}10)$$

双机工作时：

$$i_2 = 3.35 i^{0.277} \qquad (7\text{-}11)$$

由此关系式，根据天然降雨过程的时段雨强，可以求出单机工作、双机工作时的模拟降雨雨强，再按时段降水量一致的原则，定出模拟降雨的时段，这样模拟降雨过程的试验方案就确定了。

按径流量相同的准则进行试验，则须首先定出试验小区在不同前期条件（如土壤干容重、土壤湿度和表土结皮状况，地表粗糙度等）下的雨强-雨量-径流系数之间的关系。

对于第四、第五种方案，需要事先率定出试验小区在不同前期条件下的降雨径流和产沙量关系。

7.1.4.2 影响模拟降雨侵蚀试验相似性的其他因素

土壤侵蚀是一个复杂的地表塑造过程，暴雨侵蚀是侵蚀的主要营力，而它的作用过程也往往是很复杂的。要保证模拟降雨与天然降雨的侵蚀具有相似性，除上述探讨的因素外，还有一些因素也是非常重要的。

（1）下垫面前期条件。在无人类活动作用时，当降雨特性能较好模拟时，下垫面在雨前的条件（如土壤干容重、土壤前期含水量、表层土壤结皮或松散程度、地表粗糙度等）

就显得相当重要。在降雨过程相同时，下垫面的前期土壤含水量直接影响下垫面的产流量及产沙量。试验结果表明，表层土是否结皮，对下垫面的产流量影响极大。在相同的降雨条件下，土壤干容重不同，下垫面的产流量和产沙量也有很大差异（表 7-1）。

表 7-1　不同干容重下模拟降雨径流侵蚀量

雨强 /（mm/min）	不同干容重下侵蚀量/kg			不同干容重下径流量/m³		
	1.5g/cm³	1.4g/cm³	1.3g/cm³	1.5g/cm³	1.4g/cm³	1.3g/cm³
2.25	13.23	15.48	16.73	0.618	0.498	0.498
1.49	20.0	3.00	6.75	0.436	0.309	0.365
0.82	0.68	1.12	1.42	0.263	0.196	0.254

前期土壤含水量的大小影响着土壤入渗速度。雨前土壤含水量小，入渗率大，入渗率的变化也大；相反，雨前土壤含水量高，入渗小，产流期的初损量较小，径流系数也较易控制。

（2）对造峰流量雨强的控制。产沙量往往主要发生在暴雨强度最大的时段，因此，当造峰流量控制好了，其径流量和产沙量的相似就较容易达到。

在模拟中只要控制好造峰流量，就抓住了径流过程的关键，解决了径流总量模拟与实测值相一致的主要矛盾。同时，大流量时，含沙量往往也较高，控制了造峰流量，也抓住了主要产沙段，从而也为实现泥沙量的一致性奠定了基础。

7.2　小流域土壤侵蚀实体模拟相似关系

前述相关章节简述了有关相似性的理论问题，基于土壤侵蚀试验的特殊性，以下对相似性的一般问题再做必要的补充介绍。试验研究的概念和方法当属达·芬奇所最早提出（苏木，2018），其中关于模拟试验从牛顿至今也有 300 多年的历史了。直到 20 世纪 40 年代，由苏联学者吉尔比切夫（М. В. Кирпичев）院士补充了相似第二定理后，其理论开始趋于不断完善。事实上，自从 1848 年法国科学院院士别尔特兰（J. Bertrand）提出相似第一定理以来，这门学说就开始在方程分析及因次分析方向发展。一方面，苏联曾一度领先，另一方面，欧洲也曾走在前面。而最先把方程分析法应用于河工模型试验的是苏联学者蔡克士大（А. П. Зегжда），从此这门技术有力地推进了现今水力模拟试验技术的发展。在农业水土工程领域，Mamisao（1952）通过因次分析推导了佛汝德定律的无因次参数。

从广义上讲，模型是对一种物理现象的状态或过程的简化表述，可区分为相似模型和非相似模型。相似模型是指所有的相似参数都与原型的相似参数存在一定的关系，这些参数是由一个或几个模型比尺决定的。而非相似模型是指不能满足上述要求或仅能个别部分满足的模型，这样的模型又叫描述性或定性模型。与我们生产实践关系是最为密切的是水流运动引起的各种工程问题，可以定义：水力模型是指模拟一般工程、水利工程、农业水土工程特别是这些工程所涉及工程流体力学中的流动过程、流动状态和流动现象的物理模型或实体模型。

水力模型的范围包括水利工程农田工程或工程流体力学领域。一般说来，水力模型一般是用大比尺的模型来重现天然水现象。在某些情况下，也可以采用 1∶1 比尺的模型，这是在试验中建造部分典型的天然实物，在可控边界条件的情况下来研究水沙过程及其影响。把模型结果转化为原型的情况常常是有争议的，所以做 1∶1 比尺的模型就显得很有意义了。当然在许多条件下无法进行 1∶1 试验而必须探求小比尺模型。

从广义上讲，所有的流体力学的试验研究都能算作水力模拟，但是我们将那些在实验室中进行的但与水利工程、农业水土工程没有直接关系的基础性研究排除在外。因此，水力模拟的范围与水利、水土保持及农业水土工程问题有直接的相似关系，从大比尺模型的观测结果可以转换成原型的模拟研究。当然，它与流体力学的试验研究并无明显的区别。

小流域降雨径流侵蚀模拟试验无疑是水力试验的一种，因此必须服从水力模型试验相似的三大定理。相似第一定理是关于相似性质的学说，其讨论已经相似的现象具有什么性质问题，包括：①由于相似现象是服从于同一自然规律的，在此它们应为完全相同的方程组（包括方程组的单值条件）所描述；②在相似的物系中，用来表示现象特性的同类物理之比是常数；③相似现象必然发生在几何相似的对象里；④由于相似现象的同类量之间应当是成常数比例的，而由这些量组成的方程组又是相同的，因此各量的比尺不是任意的，而是彼此约束的。

相似第二定理说明的是满足什么条件（必要且充分）才能够相似的问题。①相似现象是服从同一规律的，完全可以用相同的方程组所描述，这是相似的第一个必要条件。②由于单值条件能够从服从同一个自然规律的无数现象中区别出某一个具体现象，因此若要使某一个具体现象相似于另一个具体现象，单值条件相似是第二个必要条件。③因为在根据方程式相同及单值条件相似所得到的相似判据中，有一部分完全由单值量组成，相似现象要求由单值量组成的相似判据不变是现象相似的第三个必要条件。④前述三个必要条件构成相似的充分条件。

相似第三定理是讨论模型试验成果如何推广到任意相似现象的问题。该定理实际上表达的是服从系统的物理方程（包括物理方程）可以转变为变量的无量纲数群与简单数群间的关系式，即

$$F(\pi_1, \pi_2, \pi_3, \cdots, S_1, S_2, S_3) = 0 \tag{7-12}$$

式中，π_1、π_2、$\cdots$ 为无量纲综合数群；S_1、S_2、$\cdots$ 为简单数群，即同数量配比数。对于相似现象，这些无量纲数就是相似判据，因此上述方程亦称为判据关系式。上述方程就是费捷尔曼的综合结论，当每个"π"数中只包含一个导入量并且不考虑简单数群时，上述方程即白金汉（J. Buckingham）的 π 定理。

上述理论在包括水土保持在内的农业工程领域起步较晚，所研究模型要么只考虑几何相似，要么适当考虑水流重力相似；在理论方面，没有自觉使模型服从相似三定理，在实践上没有从小流域降雨、径流、产沙及水流运动机理上研究相似比尺，无法做到真正的模型相似。

相似论开宗明义指出，相似现象是服从于同一个自然规律的现象，因此它们应被完全相同的方程组（包括方程组的单值条件）描述。小流域的表径流所涉及的物理方程复杂，选择合理的物理方程，准确描述小流域降雨、径流的基本动力学规律，就是做好小流域模型的第一个关键性步骤。

7.2.1　小流域降雨侵蚀动力过程

小流域降雨侵蚀试验主要指对暴雨和特大暴雨形成的侵蚀产沙过程的模拟试验，所涉及的主要相似条件理应包括降雨相似、坡面水流运动相似、沟道水流运动相似、坡面沟道水流侵蚀产沙输沙相似和坡面沟道床面变形相似等，既涉及降雨、产流汇流运动，又涉及侵蚀产沙输沙。

7.2.1.1　降雨与径流运动

如前所述，雨滴在降落过程中，受到重力与空气阻力的共同作用。当这两种力达到平衡时，雨滴以匀速降落，称作雨滴终速。雨滴速度对地表径流初期侵蚀产沙影响很大，雨滴不但可以击散土壤，而且撞击地表径流表面使之水流动增强，挟沙能力增大。

关于雨滴降落速度研究者较多，所得方程部分具有理论基础，可以对小流域降雨雨滴打击力、动能等方面进行验证计算。

事实上，在进行模拟试验中，首先需要解决的是降雨和径流的同时模拟问题。经典的坡面流满足圣维南方程组，该方程的特点是通过水流连续方程和运动方程将降雨径流有机地联系在一起。该方程描述的坡面流与通常的明渠水流相比所具有的不同的特点，其特点一是坡面流没有固定的边界约束，坡面流的水深远小于明渠水流；二是坡面流受到降雨入渗及糙率等影响比明渠水流明显，坡面流的流程与宽度量级相当；三是坡面流的非线性特性要比明渠水流突出。

由于数学上的困难，实际上不得不采用圣维南方程组的简化形式 $S_0 = S_f$，即所谓运动波方程。

7.2.1.2　沟道水流运动

小流域往往坡陡流急，尤其是在超渗产流地区，引起产流的往往为短历时暴雨，在坡面及沟道汇流过程中，紊流得到充分发展，因此可取不可压缩的三维紊动水流的时均微分方程。

连续方程：

$$\frac{\partial \bar{u}}{\partial x} + \frac{\partial \bar{U}}{\partial y} + \frac{\partial \bar{\omega}}{\partial z} = 0 \tag{7-13}$$

运动方程：

$$\frac{\partial \bar{u}}{\partial t} + \left(\bar{u}\frac{\partial \bar{u}}{\partial x} + \bar{v}\frac{\partial \bar{u}}{\partial y} + \bar{\omega}\frac{\partial \bar{u}}{\partial z} \right)$$
$$= F_x - \frac{1}{\rho}\frac{\partial \bar{p}}{\partial x} + \left[\frac{\partial}{\partial x}\left(v\frac{\partial \bar{u}}{\partial x} \right) + \frac{\partial}{\partial y}\left(v\frac{\partial \bar{u}}{\partial y} \right) + \frac{\partial}{\partial z}\left(v\frac{\partial \bar{u}}{\partial z} \right) \right] - \left(\frac{\partial}{\partial y}\overline{u'^2} + \frac{\partial}{\partial u}\overline{u'v'} + \frac{\partial}{\partial z}\overline{u'\omega'} \right) \tag{7-14}$$

$$\cdot \frac{\partial \bar{v}}{\partial t} + \left(\bar{u}\frac{\partial \bar{u}}{\partial x} + \bar{v}\frac{\partial \bar{u}}{\partial y} + \bar{\omega}\frac{\partial \bar{v}}{\partial z} \right)$$
$$= F_y - \frac{1}{\rho}\frac{\partial \bar{p}}{\partial y} + \left[\frac{\partial}{\partial x}\left(v\frac{\partial \bar{v}}{\partial x} \right) + \frac{\partial}{\partial y}\left(v\frac{\partial \bar{v}}{\partial y} \right) + \frac{\partial}{\partial z}\left(v\frac{\partial \bar{v}}{\partial z} \right) \right] - \left(\frac{\partial}{\partial x}\overline{u'v'} + \frac{\partial}{\partial y}\overline{v'^2} + \frac{\partial}{\partial z}\overline{v'\omega'} \right) \tag{7-15}$$

$$\frac{\partial \overline{w}}{\partial t} + \left(\overline{u}\frac{\partial \overline{w}}{\partial x} + \overline{v}\frac{\partial \overline{w}}{\partial y} + \overline{\omega}\frac{\partial \overline{w}}{\partial z} \right)$$

$$= F_z - \frac{1}{\rho}\frac{\partial \overline{p}}{\partial z} + \left[\frac{\partial}{\partial x}\left(v\frac{\partial \overline{w}}{\partial x} \right) + \frac{\partial}{\partial y}\left(v\frac{\partial \overline{w}}{\partial y} \right) + \frac{\partial}{\partial z}\left(v\frac{\partial \overline{w}}{\partial z} \right) \right] - \left(\frac{\partial}{\partial x}\overline{u'w'} + \frac{\partial}{\partial y}\overline{v'w'} + \frac{\partial}{\partial z}\overline{w'^2} \right) \quad (7\text{-}16)$$

式中，$\overline{u}$、$\overline{v}$、$\overline{w}$ 分别为沿 x、y、z 轴的时均流速；u'、v'、w' 分别为沿 x、y、z 轴的脉动流速；F_x、F_y、F_z 分别为沿 x、y、z 轴的单位质量的重力，当质量力限于重力时，其值就等于沿 x、y、z 轴的重力加速度分量，当 x 轴与水流方向一致时，$F_x = g\sin a$，$F_x = -g\cos a$，$F_z = g\sin\beta = gJ_z$，此处 a、β 分别为水流沿 x、z 方向的倾角；J_z 为相应流线坡降；$\overline{p}$ 为时均压力强度；v 为动态黏滞系数；t 为时间。

运动方程式等号左侧四项为单位质量惯性力，其中第一项为时变加速度引起的惯性力；用圆括号合并在一起的后三项为位变加速度引起的惯性力。等号右侧第一项为单位质量的重力；第二项为单位质量的压力；用方括号合并的三项为黏滞力造成的剪切力；用圆括号合并在一起的三项为水流脉动所造成的剪切力，其实质上是一种脉动惯性力。

7.2.1.3　侵蚀输沙运动

土壤受雨滴打击发生分散，径流冲刷使得不同粒径的泥沙颗粒可分别处于静止、起动、移动、滚动、跳跃、悬浮等运动状态，这些侵蚀泥沙应当服从不同的侵蚀泥沙运动规律，但一般来说，悬移运动占 90% 以上，因此起动、推移特别是悬浮是最重要的运动过程。

为保证小流域侵蚀所产生的泥沙运动相似，模型相似率应由描述泥沙运动的物理方程导出。然而由于现阶段对泥沙运动的机理还不是十分清楚，仍未建立起公认完整的理论上的物理方程式。为此，只能使用描述某一部分泥沙运动现象及其不同侧面的若干个物理方程式导出模型相似率。

1）泥沙颗粒起动

描述在一定水流条件下的泥沙起动公式的形式较多，如起动流速、起动拖曳力及起动功率等。如果用散粒体起动流速公式，可采用沙莫夫（ГИЩамов）起动流速公式：

$$U_c = 1.14\sqrt{\frac{\gamma_s - \gamma}{\gamma}gd\left(\frac{h}{d} \right)^{\frac{1}{6}}} \quad (7\text{-}17)$$

式中，γ_s 和 γ 分别为泥沙和水的容重；d 为粒径；h 为水深；g 为重力加速度。

2）推移质运动

描述推移质运动的方程式较多，可以选用梅耶–彼得公式（武汉水利电力学院，1983）。

3）悬移质运动

就悬移质运动而言，描述这一现象的物理方程式为悬移质运动的三度扩散方程。三维非恒定流不平衡条件下悬移质含沙量随空间和时间的变化规律的微分方程为

$$\frac{\partial S}{\partial t} = -\frac{\partial}{\partial x}(uS) - \frac{\partial}{\partial y}(vS) - \frac{\partial}{\partial z}(\omega S) + \frac{\partial}{\partial y}(\omega S) + \frac{\partial}{\partial x}\left(\varepsilon_{sx}\frac{\partial S}{\partial x} \right) + \frac{\partial}{\partial y}\left(\varepsilon_{sy}\frac{\partial S}{\partial y} \right) + \frac{\partial}{\partial z}\left(\varepsilon_{sz}\frac{\partial S}{\partial z} \right) \quad (7\text{-}18)$$

式中，S 为含沙量；ε_{sx}、ε_{sy}、ε_{sz} 分别为沿 x、y、z 轴方向悬移质扩散系数；ω 为泥沙沉速；其他符号同前。在方程式中，方程式等号左侧一项为单位时间内单位水体的含沙量变化；等号右侧前三项为单位时间内由时均流速引起的进出单位水体的沙量变化；等号右侧第四

项为单位时间内由泥沙沉速引起的进出单位水体的泥沙量变化；等号右侧后三项为单位时间内由扩散作用引起的进出单位水体的泥沙量变化。

7.2.1.4 床面变形方程

侵蚀泥沙运动相似中必须解决的一个问题是，模型所反映出的下垫面变形应当与原型相似，这里主要涉及一个时间比尺问题。

河床变形方程：

$$\frac{\partial qS}{\partial x} + \gamma' \frac{\partial z}{\partial t} = 0 \tag{7-19}$$

式中，q 为单宽流量；γ' 为泥沙干容重；z 为床面高程；其他符号同前。该方程描述了在径流作用下床面的变化。

7.2.1.5 土壤入渗

土壤中水流应该满足土壤水运动基本方程：

$$\frac{\partial (p\theta)}{\partial t} + \frac{\partial (pV_x)}{\partial x} + \frac{\partial (pV_y)}{\partial y} + \frac{\partial (pV_z)}{\partial z} = 0 \tag{7-20}$$

式中，p 为水体密度；V_x、V_y、V_z 分别为 x、y、z 方向的水流平均流速（非水质点的运动速度）；θ 为土壤含水量。

7.2.2 土壤侵蚀实体模型相似律

7.2.2.1 土壤侵蚀实体模型相似率研究进展

近几十年来，水力侵蚀模拟问题日益得到相关领域不少研究者的重视。事实上，由于河工实体模型相似论的建立，也为通过模拟试验的途径解决复杂的侵蚀流体动力学问题提供了理论基础。相似论的核心是因次分析法则即白金汉（J. Buckingham）的 π 定理。有了因次分析法则，不但可以对物理方程的合理性即量纲和谐性进行分析，而且对一时无法得到一些物理过程的物理方程确定无量纲综合体，而这些无量纲综合体往往是控制物理方程的重要判数，如水流运动中的雷诺数、佛汝德数，泥沙运动的劳斯数、希尔兹数等，这些判数往往是控制模型与原型基本的相似准则。

包括 π 定理在内的量纲分析法是建立在一般物理概念基础上的数学分析方法。在进行量纲分析时如果遗漏了重要变量，或多选了无关紧要的自变量，甚至基本物理量选择不恰当，都可能使得到的结果不能真实地反映出事物的规律性，甚至得到错误的结论。而所有这些问题却是量纲分析法难以解决的。

在国外，从 Mamisao（1952）提出模拟流域特性试验的动力相似问题以后，先后经过周文德、Chery 等发展，1965 年 Grace 和 Eagleson 较深入分析了室内模拟试验在动力相似上的要求，给出重力、黏滞力、表面张力等无因次参数。而对于土壤侵蚀而言，地表渗透增加了问题的复杂性，无法同时满足重力、黏滞力、表面张力对比尺的要求，因此进行试验时不得不选择主要因子来选择模型比尺，这导致天然水力侵蚀过程在试验中也不能重复出现。国内部分研究则认为，因为降雨、径流等尺度问题，水力侵蚀不能通过具有比尺意义的实体模型进行模拟试验。例如，有人认为，如果处理不当，模拟的雨滴就可能成为"炸弹"落地，进而反对开展这方面研究。实际上，由于问题的复杂性，对模拟准则及比尺的研究至今未能取得突破。究其原因，一方面，对水力侵蚀机理有待进一步认识；另一方面，在使用相似论时，忽略水力侵蚀动力学方程中各种力作用机制的深入研究，过分夸大某些力的影响因素。

由于水力侵蚀相似准则研究长期无法突破，因此目前研究还主要基于所谓的"水文响应相似"，即只考虑几何相似，或者适当考虑重力相似，对特定模型的水力侵蚀输沙研究首先假定"现象相似"，不考虑将模型结果定量推广到原型。这种方法在研究初期具有一定意义，但却达不到将室内模型模拟研究结果定量推广到原型的要求。因此，要进行小流域水力模拟试验，必须要对其产汇流特点有所认识，以便在模型的比尺设计上抓住主要矛盾来分析问题。

7.2.2.2 黄土高原小流域降雨侵蚀特点

本研究选取黄土高原典型小流域作为研究案例。所谓小流域是指面积不是太大，土壤侵蚀自成系统，生态经济系统便于农村调控的流域，一般来说，流域面积小于 $50 km^2$。而这里的土壤侵蚀自成系统特指在暴雨径流期，降雨发生雨滴击溅侵蚀，产流以后在分水岭地区形成片流，发生片蚀，分水岭以下坡面片流汇集成散流，发生细沟和浅沟侵蚀，并开始出现重力侵蚀和潜蚀（或者称为洞穴侵蚀），至谷底散流转变成紊流，发生沟道侵蚀，这是一个完整的水土流失过程，在流域内形成了完整的水土流失体系。这个体系在汇水面积太小的空间，如冲沟流域，常常发育不太完整；在面积太大的流域参与了河流过程，侵蚀和堆积交替，使流域的自然过程复杂化。

小流域独特完整的侵蚀特性，塑造了黄土高原小流域独特的地貌特征。由于黄土丘陵沟壑区的小流域主要覆盖有"点棱接触支架式多空结构"的多柱状马兰季黄土，土质疏松、降雨径流的强烈水力侵蚀作用使得地表被切割成许多沟壑纵横、丘陵起伏，大多小流域沟壑密度高达 $3 \sim 4 km/km^2$。其侵蚀地貌形态一般以峁边缘线为界，峁边缘线以上为沟间地，以下为沟谷地。沟间地一般为耕地，坡度平缓，约为 $10° \sim 35°$，沟谷地包括沟坡区及沟床等。沟坡区地形复杂、坡面破碎，有坡面大于 $60°$ 的悬崖，有 $40° \sim 60°$ 的荒坡，也有少量 $25° \sim 35°$ 的耕地。其坡陡沟深遇水易蚀是造成暴雨紊流侵蚀的重要原因。

土壤水力侵蚀是水流冲刷、雨滴打击的作用引起土壤颗粒分散和泥沙输移的过程，在沟间地的范围内，侵蚀作用力主要是雨滴击溅和水流冲刷。由于黄土土质疏松，多柱状孔隙，抗冲能力极低，降雨以后，通过雨滴击溅作用，相对极限含沙量可达到 $510 \sim 690 kg/m^3$。

沟谷地的沟坡区坡度很陡，水流汇入本区以后，除发生水力侵蚀外，还会发生强烈的重力侵蚀。在沟坡区坡面上一般都形成固定的切沟。切沟与切沟之间通常以跌水的形式连接，跌坎有深几米的，也有达十几米的。由于水流强烈淘刷，经常会发生崩塌、滑坡和沟头后退的现象。从峁坡区下泄的水流经过沟坡区后，泥沙量从水力及重力侵蚀中得到新的补给，最大含沙量可达 $1000\mathrm{kg/m^3}$ 以上。

7.2.2.3 小流域降雨径流模拟相似特征

小流域地表径流侵蚀模拟试验所研究的物理现象属于机械运动的范畴，因此同河工实体模型一样，和原型相似的侵蚀模型必然满足几何相似、运动相似和动力相似。几何相似要求模型与原型的几何形态相似，即模型与原型中的任何相应的线性长度必然具有同一比例；运动相似要求模型与原型的运动状态相似，即模型与原型中任何相应点的速度、加速度等必然相互平行且具有同一比例；动力相似要求模型与原型的作用力相似，即模型与原型中作用于任何相应点的力必然相互平行且具有同一比例。

相似现象的上述三方面相似是一个统一的整体，是不可分割的。从实用观点来看，几何相似中长度比尺 λ_1 是设计模型的重要参数；运动相似的流速比尺 λ_u 是检验模型相似性和根据模型试验结果推算原型的重要依据；动力相似则是模型设计的主要出发点，三者不可偏废。从理论观点来看，这三方面相似刚好完整地表征包括三个基本因次（长度、时间、力或质量）的基本物理量，利用其不同方次组合的无因次综合体可以描述或量度流体机械运动所遇到的任何物理量，同样利用表征这三方面的相似比尺可以组合成降雨径流运动的任何比尺关系式。除以上这三个相似特征外，其他的相似特征，如能量或动量相似特征，都可以通过这三个相似特征表征出来。

7.2.2.4 小流域水力侵蚀模拟相似比尺

1）降雨及坡面水流运动相似

对于正态模型，利用圣维南方程组，如果假设几何相似得到保证，即

$$\lambda_x = \lambda_y = \lambda_z = \lambda_1 = \frac{l_y}{l_m} \tag{7-21}$$

式中，λ_x、λ_y、λ_z 分别为 x、y、z 三个方向的几何比尺；l_y 为原型线段长度；l_m 为模型线段长度；λ_1 为线段比例系数即几何比尺（以下不同物理量角标示意类同）。

将这一方程用于原型，并将原型的有关物理量用比尺转化成相应的模型物理量，即取

$$x_y = \lambda_1 x_m, \quad y_y = \lambda_1 y_m, \quad z_y = \lambda_1 z_m, \quad V_y = \lambda_v V_m$$

对河床变形方程［式（7-19）］做相似变换得

$$\frac{\lambda_v \lambda_1}{\lambda_t}\left[\frac{\partial(V_y)}{\partial x}\right]_m + \frac{\lambda_1}{\lambda_t}\left(\frac{\partial y}{\partial t}\right)_m = \lambda_i i(x,t)_m - \lambda_f f(x,t)_m = \lambda_r r(x,t)_m$$

两边同除以 $\dfrac{\lambda_1}{\lambda_t}$，有

$$\frac{\lambda_v \lambda_t}{\lambda_1}\left[\frac{\partial(V_y)}{\partial x}\right]_m + \left(\frac{\partial y}{\partial t}\right)_m = \frac{\lambda_t}{\lambda_1}\lambda_i i(x,t)_m - \frac{\lambda_t}{\lambda_1}\lambda_f f(x,t)_m = \frac{\lambda_t}{\lambda_1}\lambda_r r(x,t)_m$$

根据相似第一定理，相似的物理现象应当被相同的物理方程描述，即应有

$$\frac{\lambda_t \lambda_v}{\lambda_1} = \frac{\lambda_t \lambda_i}{\lambda_1} = \frac{\lambda_t \lambda_f}{\lambda_1} = \frac{\lambda_t \lambda_r}{\lambda_1} = 1 \tag{7-22}$$

$$\lambda_v = \lambda_i = \lambda_f = \lambda_r = \frac{\lambda_1}{\lambda_t} \tag{7-23}$$

即对于小流域来讲，为满足降雨侵蚀模拟需要，流速、降雨强度、入渗强度及降雨量服从同一比尺。

同理对水流运动方程进行变换，可得一般的阻力比尺 λ_{S_F}：

$$\lambda_{S_F}=1 \tag{7-24}$$

即正态模型坡面流阻力比尺等于1。

2）沟道水流运动

坡面及沟道汇流过程往往使得紊流充分发展，其运动可用三维紊动水流的时均微分方程式即雷诺方程描述，则由此推得有以下相似比尺关系：

$$\frac{\lambda_t\lambda_u}{\lambda_1}=1$$

或

$$\frac{tu}{l}=\text{const} \tag{7-25}$$

$$\frac{\lambda_u^2}{\lambda_g\lambda_1}=1$$

或

$$Fr=\frac{u^2}{gl}=\text{const} \tag{7-26}$$

$$\frac{\lambda_p}{\lambda_\rho\lambda_u^2}=1$$

或

$$Eu=\frac{p}{\rho u^2}=\text{const} \tag{7-27}$$

$$\frac{\lambda_u\lambda_1}{\lambda_v}=1$$

或

$$Re=\frac{ul}{v}=\text{const} \tag{7-28}$$

$$\frac{\lambda_u^2}{\lambda_{u'}^2}=1$$

或

$$\frac{u^2}{u'^2}=\text{const} \tag{7-29}$$

式（7-25）实质上反映了水流连续条件相似的要求。

式（7-26）表示原型与模型惯性力之比等于重力之比，相应的相似准则即所谓的佛汝德数，因此这个相似律又称为佛汝德数相似律。由于惯性力、重力都是决定小流域地表径流运动很重要的力，这个相似律就是小流域水力模型中重要的相似律。

式（7-27）表示原型与模型惯性力之比等于压力之比，相应的相似准则即所谓的欧拉数，因此这个相似律又称为欧拉相似律。它于佛汝德相似律存在内在联系，可以相互转化，不构成独立的新比尺。

式（7-28）表示原型与模型惯性力之比等于黏滞力之比，又称为雷诺相似律。由于沟道水流一般均为紊流，而紊流中黏滞力的作用比较小，这个相似律在模型中一般并不要求严格满足，而事实上也无法严格满足。联解这两个关系式，消去 λ_u，可得

$$\lambda_l = \frac{\lambda_v^{2/3}}{\lambda_g^{1/3}} \tag{7-30}$$

由式（7-30）看出，$\lambda_l = 1$，这就是说，模型的大小必须和原型一样才能相似，这就完全失去了做模型的意义。

式（7-29）表示原型与模型由时均流速产生的惯性力之比等于由脉动流速产生的惯性力之比，也可看成时均流速的平方之比等于脉动流速的脉动矩之比。因此，这个相似律又可以称为紊动相似律。因为脉动惯性力就是所谓的紊动剪切力，它和黏滞剪切力一样，对水流运动起着阻力作用。因此这个比尺关系式也可以表示惯性力之比等于紊动阻力之比，当黏滞力可以忽略不计时，就是惯性力之比等于阻力之比。当然从一般性的水流运动方程式是导不出阻力相似的比尺关系式的。正像解微分方程式必须有确定的边界条件一样，和边界条件密切相关的阻力相似的比尺关系式只能是在每个具体情况下，由微分方程式的边界条件导出的。事实上，坡面沟道水流床面边界条件为，当 $y=0$ 时，

$$\tau = \tau_0 = \frac{f}{4} \rho \frac{U^2}{2} \tag{7-31}$$

式中，τ 为床面紊动剪切力；f 为床面阻力系数；U 为垂线平均流速；ρ 为流体密度。

由此可导出比尺关系式：

$$\lambda_\tau = \lambda_{\tau_0} = \lambda_f \lambda_\rho \lambda_U^2 \tag{7-32}$$

当 x 轴与水流方向一致时，对于三维水流，在 x-z 平面上沿水流方向的单位面积的紊动剪切应力为

$$\tau = \tau_{xz} = -\rho \overline{u'v'} \tag{7-33}$$

写成比尺关系应为

$$\lambda_\tau = \lambda_{\tau_{xz}} = \lambda_\rho \lambda_{u'}^2 \tag{7-34}$$

其实，对于正态模型来说，由于 $\lambda_{u'} = \lambda_{v'} = \lambda_{w'}$，任何平面上沿任何方向上的单位面积的紊动剪切力的比尺关系式都是如此。考虑到式（7-26）、式（7-28）存在的比尺关系，并取垂线平均流速比尺 $\lambda_U = \lambda_u$，可得

$$\lambda_{u'}^2 = \lambda_f \lambda_u^2 \tag{7-35}$$

代入（7-23）即得

$$\frac{\lambda_u^2}{\lambda_f \lambda_u^2} = \frac{1}{\lambda_f} = 1 \ \text{或} \ \lambda_f = 1 \tag{7-36}$$

也就是说，要满足紊动相似或惯性力阻力比相似，正态模型阻力系数的比尺 λ_f 必须等于1。由于天然小流域有关糙率系数 n 的资料比较丰富，为衡量阻力相似，可通过阻力公式：

$$U = \sqrt{\frac{8g}{f}} \sqrt{RJ} \tag{7-37}$$

$$U = \frac{R^{1/6}}{n}\sqrt{RJ} \tag{7-38}$$

通过比尺变换并联解（7-30）得

$$\lambda_n = \lambda_1^{1/6} \tag{7-39}$$

上述水流连续相似关系式［式（7-26）］、惯性力重力比相似关系式［式（7-26）］及惯性力阻力比相似关系式［式（7-39）］即为正态小流域地表径流沟道水流相似所遵循的比尺表达式，或相似准测。

3）侵蚀输沙运动

（1）悬移运动相似。

在黄土高原小流域，悬移质一般情况下占输沙的主体，对于正态模型，对悬移质运动的三维扩散方程，可以推得相似比尺：

$$\frac{\lambda_u}{\lambda_\omega} = 1 \tag{7-40}$$

$$\frac{\lambda_{\varepsilon_{sx}}}{\lambda_1 \lambda_u} = \frac{\lambda_{\varepsilon_{sy}}}{\lambda_1 \lambda_\omega} = \frac{\lambda_{\varepsilon_{sz}}}{\lambda_1 \lambda_\omega} = \frac{\lambda_{\varepsilon_s}}{\lambda_1 \lambda_\omega} = 1 \tag{7-41}$$

式（7-40）表示时均流速及重力沉降引起的进出泥沙量变化比相等，一般称时均流速悬移及重力沉降比相似。式（7-41）表示由紊动扩散及重力沉降引起的进出泥沙量变化比相等。泥沙紊动扩散系数 ε_s 按照一般做法可取其与水流紊动动量扩散系数相等。但三维水流的紊动动量扩散系数的表达式不是很清楚，使得进一步展开以下的式（7-42）从而找到便于控制的比尺关系遭遇到困难。对于二维均匀流来说，其表达式可从卡尔曼-勃兰德尔流速分布公式导出，即

$$\varepsilon_s \approx s = ku_* \left(1 - \frac{y}{h}\right)y \tag{7-42}$$

因而

$$\lambda_{\varepsilon_s} = \lambda_\varepsilon = \lambda_k \lambda_{u_*} \lambda_1 \tag{7-43}$$

取 $\lambda_k = 1$，将所得结果代入（7-41）即得

$$\frac{\lambda_{u_*}}{\lambda_u} = 1 \tag{7-44}$$

根据式（7-40）、式（7-41），要保证泥沙的悬浮相似，由时均流速、紊动扩散、重力沉降引起的进出单位水体的含沙量变化必须相等，亦应同时满足式（7-40）、式（7-41）。

对于正态模型来说，在满足惯性力、阻力、重力比相似的条件下，有

$$\lambda_u = \lambda_{u_*} = \lambda_1^{1/2} \tag{7-45}$$

即式（7-40）、式（7-41）将统一成一个比尺关系。因此对于正态模型，悬移相似应该满足的相似条件为

$$\lambda_u = \lambda_{u_*} = \lambda_\omega = \lambda_1^{1/2} \tag{7-46}$$

（2）起动相似。

要保证坡面土壤侵蚀相似，床面补给条件也应相似，即要求原型暴雨径流可能冲刷床

面得到泥沙补给时，模型流速应超过或达到床沙的起动流速，同样有可能冲刷床面得到泥沙补给。起动相似条件要求起动流速比尺 λ_{u_c} 与流速比尺 λ_u 相等，即

$$\lambda_{u_c}=\lambda_u \tag{7-47}$$

（3）水流挟沙相似。

要使小流域模型悬移质泥沙运动相似，模型的水流输沙率必须与原型的相似，即水流挟沙相似。水流挟沙相似关系可通过悬移质扩散方程的床面边界条件确定。悬移质泥沙扩散方程为

$$\varepsilon_s\frac{\partial S}{\partial y_{y=0}}=-\omega S_{b*} \tag{7-48}$$

式中，S_{b*} 为床面饱和含沙量。

当沉速 ω、河底饱和含沙量为定值时，由床面向上的泥沙扩散量 $\varepsilon_s\frac{\partial S}{\partial y_{y=0}}$ 亦为定值，其仅与水流条件有关。由此，可以得到悬移质挟沙相似比尺关系为

$$\frac{\lambda_{\varepsilon_s}\lambda_{s_b}}{\lambda_\omega\lambda_h\lambda_{s_{b*}}}=1 \tag{7-49}$$

考虑到式（7-41）

$$\frac{\lambda_{\varepsilon_s}}{\lambda_\omega\lambda_l}=\frac{\lambda_{\varepsilon_s}}{\lambda_\omega\lambda_h}=1$$

应有

$$\frac{\lambda_s}{\lambda_{s*}}=1 \tag{7-50}$$

亦即水流含沙量比尺应与水流挟沙能力比尺相等。显然，只有这两个比尺相等，原型处于输沙平衡状态时，模型也相应处于输沙平衡状态；原型处于冲淤状态时，模型相应处于冲淤状态。

（4）侵蚀变形相似。

要使侵蚀泥沙运动相似，模型下垫面变形应当与原型的相似。不过，这里主要涉及一个时间比尺问题。

由河床变形相似：

$$\frac{\partial QS}{\partial x}+\gamma' B\frac{\partial y}{\partial t}=0 \tag{7-51}$$

考虑满足惯性力重力比相似得到冲淤时间比尺为

$$\lambda_{t'}=\frac{\lambda_l}{\lambda_u}\frac{\lambda_{r0}}{\lambda_s}=\frac{\lambda_{r0}}{\lambda_s}\lambda_t \tag{7-52}$$

式中，$\lambda_{t'}$ 为冲淤变形时间比尺；$\lambda_{\gamma'}$ 为泥沙干容重比尺。

从严格满足水流运动和河床冲淤变形相似两方面来讲，模型设计应该做到水流运动时间比尺 λ_t 和河床冲淤变形时间比尺 $\lambda_{t'}$ 相等。一般河工实体模型中，特别是模拟高含沙水流运动的模型中，往往很难做到这一点。在模型试验中通常的做法是采用河床冲淤变形时间比尺为模型的时间比尺，在保证模型冲淤相似的前提下，尽量做到两个时间比尺接近，

以减少水流过程变形对模型的影响。也有通过调整含沙量比尺 λ_s 与水流容重比尺 λ_{γ_0} 接近而力求 $\lambda_{t'} \approx \lambda_t$。而降雨试验寻求的是降雨的当量过程，恰恰可以容许水流时间比尺可以有较大偏离。水流含沙量比尺可以由验证试验确定，相应的时间比尺也是由验证试验确定的。

（5）降雨入渗相似。

由土壤水运动基本方程［式（7-20）］引入相似变换后，在满足水流相似后得

$$\lambda_\theta = 1 \tag{7-53}$$

即要求模型土壤含水量与原型土壤含水量相等。

7.2.3 小结

利用相似论及水动力学基本原理，得出了降雨、径流、侵蚀产沙及入渗等相似比尺关系。

（1）小流域水力土壤侵蚀试验应遵循相似理论的一般原则。

（2）小流域原型与模型的水沙运动必须服从相同的水动力学方程，在推导相似准则时必须同时考虑降雨、径流、侵蚀产沙输沙、入渗等因素。

（3）小流域地表径流模型相似必须满足几何相似、运动相似和动力相似。

（4）黄土高原小流域模型设计比尺由几何相似、降雨相似、水流运动相似、泥沙运动相似、土壤水运动相似等组成。在正态相似条件下，各种相似条件应满足的基本比尺关系式如下。

几何相似：
$$\lambda_x = \lambda_y = \lambda_z = \lambda_1$$

降雨相似：
$$\lambda_i = \lambda_v = \lambda_1^{1/2}$$

水流运动相似：
$$\lambda_v = \lambda_1^{1/2}, \quad \lambda_f = 1$$

或
$$\lambda_n = \lambda_1^{1/6}$$

侵蚀产沙运动相似：
$$\lambda_u = \lambda_{u_c} = \lambda_{u*} = \lambda_\omega$$

冲淤变形相似：
$$\lambda_{t'} = \frac{\lambda_{r_0}}{\lambda_s} \lambda_t$$

土壤水运动相似：
$$\lambda_\theta = 1$$

7.3 小流域土壤侵蚀模拟试验实例

7.3.1 试验实例 1

7.3.1.1 流域选择

选择黄土高原延安燕沟康家圪崂小流域为试验模拟的原型（图 7-1）。该流域位于延安市南 3km 处。年内降水量主要集中在 6～8 月，占全年降水量的 54.6%。流域面积为

47km², 主沟长 8.6km, 流域内梁峁起伏, 沟壑纵横, 地形复杂, 土地类型多样。流域水土流失面积为 35.7km², 占总面积的 76.2%, 天然情况下土壤侵蚀模数约为 9000t/(km²·a), 属于强度水土流失类型区。

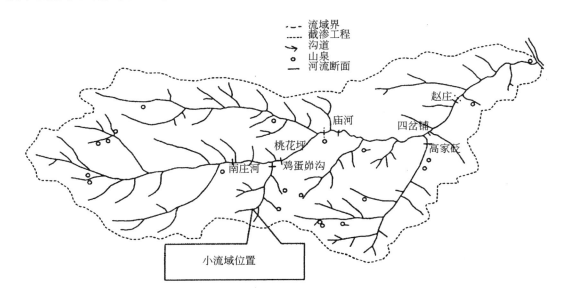

图 7-1 燕沟流域图

模拟的燕沟康家圪崂小流域面积为 0.3417km², 沟壑密度约为 3.5km/km², 流域长度为 0.903km, 流域最大宽度为 0.723km, 平均宽度为 0.52km, 流域形状系数为 0.52, 高差为 189.7m。该小流域土壤侵蚀自成系统, 生态经济系统适于调控。根据调查, 这里的土壤侵蚀主要由暴雨产生, 降雨发生雨滴击溅侵蚀; 产流以后在分水岭地区形成片流, 发生片蚀; 分水岭以下坡面片流汇集成散流, 形成细沟和浅沟侵蚀, 并开始出现重力侵蚀和潜蚀（或者称为洞穴侵蚀）, 至谷底散流转变成紊流, 发生沟道侵蚀, 形成完整的水土流失过程, 从而在流域内形成了完整的水土流失体系, 因此选择该小流域作为模拟流域, 通过对该流域进行测量, 绘制 1∶1000 地形图, 供模型试验使用。

7.3.1.2 小流域实体模型比尺设计

在满足小流域模型侵蚀产沙悬移运动相似的条件下, 初步选定模型几何比尺, 再校核起动冲刷相似, 从而选择下垫面的组成。

1）几何相似

$$\lambda_x = \lambda_y = \lambda_z = \lambda_1 \tag{7-21}$$

式中, λ_x、λ_y、λ_z、λ_1 为几何相似比尺。

2）降雨径流相似

$$\lambda_i = \lambda_1^{1/2} \tag{7-23}$$

式中, λ_i 为雨强相似比尺。

3）水流运动相似

水流惯性重力比相似：

$$\lambda_u = \lambda_l^{1/2} \tag{7-45}$$

水流惯性阻力比相似：

$$\lambda_f = 1 \ 或 \lambda_n = \lambda_l^{1/6} \tag{7-39}$$

水流连续相似：

$$\lambda_Q = \lambda_l^{5/2} \tag{7-54}$$

水流时间比尺：

$$\lambda_t = \lambda_l^{1/2} \tag{7-55}$$

式中，λ_u、λ_f、λ_n、λ_Q、λ_t 分别为流速比尺、阻力比尺、糙率比尺、流量比尺、水流时间比尺。

4）侵蚀产沙及泥沙运动相似

土壤由固体、液体及气体三相组成，不同粒径的土壤颗粒是土壤的主要组成成分，也是侵蚀搬运土壤的主要物质。根据降雨、径流侵蚀的动力机制，可将黄土高原小流域降雨径流侵蚀分解为两个独立而又相互联系的亚过程，即土粒与土体的分离以及被分离的土粒经搬运而流失这样一种物理过程。在黄土高原，暴雨相对土壤来说，击溅分散泥沙的能量很大，通过雨滴击溅，水流泥沙含量可达 400kg/m^3 左右。因此，侵蚀产沙运动首先应满足悬浮、起动及水流挟沙相似：

$$\lambda_u = \lambda_{u_c} = \lambda_{u*} = \lambda_\omega \tag{7-56}$$

式中，λ_{u_c}、λ_{u*}、λ_ω 分别为泥沙起动流速比尺、摩阻流速比尺、沉速比尺。

a. 土壤颗粒悬浮相似

燕儿沟流域产沙较细，中值粒径在 0.025mm 左右，98% 泥沙小于 0.1mm，可选 Storks 滞流区的静水沉降公式：

$$\omega = 0.039 \frac{\gamma_s - \gamma}{\gamma} g \frac{d^2}{v}$$

式中，ω、γ_s、γ、g、d、v 分别为泥沙沉速、泥沙容重、水容重、重力加速度、粒径、水动力黏滞系数，单位采用标准国际单位制。写成比尺关系式应为

$$\frac{\lambda_\omega \lambda_v}{\lambda_{\frac{\gamma_s - \gamma}{\gamma}} \lambda_d^2} = 1 \tag{7-57}$$

考虑悬浮相似及惯性力与重力比相似有

$$\lambda_d = \frac{\lambda_l^{1/4} \lambda_v^{1/2}}{\lambda_{\frac{\gamma_s - \gamma}{\gamma}}^{1/2}} \tag{7-58}$$

式中，λ_ω 为悬沙颗粒沉速比尺。$\lambda_{\frac{\gamma_s - \gamma}{\gamma}}$ 为泥沙颗粒的重率比尺。采用原型沙，几何比尺为 100，则 $\lambda_d = 3.16$。$d_{m50} = \frac{0.025}{3.16} = 0.008\text{mm}$。式（7-58）为选取模型沙的依据。图 7-2 为几何比尺为 100 时选取的模型沙级配。

b. 起动相似

起动相似要求：

$$\lambda_{u_c} = \lambda_u \tag{7-59}$$

雨滴撞击土壤分离土粒，土粒随水流运动，首先必须起动。黄土高原小流域土壤在暴

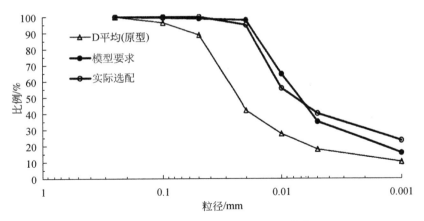

图 7-2　模型与原型土壤颗粒级配曲线

雨条件下泥沙起动与河流泥沙起动的机理不同。河流泥沙起动是泥沙在水流作用下的运动，而侵蚀泥沙是表层土壤在暴雨径流作用下的冲刷起动、推移和悬浮。雨滴击溅和径流作用下的起动观测资料很少，为此根据 Hazen 坡面流资料点绘起动流速与土壤粒径关系（图 7-3）。

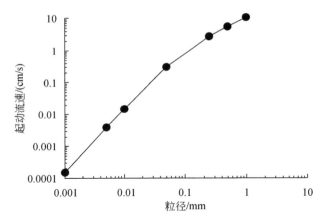

图 7-3　Hazen 起动流速与土壤粒径关系曲线

根据 Hazen 坡面流资料，点绘坡面流条件下起动流速与土壤粒径关系，查出原型泥沙 $d_{50}=0.025\text{mm}$ 的起动流速为 0.08cm/s，模型中值粒径为 0.0076mm 的泥沙起动流速为 0.0083cm/s，$\lambda_{u_c}=0.08/0.0083\approx10$，满足相似要求。

c. 水流挟沙力相似

水流挟沙相似要求水流含沙量比尺 λ_s 应与水流挟沙能力比尺 λ_{s*} 相等，即

$$\lambda_s=\lambda_{s*} \tag{7-60}$$

根据试验分析，坡面水流挟沙力符合以下关系（姚文艺等，2017）：

$$S_*=KJ^{m_1}Q^{m_2}\left(\frac{V^3}{gh\omega}\right)^{m_3} \tag{7-61}$$

由此可以得到挟沙力比尺 λ_{S_*}。由于目前缺乏坡面流挟沙力方程，可以通过式（7-61）

初步得到比尺，再通过验证试验进一步率定。因此，含沙量比尺和水流挟沙能力比尺一般通过试验进行率定。

d. 沟床面变形相似

沟床面变形相似比尺为

$$\lambda_{t'} = \frac{\lambda_1}{\lambda_u} \frac{\lambda_{r_o}}{\lambda_s} = \frac{\lambda_r}{\lambda_s} \lambda_t \qquad (7\text{-}62)$$

式中，$\lambda_{t'}$ 为冲淤时间比尺；λ_r 为泥沙干容重比尺。

由于在模型中难以做到床面变形时间比尺与水流时间比尺一致，考虑到小流域模拟试验过程是一当量侵蚀过程，因此在模型试验中以床面变形时间比尺为主。

7.3.1.3 模型建造

准备工作：包括地形图收集、所需材料种类和数量的确定与购置、不同阶段劳动力的安排、施工仪器和工具的准备等，做出详细的施工进度计划。

内业工作：包括图纸选定、平面控制、断面选择等。采用流域没有治理前 1/5000 测绘图布设平面控制导线网，在地形图上确定导线位置后，将导线点的方位、距离列成表供放样使用。断面间距以模型 15～60cm 按节点控制。断面确定后，按每个断面与导线相交的位置、断面点的起点距相应的高程列表，作为制作模板和模型制作安装的依据。

外业工作：包括导线放样、模型断面安装、模型刮制和降雨设备安装等。导线放样按国家四等测量标准执行。将裁好的断面板固定好，下填沙子，距床面 10cm，铺模型土刮制拍实，土壤容重达 1.05～1.3g/cm³ 即可。

7.3.1.4 降雨当量过程与含沙量比尺选择

1）降雨当量过程

对于土壤侵蚀而言，可以将降雨分为有效降雨和无效降雨。一般来说，并非所有降雨都会产生径流侵蚀，故把能分散和搬运泥沙的降雨定义为侵蚀性降雨。如果把年侵蚀模数达到 1t/（km² · a）降雨作为侵蚀性降雨标准，据分析，黄土高原中北部地区年平均可蚀性降水量为 140～150mm，平均侵蚀次数为 5～7 次。根据燕沟近几年的观测资料，该结论是符合燕沟实际情况的，其年均出现侵蚀性降雨次数为 6～7 次，平均侵蚀性降水量为 141mm。

根据综合分析，原型采取年侵蚀量 $W_y = 8000～9000t/（km² · a）$，侵蚀平均雨强取 70% 保证率，原型 30min 雨强 $I_y = 1.14mm/min$，平均侵蚀降雨时间 $T_y = P_y/I_y = 150/1.14 \approx 131.6min$，模型雨强 $I_m = 0.114mm/min$，平均侵蚀时间试验采取 $T_m = T_y/\lambda_{tl} = 131.6/3.3 \approx 40min$ 进行验证试验。

2）预备试验及模型比尺选定

基于上述试验设计，制作燕沟康家圪崂小流域模型后，通过预备降雨产流试验，确定含沙量比尺为 $\lambda_s = 3$，得到小流域模型试验的相似比尺（表 7-2）。

表 7-2　康家圪崂小流域模型主要比尺

相似条件		比尺关系式	比尺
几何相似	平面比尺	λ_1	100
	垂直比尺	λ_h	100
降雨相似	雨强比尺	$\lambda_i = \lambda_v = \lambda_1^{1/2}$	10
	降水量比尺	$\lambda_P = \lambda_i \lambda_{t_1}$	33.3
	降雨时间比尺	λ_{t_1}	3.3
水流运动相似	流速比尺	$\lambda_V = \lambda_1^{1/2}$	10
	流量比尺	$\lambda_Q = \lambda_1^{5/2}$	100 000
	糙率比尺	$\lambda_n = \lambda_1^{1/6}$	1.47
	水流时间比尺	$\lambda_{t1} = \lambda_1^{1/2}$	10
侵蚀泥沙运动相似	悬移运动相似	$\lambda_d = \dfrac{\lambda_1^{1/4}\lambda_v^{1/2}}{\lambda_{\frac{\rho_s-\rho}{\rho}}^{1/2}}$	3.16
	起动相似	$\lambda_v = \lambda_1^{1/2}$	10
	含沙量比尺	λ_s	3
	变形时间相似	$\lambda_{t'}$	3.3
	输沙率比尺	λ_G	300 000
土壤水相似	土壤含水量比尺	λ_θ	1
	入渗率比尺	$\lambda_f = \lambda_v = \lambda_1^{1/2}$	10

7.3.1.5　验证试验

1）降雨相似性

雨强相似可在试验中通过变频控制达到。雨滴谱相似主要保证单位面积模型土壤受到降雨击溅所产生的松动泥沙量相似，而雨强相似在一定程度上满足了侵蚀力相似的要求。受到降雨击溅作用的泥沙一旦松动，便可能在降雨径流作用下起动悬浮。

基于此目的，试验以保证雨强相似为主，同时测得在该雨强下的雨滴谱，验证该雨强下代表雨径能否松动模型泥沙。如果该雨强能松动模型泥沙，便认为降雨侵蚀力自动相似。

窦国仁在研究颗黏黏结力时，给出黏结力关系式为

$$N = \varphi \frac{\pi}{2} \rho \varepsilon_k d \tag{7-63}$$

式中，φ 为修正系数，取 1/16；ρ 为水的容重；$\varepsilon_k = 2.56 \mathrm{cm^3/s^2}$。当 $d = 0.002 \sim 0.05\mathrm{mm}$，黏结力 $N = 0.00002 \sim 0.0005\mathrm{g \cdot cm/s^2}$。而试验雨滴直径为 $0.5 \sim 2.0\mathrm{mm}$，打击力为 $0.001308 \sim 0.9067565\mathrm{g \cdot cm/s^2}$，远大于黏结力。事实上，采用的模型沙颗粒的粒径多集中在 $0.05 \sim 0.002\mathrm{mm}$（含量达 80%），加之试验前将其晒干碾碎磨细使用，有机质和黏粒含量较少，特别是雨滴的击溅作用基本上可以保证土壤颗粒的分散性质。

2）汇流过程相似性

在土壤级配组成相似、降雨相似的条件下，采用当量降雨过程进行试验。试验过程如图 7-4 所示，对汇流时间、平均汇流速度、最大汇流量、侵蚀量及输沙级配进行验证（表 7-3、图 7-5）。

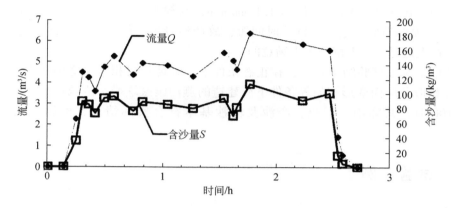

图 7-4 流量、含沙量过程

表 7-3 模型验证与原型实测对比

观测数据来源	雨强 /（mm/min）	侵蚀性降水量 /mm	汇流时间 /h	平均汇流速度 /（m/s）	最大汇流量 /（m³/s）	侵蚀量 /［t/（km²·a）］
模型	0.114	5.1	0.3	0.84	5~6.39	2900
原型	1.14	140~150	0.2	1.25	5~6.30	2800~3100

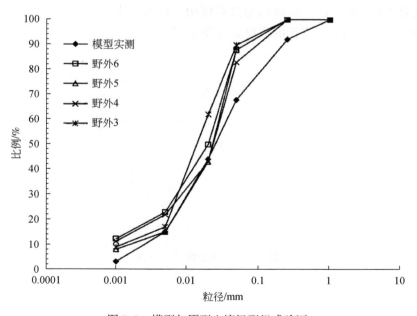

图 7-5 模型与原型土壤级配组成验证

表 7-3 表明，汇流时间、平均汇流速度、最大汇流量及侵蚀量与原型是接近的，模型能够基本反映原型的水力侵蚀规律。

3）侵蚀产沙级配验证

根据 2003 年 7 月 13 日暴雨后康家圪崂小流域不同部位淤沙级配与模型侵蚀泥沙级配对比，原型暴雨最大 30min 雨强为 1.1mm/min，与模型当量雨强相当。只是总雨量为 19.7mm，较模型当量雨量小，持续时间短，故产沙较细，但与模型产沙级配差别不大，无论在定性上还是定量上都是令人满意的。

综合以上验证试验结果表明，在正态条件下，满足几何相似、降雨相似、水力侵蚀产沙输沙相似及床面变形相似等条件下所建造的燕沟康家圪崂小流域模型，采用的几何比尺为 100 时，其降雨、汇流、产沙及输沙基本符合实际情况，可以开展水力侵蚀试验。

7.3.2 试验实例 2

7.3.2.1 流域选择

以黄土丘陵沟壑区第一副区的桥沟为模拟流域。桥沟是裴家峁沟流域的一级支沟，流域面积为 0.45km²，主沟长 1.4km，不对称系数为 0.23，沟壑密度为 5.4km/km²，流域内有两条支沟，呈长条形，其中一支沟沟长 870m，沟道比降为 4.97%，二支沟沟长 805m，沟道比降为 1.15%（图 7-6～图 7-9 和表 7-4）。流域多年平均降水量约 350mm。流域内布设桥沟 1、2、3、5 号 4 个雨量站，各雨量站相关信息见表 7-5。流域内布设有 2m 坡、5m 坡、上半坡、下半坡、全峁坡、全坡长、新谷坡、旧谷坡 8 个径流场，开展野外观测，径流场信息见表 7-6、图 7-10。流域内布设有桥沟、桥沟一支沟、桥沟二支沟 3 个水文站，分别设于桥沟、一支沟、二支沟的沟口处（图 7-10）。

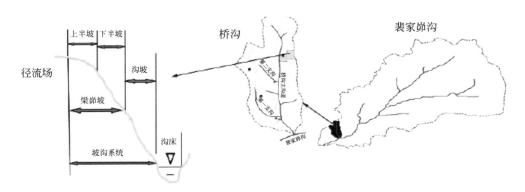

图 7-6　桥沟小流域示意图

图 7-7 桥沟主沟

图 7-8 桥沟一支沟

图 7-9 桥沟二支沟

表 7-4　桥沟小流域沟道特征

地貌单元	控制面积/km²	主沟道长/m	沟道比降/%
主沟	0.450	1400	1.11
一支沟	0.069	869	4.97
二支沟	0.093	805	1.15

表 7-5　雨量站信息

站名	位置	仪器型号	观测方式	观测起始年份
桥沟 1 号	测站脑畔	JDZ-1 型数字雨量计	自记	1986
桥沟 2 号	半山腰	SJ1 型虹吸式雨量计	自记	1986
桥沟 3 号	半山腰	SJ1 型虹吸式雨量计	自记	1986
桥沟 5 号	半山腰	SJ1 型虹吸式雨量计	自记	1986

表 7-6　野外径流场信息

场号	径流场类型	坡长/m		平均宽/m	面积/m²		观测起始年份
		水平	倾斜		水平	倾斜	
1	2m 坡	19.4	20.4	2.0	38.8	40.8	1988
2	5m 坡	19.4	20.4	5.0	97.0	102.0	1988
3	上半坡	19.4	20.4	10.0	194.0	204.0	1986
4	下半坡	18.1	19.8	10.0	181.0	198.0	1986
5	全峁坡	45.6	49.2	10.0	456.0	492.0	1986
6	全坡长	98.9	117.0	25.2	2492.0	2948.0	1986
7	新谷坡	55.6	71.5	28.5	1584.0	2038.0	1987
8	旧谷坡	53.0	69.3	19.3	1024.0	1337.0	1986

图 7-10　桥沟小流域野外径流场和桥沟站

7.3.2.2 小流域土壤侵蚀实体模型比尺设计

模型设计符合几何相似、运动相似和动力相似等基本原理要求，同时选择正态模型。其中，降雨时间比尺与变形时间比尺一致，悬移运动相似比尺须由试验时的水流动力黏滞系数比尺计算得出，模型水流含沙量比尺结合模型验证试验确定，模型输沙率比尺为模型水流含沙量比尺与模型流量比尺的乘积。

正式试验前，选择某一当量降雨过程，完成待定模型比尺的率定，确定模型的最优变形时间相似比尺和水流含沙量比尺，而后选择不同降雨频率的当量降雨过程进行模拟，对试验的径流量、输沙量、水流含沙量等观测数据进行比尺换算，与原型的径流量、输沙量、水流含沙量及其过程进行对比验证，并对水流含沙量等物理量的比尺进行适当的调整。

根据室内实体模型试验验证结果，确定几何比尺 $\lambda_l = 40$，其他各比尺关系见表 7-7。

表 7-7 桥沟小流域模型主要比尺

相似条件		比尺关系式	比尺
几何相似	水平比尺	λ_l	40.0
	垂直比尺	λ_h	40.0
降雨相似	雨强比尺	$\lambda_i = \lambda_l^{\frac{1}{2}}$	6.3
	降雨时间比尺	λ_{t1}	2.1
水流运动相似	流速比尺	$\lambda_V = \lambda_l^{\frac{1}{2}}$	6.3
	流量比尺	$\lambda_Q = \lambda_l^{\frac{5}{2}}$	10 119.3
	糙率比尺	$\lambda_n = \lambda_l^{\frac{1}{6}}$	1.8
	水流时间比尺	$\lambda_{t2} = \lambda_l^{\frac{1}{2}}$	6.3
侵蚀泥沙运动相似	悬移运动相似	$\lambda_d = \dfrac{\lambda_l^{\frac{1}{4}} \lambda_v^{\frac{1}{2}}}{\lambda_{\frac{d_s-d}{d}}^{\frac{1}{2}}}$	2.0
	起动相似	$\lambda_q = \lambda_l^{\frac{1}{2}}$	6.3
	含沙量比尺	λ_S	3.1
	变形时间相似	$\lambda_{t2} = \lambda_{t1}$	2.1
	输沙率比尺	$\lambda_G = \lambda_S \lambda_Q$	31 369.8
土壤水相似	土壤含水量比尺	λ_θ	1.0
	入渗比尺	$\lambda_f = \lambda_l^{\frac{1}{2}}$	6.3

为保证土壤试验之前的坡面土壤含水量相似，模拟试验前一天先在模型上进行低强度的降雨，对坡面进行湿润浸透，然后放置到第二天进行试验。室外土壤侵蚀实体模型主要是收集天然降雨条件下的侵蚀泥沙、水流运动等参数，模拟试验主要是在水利部黄土高原水土流失过程与控制重点实验室的水土流失试验大厅模拟降雨系统下完成的，该降雨系统

由西安理工大学和黄河水利科学研究院联合研发的大型可连续变雨强的模拟降雨试验装置，该装置生成的雨强与雨滴末速分布相匹配，可以进行模拟降雨与天然降雨的雨强和雨滴能量过程的相似模拟，可使95％以上的雨滴达到匀速下降的状态。

7.3.2.3 模型建造

在黄河水利科学研究院"模型黄河"基地水土流失试验大厅建设了桥沟小流域概化实体模型。模型的地形数据取自野外三维激光扫描仪测量生成的精度为1m的数字高程模型（DEM）（图7-11）。小流域概化模型按照水平、垂直比尺1：40，建设小流域正态实体模型（图7-12）。试验用土为邙山黄土，土壤级配见表7-8。

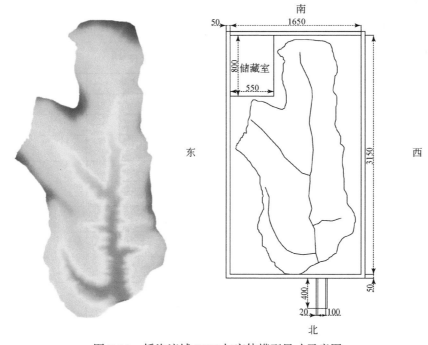

图7-11 桥沟流域 DEM 与实体模型尺寸示意图

单位：cm

图7-12 桥沟小流域正态实体模型

表 7-8　供试土样颗粒级配

粒径/mm	>0.25	0.25~0.075	0.075~0.005	<0.005
比例/%	0	10.4	83.7	5.9

当土壤侵蚀实体模型按照一定的相似比尺条件、设计方法建造完成后，即可准备开始土壤侵蚀实体模型试验。

室外降雨侵蚀小区 50cm 以下全部用夯实的黄绵土填充，并在土槽底部铺填 10cm 厚的天然沙，以保持试验土壤的透水状况与天然坡面的透水状况较为相似。然后在土槽内铺填 20cm 厚过完筛的邙山黄土，用土壤容重压实板轻拍土壤，使其容重均匀达到 $1.2g/cm^3$，再以同样的方法铺 15cm 厚的经过筛处理过的土样，容重仍然均匀控制在 $1.2g/cm^3$，最后以同样的方法铺 15cm 厚的过筛后的土样，容重也均匀控制在 $1.2g/cm^3$。三次分层填土，可以尽量避免填土的容重不均。室内土槽则按天然土槽填完夯实土以后的步骤进行填土。

7.3.2.4　试验观测方案

根据不同地貌单元的研究目标，观测主要分为坡面观测与沟道观测两部分，坡面观测包括典型坡面与坡面-沟道系统的流深、流速、含沙量、侵蚀形态等，沟道观测包括一、二支沟，流域出口的流深、流宽、流速、径流量、含沙量以及沟道侵蚀形态。

1）坡面观测

（1）观测方法。参照桥沟小流域坡面、坡沟系统等径流场的实地方位，根据桥沟小流域 DEM 的坡面和沟坡典型性分析结果，兼顾便于观测的原则，在小流域概化实体模型中选取典型坡面和坡沟系统布设径流场各两处，在坡面、坡沟系统径流场布设典型断面，分别观测径流深、流速、含沙量等参数。其中，径流深使用标尺读数测量，流速使用染色剂法测量，水流含沙量在各观测断面抽取，观测间隔为 2~5min。对于侵蚀形态，使用三维激光扫描仪分别对试验前后的坡面、坡沟系统径流场的坡面形态进行扫描。

（2）观测设备。在观测断面布设坡面垂向刻度尺、坡向刻度尺，通过径流深对应的坡面垂向刻度尺读取径流深，通过记录染色剂流经坡向刻度尺的时间计算坡面流流速，通过注射器在观测断面吸取径流采样，通过比重法计算含沙量。

（3）设备型号。观测系统为 DS-2CD3T26DWD-15 海康威视 200 万 1/2.7″ CMOS ICR 星光级红外阵列筒型网络摄像机；图像采集采用 DS-7800 系列 NVR 采集卡；地形扫描采用 FARO 三维激光扫描仪。

2）沟道观测

（1）观测方法。在小流域概化实体模型支沟入汇处、流域出口处布设摄像头，分别观测径流宽、径流深、流速以及径流量等参数。其中，径流宽、径流深使用标尺读数测量，流速使用染色剂法测量，水流含沙量在各观测断面抽取，径流量根据流域出口三角堰的测针读数计算，观测间隔为 2~5min。侵蚀形态使用三维激光扫描仪分别对试验前后的沟道侵蚀形态进行扫描。

（2）观测设备。在观测断面布设横向、垂向刻度尺，通过径流宽与径流深对应的刻度尺读取径流宽、径流深，通过浮标流速计算坡面流速，使用采样瓶在观测断面采径流样品，通过比重法计算水流含沙量。

（3）设备型号。观测系统为 DS-2CD3T26DWD-15 海康威视 200 万 1/2.7″ CMOS ICR 星光级红外阵列筒型网络摄像机；图像采集采用 DS-7800 系列 NVR 采集卡；地形扫描采用 FARO 三维激光扫描仪；40cm 水位测针。

3）小流域水沙过程量测系统

小流域模型水沙过程量测系统由视频采集装置及处理软件组成，在需要获取数据的位置布设不同视角的摄像采集装置（图 7-13），对试验过程中获取的图像信息使用摄影测量中的三维重建方法，按照特征点提取、特征点匹配、稀疏点重建、稠密点重建、空间差值等方法，确定量测区域的侵蚀地形变化、坡面流流速、沟道流流场等观测参数。

图 7-13　桥沟小流域概化模型自动量测体系

第8章 | 土壤侵蚀实体模型人工降雨模拟系统

人工模拟降雨试验装置是实现土壤侵蚀实体模拟试验的重要基础设施，其装置的功能是否能够有效模拟土壤侵蚀动力条件及可否实现模拟降雨与天然降雨的相似，直接决定着土壤侵蚀试验结果的可信度和精度。基于相似理论，针对当前国内外关于人工模拟降雨试验中存在的降雨强度模拟不连续、降雨过程控制精度低等突出问题，研发了土壤侵蚀实体模型大型自动化模拟降雨系统设计技术，并给出了设计实例，得到了实践验证，降雨系统已成功应用于大量的土壤侵蚀试验中。

8.1 概　　述

降雨是水力侵蚀的直接动力，也是影响水土流失过程的主要因素之一。由于天然降雨的复杂多变性，在短期内不可能进行多次重复再现观测试验，并快速积累所需的研究资料。因此，要想得出有关降雨条件下水土流失的定量研究成果，需要长达几年甚至十几年的时间才能获得足够的系列数据资料。通过模拟降雨实验的途径，开展不同雨型和雨强的模拟降雨实验，可以在人为控制条件下从多角度来研究降雨的各种特性（如降雨总量、雨强、雨滴大小、雨滴终速、降雨动能）及各种边界条件（如坡度、坡长、植被、土壤类型等）对土壤侵蚀的影响，在较短的时间内可以获取所需的大量试验数据，可以重复再现一定条件下的水蚀过程，加深对过程机理的认识。而要开展土壤侵蚀实体模型试验，就需要对降雨过程进行模拟。采用模拟降雨装置开展水土保持学及相关的水文学、环境科学及泥沙运动学等学科的科学试验研究，已经成为国内外学者普遍采用的重要研究手段。因此，针对当前国内外在人工模拟降雨试验中存在对降雨强度、过程控制精度低、缺乏大型人工降雨模拟系统设计的经验等突出问题，开展大型人工模拟降雨系统的研究具有重要意义。

8.2 降雨模拟系统设计

根据降雨侵蚀相似条件，对模拟降雨装置的性能有如下要求：

（1）在设计雨强范围内，降雨均匀性好，雨强变化能满足试验要求，同时应能使雨强有一定的调整范围。

（2）模拟降雨的雨滴谱应与天然降雨的雨滴谱一致。

（3）模拟降雨的雨滴下落末速即终速应与天然降雨的雨滴下落末速接近。

（4）降雨装置结构合理，性能稳定可靠，操作、维护方便。

模拟降雨系统主要包括降雨子系统、供水子系统和控制子系统。

8.2.1　降雨装置

模拟降雨装置作为模拟降雨的雨滴发生装置，是模拟降雨系统的核心部件。模拟降雨装置所产生的模拟降雨的雨滴谱、雨滴动能、降雨均匀性能否与天然降雨特性接近，是衡量模拟降雨装置优劣的重要指标。

目前使用的模拟降雨装置种类繁多，根据雨滴产生的形式可归纳为滴水式和喷水式两大类。

1）滴水式

滴水式是水从悬线或细管末端以水滴形式下落到地面。滴水式的特点是降雨时水滴下落具有零初始速度，雨滴直径相同，雨滴大小取决于悬线粗细或针管内径大小，而与压力等因素无关，降雨均匀性好、雨强控制简单。根据结构的差异，滴水式又大致分为悬线式和针管式两类。

悬线式降雨装置能够获得较大的雨滴和均匀分布的降雨，但是悬线容易沉积杂物而影响雨滴生成。另外，悬线在反复干湿变化之后可能改变其形成雨滴的特征，且其雨强和雨滴性能很难控制。因此，悬线式主要用于一些单雨滴的测定试验。

针管式降雨装置一般采用内径为 $0.2 \sim 1.2\,\text{mm}$ 的不锈钢细管或注射针管等材料制成。针管式的形成雨滴大小与细管的内径大小有关；降雨面积的大小则取决于细管的排列组合的数量和覆盖面积；雨强取决于细管在单位面积上的数量、细管的内径大小和给水压力大小。针管式优点是组合简单、降雨均匀性好，缺点是水质条件要求高、生成降雨的雨滴谱均匀单一，不随雨强发生变化，这一点与天然降雨雨强雨滴谱关系有较大差别。

2）喷水式

喷水式种类很多，按结构形式划分，有的是在一些平行的细管上钻有一些出水孔，有的仅是一个圆锥孔口结构的简单喷头，有的则带有活动的或固定的旋流结构，以及其他带有碎流结构的较为复杂的喷头。按喷水方式划分，有喷嘴式和喷洒式两类，而喷嘴式又可细分为下喷式、侧喷式、上喷式和管网式等类型。

喷水式是利用管网的管壁上加工的分布均匀的孔口或喷嘴、喷头把水喷射到空中，其在空中分散成大小不一的水滴降落到地面。这种形式的雨滴大小不一，随机分布。喷水式在固定孔口（喷嘴、喷头）直径和给水压力的条件下，其雨滴谱保持基本稳定。随给水压力和孔口大小的变化，其雨强与雨滴谱关系发生变化，这样给模拟降雨与天然降雨的雨滴谱相似提供了选择余地。雨强大小取决于孔口或喷嘴、喷头的孔径大小及供水压力大小。喷水式的主要优点：一是喷水时水滴下落具有一定的初速度，在较低的降雨高度下，雨滴终速接近于天然降雨的雨滴终速；二是模拟降雨的雨滴谱与天然降雨的雨滴谱相似；三是通过改变喷头组合和供水压力可以实现对连续变雨强的降雨过程的模拟；四是在有效降雨区内降雨均匀性较高；五是设备安装简单、运输方便，适用于室内和野外模拟降雨。但是喷水式也存在着明显的缺点：一是用水量较大；二是水质要求较高；三是单个喷头的降水面积比较小，需要扩大降水面积时，常常采用几个喷头组合使用，这样又会影响降雨分布的均匀性；还有，降雨面的中心部分降雨分布较均匀，边缘部分较差。

　　喷洒式是在一些平行的细管上钻有一些出水孔,水从孔中喷出并以雨滴形式落到地面。由于喷洒式喷出的雨滴级配与天然降雨雨滴谱差异较大,因而很少用于土壤侵蚀试验。

　　喷嘴式喷头的水流破碎成水滴的方式与喷洒式不同,它的水流破碎方式包括有碎流板和无碎流板两种类型。日本的 F 型喷头属于无碎流板类型,其工作原理是,供给的压力水流进入喷头后,经过喷头的旋流结构引导,以锥角为 120° 的圆面向下喷洒出来,形成降雨。靠碎流板碎流的喷嘴式有局部碎流(如侧喷式喷头)和全面碎流(如 X 型喷头)两种。

　　侧喷式属部分碎流式降雨装置,其工作原理是,水流从孔板的孔口喷出,经碎流板阻挡后,水流导向一侧,在水的重力和空气阻力作用下分散成大小不一的雨滴下落到地面。X 型喷头属于全面碎流型降雨装置,其工作原理是,供水管道中的有压水流向下直射到喷头底部的碎流挡板后,沿全圆矢径方向从喷头体与碎流板之间的缝隙(一般将用于调节缝隙大小的碎流板的开度大小称为喷头开度,其大小取决于碎流盖板的螺帽开度)中射出。在供水压力适当的情况下,从 X 型喷头喷出的水流会围绕碎流板的光滑面形成弧状薄层水膜,水膜因水的重力和空气阻力作用破碎成大小不同的雨滴下落到地面。

　　根据多年来对喷头的反复试验,本设计的模拟降雨系统采用喷水式喷头。筛选出 5 种不同型号的喷头,所采用的喷头型号见图 8-1。

图 8-1　不同孔径的 X 型喷头

8.2.2　模拟降雨装置的单元构成

　　模拟降雨系统设计有效降雨试验面积为 4960m²,实际设计共分 30 个单元小区,每个单元小区 128m²。为了使研制的模拟降雨系统能够更好地模拟天然降雨过程,将 5 种不同孔径的 X 型喷头组合成一个模拟降雨装置单元,即每个模拟降雨装置单元中分 4 个不同型号的喷头组合单元(图 8-2)。降雨层距地面 19m。

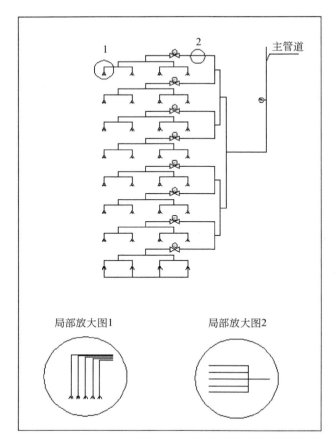

图 8-2   模拟降雨装置单元示意图

4 个组合单元由 40 个电磁阀组成，整个降雨系统共 160 个电磁阀；每个单元区每种型号的喷头有 32 个，共有 5 种型号；整个降雨区共有喷头 640 个。

（1）喷头间距及布设形式。在正常供水条件下，X 型喷头的有效喷洒半径为 3.0～4.0m。结合试验区的现有范围，同种型号的喷头间距为 1.95m。喷头布设形式为三角形或梅花桩形。

（2）模拟降雨装置布设。根据模拟降雨试验小区的规模及上述喷头间距布设要求，确定模拟降雨系统喷头布设区有效降雨面积为 4960m²。

8.3   模拟降雨供水系统

模拟降雨装置由供水水泵、供水管网构成（图 8-3）。供水管网共有 5 级供水管道构成。模拟降雨装置构成包括：4 台 7.5kW 水泵分别给 4 个降雨区供水；4 台流量计分别监测 4 个小区的压力平衡；4 台压力变送器分别起到设定、采集并反馈压力信号传输至控制室对系统压力进行全自动调控的作用。

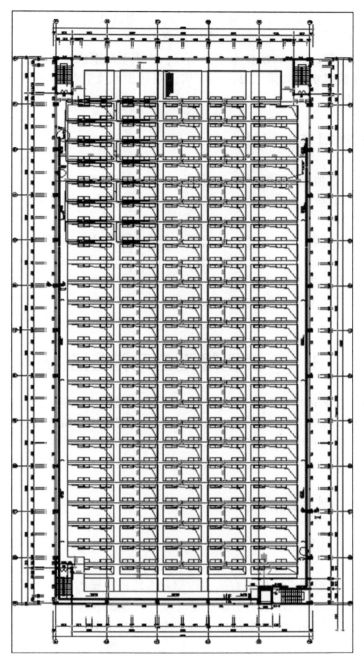

图 8-3　模拟降雨系统管网布设示意图

8.3.1　供水管网构成

根据系统需要和防冻、防腐、承压等要求，本模拟降雨系统供水管网的管材分别选用了丙烯腈–丁二烯–苯乙烯（ABS）管和铝塑管。选用这几种管材的原因是其具有耐腐蚀性、耐酸碱性，不易出现锈渣，可以避免堵塞喷头。

设计的供水管网加有 20% 的供水安全系数，选用了以下供水管径：Ⅰ级供水干管采用 Φ100 钢塑管；Ⅱ级供水支管采用 Φ80 ABS 管；Ⅲ级供水支管采用 Φ40 ABS 管；Ⅳ级供水支管采用 Φ20 铝塑管。

8.3.2 供水管网其他组件

（1）管道泵。模拟降雨装置产生的雨强大小取决于喷头开度与供水压力（或管道过水流量）大小。为了给模拟降雨装置提供足够的供水流量，在供水干管上安装了设计扬程为 46m 的 4 台管道泵。

（2）供水管止水阀。为了避免在降雨结束后喷头继续滴水，增加了止水阀。

（3）管道过滤装置。为了防止泥沙、铁锈等杂质进入供水系统后堵塞供水管道甚至喷头出水口，在供水干管的进水段安装了长 20~50cm 的可拆卸的管道过滤装置。为避免水质不洁、水泵吸入杂质等堵塞喷头造成模拟降雨的均匀性达不到要求，模拟降雨系统在使用一段时间后，要定期（1~2 年）或视降雨装置的工作情况，对管道过滤装置进行清洗或更换。

8.4 模拟降雨自动控制系统

目前国内外大多数模拟降雨系统仅适用于开展定雨强模拟降雨试验，这与天然降雨连续变雨强的复杂降雨过程具有较大差异。要实现连续变雨强的模拟降雨过程，就必须使模拟降雨系统在模拟降雨的过程中，能够按照设计要求在短时间内实现喷头自动启闭和不同组合喷头之间的自动切换。为了达到这一目的，需在模拟降雨系统中引入降雨强度自动控制系统。

8.4.1 自动控制系统的功能

自动控制系统是由顺序控制、过程控制和位置控制构成的综合控制系统，它具有以下三种功能。

（1）控制功能。控制系统应具有远程控制及本地控制操作的功能，可以实现手动控制与自动控制进行自由切换的功能。手动控制可在人机界面中直接切换电磁阀控制开关的信号状态，给定管道压力值经软件系统输出输入来调节变频器的频率，从而实现压力稳定。自动控制可根据事先设定的逻辑关系进行状态的自动切换、设备的自动运行，实现整个模拟降雨过程的自动化控制。

（2）监控功能。自动监控模拟降雨系统的参数运行情况、设备运行情况、位置状态及诊断设备本身的异常状况。

（3）运行记录功能。可实现在线记录设备运行状态、控制操作记录、异常故障事件报警等。

8.4.2 自动控制系统总体结构

模拟降雨系统的自动控制系统由管理机单元、上位机 IPC 操作单元、可编程计算机控制器单元、现场执行机构单元（包括管道泵、压力传感器、压力变送器、电磁阀）、控制电路、调节电路等几部分组成（图8-4）。

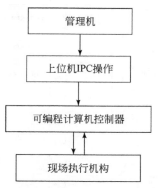

图 8-4 模拟降雨控制系统总体结构示意图

8.4.3 自动控制系统操作软件用户界面

（1）手动降雨操作。手动操作界面见图 8-5。通过手动操作可以调节供水管道压力与流量，选择降雨单元，并可对单元内不同分组的喷头进行控制。同时也可以根据实际降雨过程，进行降雨强度分级，可以随时控制降雨时间。手动操作能够满足常规的降雨试验要求。

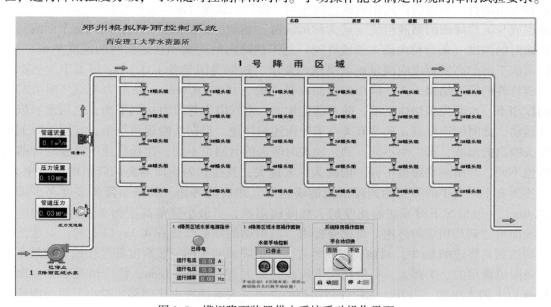

图 8-5 模拟降雨装置供水系统手动操作界面

（2）自动控制降雨操作主界面。模拟降雨装置自动控制参数输入界面见图 8-6。

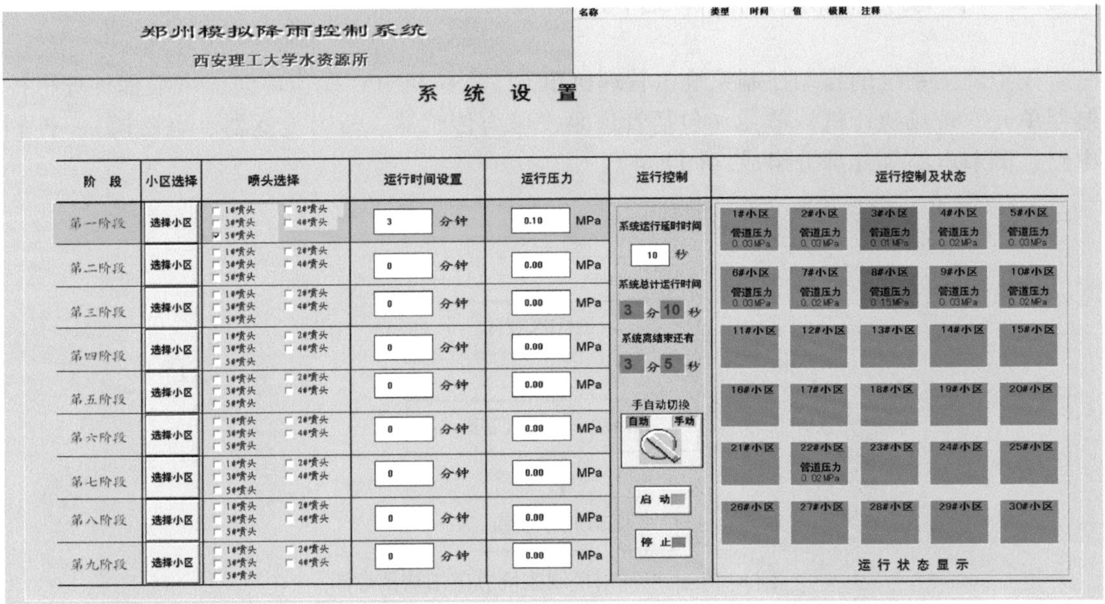

图 8-6　模拟降雨装置自动控制参数输入界面

8.5　模拟降雨系统布设高度

模拟降雨能否与天然降雨相似的一个主要判定指标为雨滴动能的相似性，即相同降雨过程的雨滴打击地表的作用相同或比例相同。要达到这项要求需要模拟降雨装置产生的雨滴组成与天然降雨的雨滴组成（通常称雨滴谱）相似，即雨滴谱相似；同时每个雨滴到达地面时的速度（通常称雨滴末速或终速）与天然降雨的雨滴到达地面时的速度基本一致，即雨滴下落的高度要求应满足雨滴终速的要求。根据美国学者 J. O. Laws 等关于天然降雨雨滴特性的研究结果，天然降雨的雨滴直径一般为 0.1 ~ 6.0mm。在重力与空气阻力的共同作用下，水滴先做加速运动，随着落速加大，空气阻力与重力达到平衡，之后水滴以匀速运动，此时的速度就是前文有关章节中所述的终速。根据实验观测结果，在同一时刻由喷头喷出的雨滴，其大小不同，到达地表时所需的时间也不同，达到终速所需要的降落高度也不同，其雨滴终速也不同，雨滴大，末速大，其达到匀速所需要的降落的高度也大。要使所有不同大小的零初始速度雨滴能够达到其相应的终速，其最小降落高度至少需要 20.0m。一般情况下对零初始速度的天然降雨雨滴，当最小降落高度为 7.8m 时，95% 的雨滴即可达到其相应的终速。哥德曼提出，当雨滴的降落高度在 4.3m 以上时，就能使大雨滴达到其终速的 80%。目前，国内外许多模拟降雨喷头的安装高度都是按照上述最小高度极限值确定的。实际上，一般情况下雨滴的最大直径在 4 ~ 5mm，特殊情况下才会出现 5mm 以上的大雨滴。另外，无论任何雨型的降雨，大雨滴所占比例都比较小，而小雨滴比较多。例如，对于雨强为 10mm/min 的特大暴雨，直径大于 1.5mm 的雨滴不足 2%。因此，喷头的安装高度须满足降雨中较大雨滴降落到地面上时能接近终速，否则会带来喷头安装过高导致的试验操作不便及试验费用增大等问题。美国、澳大利亚等国家的一些学者对雨滴下落速度的研究结果表明，具有初速度的下喷式喷头，降雨高度达到 2.0m 以上时，就可以满足不同直径的雨滴获得 2~9m/s 的终速，但喷头的初速与喷头压力有关，喷头压力又与喷头出水量（或雨强）有关，因此，其初速是变化的，无法保证各种情况下雨滴满足终速的要求。姚文艺等（2001）的研究表明，不同直径的雨滴其由初速达到终速的高度是不一致的，如直径 1mm 的雨滴，下落高度达到 0.5m 时，初速与终速的比值就可以达到 60% 左右，而直径 2mm 的雨滴需要 1m 以上。为便于应用，姚文艺等（2001）还得出了初速与终速的比值与粒径、下落高度之间的诺模图关系。

根据 J. O. Laws 等提出的雨滴落地高度在 7.8m 以上即可使 95% 的雨滴达到末速的研究结果，为使模拟降雨装置产生的雨滴动能与天然降雨的雨滴动能相似，就必须将模拟降雨装置发生器安装在一个距离地面足够高处。

基于目前的研究成果，并考虑下垫面建造的部分高度损失 5.0m，设计的降雨装置可以保证雨滴的有效平均下落高度达到 13.4m，可以保证模拟降雨系统产生的 95% 以上的雨滴达到终速。在试验过程中，通过调节每一个降雨单元中不同孔径喷头的组合，还可以满足模拟降雨的雨滴谱与相应天然降雨的雨滴谱相似，进而可以实现模拟降雨雨滴动能与天然降雨雨滴动能相似。

8.6 模拟降雨试验操作要求

8.6.1 试验准备

（1）查看供水箱是否满蓄水，地下蓄水池是否需要清理。
（2）检查供电有无异常，打开全部手动开关和自动开关。
（3）检查喷头及元器件有无堵塞损坏。
（4）确定好试验降雨的压力参数及喷头组合形式。

8.6.2 降雨试验

对提前设定的雨强再进行一次检验，确认无误后再在计算机中设定喷头组合、时间压力等数据，确定无误后开机试验。

8.6.3 试验结束

试验结束后，要关闭电源并关闭主管道电动总阀。

8.7 土壤侵蚀实体模型试验测量方法

8.7.1 土壤侵蚀实体模型试验测量内容

土壤侵蚀实体模型试验需要测量的内容包括降水量、雨强、土壤侵蚀实体模型的径流量、侵蚀量、坡面流流速、径流宽、径流深等水力学参数，坡面水下地形量测、土壤水分含量、土壤水分入渗速率变化情况等一系列的参数变化情况。

8.7.2 土壤侵蚀实体模型试验测量仪器和手段

（1）坡面薄层流流速。采用光电反射法流速仪，流速范围为 1～100cm/s，量测误差 ≤±5%。

（2）土壤侵蚀径流量。采用水土流失自动监测系统测量流量，目前有多款仪器设备可供选用。

（3）沟道及坡面水下地形量测。采用浑水地形仪量测，水深范围为 0～30cm，量测误差 ≤±1mm。相关技术成熟，目前有多款适用设备。

（4）微地貌。采用美国法如科技有限公司生产的 FAROFocus3D 三维激光扫描仪测量坡面地形，扫描速度为 976 000bit/s，50m 距离实测精度达 2.0mm，扫描一个标准坡面用时约 1min。为了精准、无死角地测量地形，将三维激光扫描仪安装于试验土槽正上方的降雨系统压力管道上（图 8-7）。数据采集分雨前雨后分别进行，降雨前进行一次地形扫描，获得初始地形点云数据；每场降雨结束后，待坡面水下渗完全，再次进行坡面地形扫描，获得完整的坡面形态演变数据。

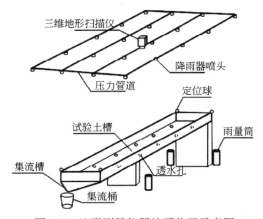

图 8-7 地形测量仪器按照位置示意图

（5）含沙量。含沙量仪，含沙量范围为 0～1300kg/m³，量测误差 ≤±8%。有多款仪器可利用红外光透射与连续重力感应相结合测量含沙量。

（6）降雨的模拟。采用人工模拟降雨器，雨强范围为 0.2～10mm/min，雨滴直径为 1.25～6.00mm，距地面高度为 20m。采用组合式喷头，每个喷头组由 4 种口径不同的喷头组成，每种口径的喷头可单独降雨，也可由 2 种、3 种或 4 种喷头同时降雨。喷头包括旋转喷射式喷头、下喷式喷头。采用现有的自动记录雨量计量测降水量及雨强，也可使用高精度的激光雨滴谱仪量测降水量、雨强、雨滴的终速和粒径。

（7）植被根系分布。采用根系生态监测系统，可用于非破坏性动态追踪观测根系形态因子，能够将根系相关数据定量化，目前国内外均生产有相关的适用设备。

（8）土壤水分。土壤水分动态监测系统，监测精度高，目前国内外均生产有相关的多款适用设备。

第 9 章 | 总结与展望

9.1 主要结论与进展

9.1.1 主要结论

利用理论分析、数值计算、实体模型试验验证和应用检验的手段，基于河床演变学、河流地貌学、水动力学、土壤侵蚀动力学及相似法则的理论，针对黄河水沙实体模型试验中常遇到的一些试验方法与技术问题，对多泥沙河流河型急剧变化段的实体动床模型设计方法、多泥沙河流实体动床模型"人工转折"设计方法、"松弛边界"试验方法及土壤侵蚀实体模型设计方法等问题进行了理论上的探讨和方法上的创新，提出的设计理论和试验方法在黄河河道治理、水土保持的试验研究中得到了应用检验，不仅证明了这些方法及理论的合理性，还在河道治理理论和规律方面取得了不少认识，为黄河治理和水土流失治理的工程实践提供了很有价值的参考依据。另外，较为系统地介绍了黄河水沙实体模型的一般设计理论和在模型试验中所应用、开发的相关试验量测技术。

9.1.1.1 河流模拟方面

（1）系统地总结了国内外河工实体模型、土壤侵蚀实体模型设计的理论与方法，分析了河工实体模型试验及土壤侵蚀实体模型试验发展的趋势。

国外河工实体模型试验理论和技术发展较早，并在河道整治、河口治理、水工设计等诸多方面得到广泛应用。近几十年来，在研究河流问题时，国外已逐渐转向于以数值模拟的方法为主，而关于实体模拟理论和技术的研究进展较缓，新的成果不多。然而，实体模型试验是研究河流问题的一种有效手段，不少国家的科学家和工程师，在研究较为复杂的河流水力学问题、河床演变过程、河道整治工程、重要的水工关键技术问题时仍采用实体模型试验的方法，而且正在将此方法逐渐应用于河流生态学的研究领域内。

我国利用河工实体模型试验的方法研究河流问题开展得比较晚，自 20 世纪 50 年代随着我国水利事业的较大发展，才较为系统地开展河流实体模拟理论、方法及实践的探索，发展相对较快。尤其是近年来，我国政府对水利事业高度重视。例如，三峡水利枢纽、小浪底水利枢纽等一些大型水利工程的陆续开工建设及大江大河治理大规模展开，大大促进了包括实体模型试验在内的河流模拟理论与技术的快速发展。我国在高含沙水流河道动床实体模型试验方面，探索出较为系统的相似准则和模拟方法，研究成果居河流模拟领域的国际前沿。目前，将数值模拟与实体模拟进行耦合运行，正成为我国河流模拟研究领域发展的新趋势。同时，关于大比尺长河段的河工动床实体模拟问题也正为人们所关注。

土壤侵蚀实体模拟试验在水土流失治理、水土保持措施效益评价中具有重要的作用，是一项很有价值的研究手段，但是人们对土壤侵蚀规律及其发生发展机理仍缺乏深入理解，未能建立起具有理论基础的过程方程体系，较河工实体模型试验理论与技术的发展而言，其进展远未能达到人们的期望，无论是在相似理论和模拟技术方面，还是在试验控制和测量方法方面都不够完善，甚至还比较欠缺。

（2）根据河流地貌系统理论及实体模型相似原理，提出了用于河型变化段河工动床实体模型的"分段设计，过渡处理"的设计方法。该方法的主要思想是，对于河型变化段的模拟，可根据不同河段的河道特性，包括河床组成、演变规律等特点，选择与整个模拟河段不完全相同的相似条件和模拟比尺进行分段设计，并根据验证对不同河型河段间的过渡段进行过渡处理。对过渡段处理的原则是，在保证阻力和河床变形相似的条件下，将上下河段取用的模型床沙按天然床沙级配进行掺和，作为过渡段的模型床沙，并进行验证率定，以保证模型中河型衔接的平滑性。试验表明，该设计方法是合理的。

（3）基于能量守恒原理和水动力学方法研究了"人工转折"的实体模型设计方法。分析表明，为使水流在"人工转折"前后保持其水力要素的一致性，即不因"人工转折"而完全或相当大的程度上改变进入转折后下游河段的水流水力规律和河床演变规律，可以通过人为的方式增加其部分能量，该能量的大小应正好等于水流在通过人工转折段时所增加的能耗。增加的能量还应满足沿程均匀分配的原则。为此，增加能量的方式可通过设计转折的附加比降来增大水流的动能，而附加比降的大小等于水流在人工转折段中的能耗比降。在此基础上，进一步探讨了多泥沙河流河工动床实体模型人工转折设计的原理、原则和方法，并给出了黄河下游河道弯曲型窄河段河工动床实体模型的设计实例。设计率定试验表明，采用人工转折的方法可以解决场地不足的情况下布设较长模型的问题；人工转折导流槽的设计应满足水流横向分布均匀性、流态一致性、水流边界的相对稳定性、水面线同步调整和固定高差5项原则；所提出的河工动床实体模型人工转折设计方法，能够保证模型河道转折前后洪水过程中的水流水力规律及河床冲淤变形的一致性。另外，根据设计原则要求，在微弯或较顺直的河段选择人工转弯衔接断面较合适，而不宜选在河道边界突变段或弯道段。

（4）为有效缩短试验周期，能在模型试验中观测到河床演变接近于动平衡状态下拟修建的河道整治工程的控导极值参数和整治效果，依据河床演变学的原理，借用数学模拟的方法，提出了"松弛边界"试验方法。该试验方法是针对河工动床实体模型试验中经常遇到的实际情况而提出的。"松弛边界"试验方法的内容是根据河床演变学原理建立具有可以反映河道整治工程扰动边界影响的河床演变预测模型，通过数值模拟获得河床演变可能达到的新的动平衡边界，并通过人工模拟塑制，制作其新的河床边界，从而认识整治工程的极值作用。

（5）基于相似理论，借鉴河工实体模型试验技术，初步探讨了土壤侵蚀实体模型的相似比尺关系、模型设计方法，以及大型自动化模拟降雨系统设计技术，并得到了实践验证，降雨系统已成功应用于大量的土壤侵蚀试验中。

上述模拟理论与方法的研究具有普遍性的意义，在模型试验中有着广泛的应用前景。

同时，该设计方法的思想提出，对于丰富水沙实体模型试验的研究内容也有着很大的意义。

9.1.1.2 河道治理方面

（1）对河道整治与河床过程的关系进行了探讨，研究结论如下。

a. 在工程相对配套的情况下，河槽平面变化仍有"大水趋中，小水坐弯"的现象。试验表明，即使修建整治工程后，游荡型河道趋于限制性弯曲型或限制性顺直微弯型河道，但仍具有随流量的减小，河槽弯曲程度迅速增加的特性。

b. 游荡型河道整治应遵循河势调整的基本规律、考虑流路的长期走势布设整治工程。研究表明，对于黄河下游游荡型河道，尽管工程密度已达90%以上，基本上形成了以弯导流、一弯送一弯的格局，且整治河宽相对较窄，在2km左右，然而，在个别局部河段，小流量长期下泄时，仍会出现主流外摆坐湾、河面展宽、心滩交替兴衰的现象，同时考虑到黄河下游其他河段的现状整治效果，为适应小流量过程的长期下泄，对游荡型河道的整治，不能单靠增加工程密度的方式，也不宜定局于大弯方案或小弯方案的方式。因此，就整治的原则性而言，只要保证适当的工程密度，视自然边界就势布弯、顺弯设坝、选择适宜的工程间隔距离，其效果将可能会更好，总而言之，就是"就势布弯，顺弯设坝，适当密度，疏密结合"。

c. 上游局部河段的整治并不能改变下游河段河道的游荡性。例如，整治河段的河势可得到很大改善，变得相对归顺，而下游未整治河段并未因上游河段整治而得到相应的明显改善。由此说明，对游荡型河道的局部河段整治，可以改善该局部河段的游荡性，并可能会对下游河段的河势产生一定影响，但影响不会很大，并不能改变下游河段的游荡性。

d. 探讨了河道横断面调整机理。河槽横断面的调整与人工边界约束增加程度、流量变差和含沙量变差有关。随河道边界约束强度、流量变差和含沙量变差的增加，河槽横断面调整的幅度也应越大。在中水以下流量过程中，随流量减小，造床作用降低，主槽断面趋于宽浅，且当流量小于某一值后，断面宽深比以较大变率增加，即断面迅速趋于宽浅。人工约束强度大小对断面形态的调整具有很大影响，在同样水沙条件下，人工约束强度越大，横断面越易趋向窄深发展。

e. 对于具有工程约束的河段，长系列清水或低含沙水流下泄条件下，河槽横断面调整的过程基本上是"展宽+下切—下切—下切+局部河段展宽"。在清水或低含沙水流下泄初期，河槽下切的同时明显展宽；当河槽达到一定宽度后，断面宽趋于稳定，其间河槽以下切为主；随后，河槽继续冲刷调整，河底逐渐展宽，平均水深增加，河槽形态不断向窄深矩形发展，同时下切幅度明显减小。另外，局部河段出现切滩，河宽又会有所增加。

（2）通过河道动床实体模型试验、河道概化实体模型试验、理论分析和数学模型计算等综合研究手段，结合黄河下游弯曲型河道挖河固堤启动工程实践，对挖河减淤机理及挖河减淤关键技术参数进行了研究，提出了挖河水力几何要素的优化组合问题。研究表明，黄河下游弯曲型河道挖河疏浚可以在一定时段及一定河段内起到一定的减淤效果；减淤效果与开挖河槽的水力几何要素有关，包括挖河长度、断面形态（挖槽宽度、挖槽长度）、挖沙量、挖槽比降等，开挖河槽水力几何要素的取值存在着临界阈。

a. 挖河长度对减淤效果有较大影响。试验研究表明，无论开挖河槽长短，开挖段内的水流输沙能力都是减小的。当挖槽长度太短时，单位挖河长度的相对回淤量越多，减淤效果就不会太明显。挖槽越长，单位挖河长度的相对回淤量越少。然而，当挖槽长度达到一定值以后，随挖槽长度继续增加，相对减淤量或冲刷量增加已不明显，单位长度冲刷量反而还会有所减少。

b. 在一定的挖槽深度和挖槽长度下，随挖槽宽度增加，所引起的上游河段的溯源冲刷量相对越大，但就单位挖沙量（冲刷比）而言，挖槽宽度过大或过小时，冲刷比反而比较小；挖槽回淤量随挖槽宽度增加而增多，而单位挖沙量的回淤比则随挖槽宽度的增加而减小。不过，在挖槽宽度达到某一个值后，随挖槽宽度继续增加，单位挖沙量的回淤比减小程度已不明显。挖槽宽度同样存在一个减淤效果相对比较明显的范围。

尽管在一定条件下，挖槽宽度和挖槽深度对挖河减淤效果都有影响，但研究表明，在更多情况下，两者的作用则表现为非独立性的效应，即挖槽宽度与深度是一对耦合因子。这就是说，挖槽的断面形态对减淤效果更具有直接的影响作用，两者之间更具相对密切的函数关系。

c. 在选定的试验水沙条件和挖河断面方案下，通过分析比选，认为对于黄河下游弯曲型河道而言，开挖断面面积为 $250 \sim 300 \mathrm{m}^2$、断面宽深比 $\sqrt{B_n}/h_n$ 为 $6 \sim 9 \mathrm{m}^{1/2}/\mathrm{m}$、挖槽长度接近于过渡段的平均长度，即为 $10 \sim 12 \mathrm{km}$，挖槽坡降应接近于挖河前河槽的平均纵比降，挖河减淤的效果会相对较高。

（3）根据"松弛边界"试验方法，论证比选了山东窄河段十八户河道整治工程下延工程的设计方案，提出了工程平面设方案的调整意见。根据工程实施后近年的运行观测结果，依据试验提出的调整方案所修建的整治工程是合理的，基本达到了设计的目的。

9.1.1.3　土壤侵蚀实体模型方面

（1）分析了模拟降雨与天然降雨侵蚀过程的相似关系。对于模拟降雨，不仅要求其与原型的降雨过程相似，还要保证空间分布均匀性一致，同时要达到雨滴终速相似，否则雨滴终速的差异会引起降雨产流产沙过程差异，这是实现坡面水蚀过程模拟相似的所必须满足的动力相似条件。

（2）揭示了天然降雨雨滴粒径组成的规律，发现了不同雨滴粒径组的终速分布范围，且雨滴粒径越粗或越细，终速分布范围越宽，处于中值粒径范围的雨滴终速分布相对较窄。

（3）建立了降雨侵蚀产沙实体模型相似比尺关系，提出了模拟试验方法。

对正态模型，应满足以下相似条件。

几何相似：
$$\lambda_x = \lambda_y = \lambda_z = \lambda_1$$

降雨相似：
$$\lambda_i = \lambda_v = \lambda_1^{1/2}$$

水流运动相似：
$$\lambda_v = \lambda_1^{1/2}, \quad \lambda_f = 1$$

或
$$\lambda_n = \lambda_1^{1/6}$$

侵蚀产沙运动相似：
$$\lambda_u = \lambda_{u_c} = \lambda_{u_*} = \lambda_\omega$$

冲淤变形相似：
$$\lambda_{t'} = \frac{\lambda_{r_0}}{\lambda_s}\lambda_t$$

土壤水运动相似：
$$\lambda_\theta = 1$$

（4）研发了大型自动控制模拟降雨系统，该系统可以实时反演天然降雨过程，做到降水量、雨强在时程上与天然降雨的一致性，并能模拟雨强的空间分异性，为开展土壤侵蚀模拟试验提供了先进的技术支撑。

（5）介绍了土壤侵蚀实体模型试验的主要参数量测技术、方法与仪器，研发了侵蚀地貌三维实时监测的技术，其得到成功应用。

9.1.2 主要进展

本书取得的主要进展成果包括以下几方面。

（1）提出了河型变化段河道实体模拟的概念，探索了河型变化段河工实体动床模型的设计理论与方法。

（2）系统提出了具有水动力学理论基础的河道实体模型"人工转折"设计的原理、原则和方法，解决了因场地长度所限而不能开展大尺度长河段模型试验的问题。

（3）首次提出了"松弛边界"试验方法的概念，论证了"松弛边界"试验方法的理论依据，并给出其设计原则及方法，有效地解决了在较短的试验周期内研究河道整治工程对河势、河床调整影响的极值参数问题。

（4）通过长系列年清水或一般含沙水流下泄的试验，研究了黄河下游游荡型河道河床横断面的调整过程，得出了河床下切过程中有"展宽+下切—下切—下切+局部河段展宽"的特点；得到了游荡型河道"就势布弯，顺弯设坝，适当密度，疏密结合"的整治设计原则，指导了游荡型河道整治的工程实践；分析论证了局部河段整治并不能改变下游河段的游荡性的结论。

（5）首次提出了表征黄河挖河减淤效果的"挖沙减淤比"概念及计算方法，探讨了挖沙减淤的影响因素及其作用；从理论上初步探讨了挖河减淤机理，提出了一定条件下较佳的挖河几何参数组合。

（6）明晰了模拟降雨与天然降雨的相似条件及模拟降雨侵蚀相似条件，系统地提出了通过保证雨强、雨滴级配相似可以使得降雨侵蚀力自动相似的降雨当量过程模拟概念，形成了小流域土壤侵蚀实体模拟相似关系，发展了土壤侵蚀实体模拟理论与具有严格比尺意义的实体模拟技术。

（7）研发了大型可连续变雨强的模拟降雨试验装置，该装置可以实时模拟再现天然降雨过程，无需人为分级平滑降雨过程，确保降雨侵蚀动力作用的连续过程，同时通过降雨喷头管件的倒坡布设及压变制阀技术，解决了模拟降雨过程结束后出现断续滴水的问题，保证了侵蚀地表形态的真实性。

9.2 展 望

黄河流域生态保护和高质量发展、长江经济带发展、长三角一体化发展及绿色发展的

"双碳"目标等多项重大国家战略的实施，必将为水科学领域的大发展带来重要的战略机遇期，由此也必将大大促进作为水科学研究重要技术手段的河工实体模拟、土壤侵蚀实体模拟等水力模拟理论与技术的发展。

由于河流过程的复杂性，尤其对于黄河这类多泥沙河流，影响其演变过程的诸多要素有着显著的不确定性及其过程响应的非线性，河工实体动床模型试验技术作为研究这一复杂自然现象的方法仍有许多难点问题（如时间变态的不一致性问题、含沙量比尺的经验性问题、比尺变态的效应问题等）在理论上和实际应用上都未得到很好解决。实际上，人类从发现未认知的问题到认识问题，再到解决问题，是一个不断飞跃发展的过程。尽管河工动床实体模型试验的方法已经在解决诸多水利科技问题中得到广泛应用，但并非意味着这一方法已经相当完善。恰恰相反，这一方法像其他科学方法一样，一直处于不断发展之中，特别是随着经济社会快速发展，人类不断增加的对河流治理开发的广泛需求，尤其是在河流生态、人与河流和谐等新理念不断建立及其在水利建设领域中的不断渗透，将需要构建起更为有效和更为完善的河流模拟方法。可以预测，随着泥沙学科理论及量测技术的不断发展，随着河流治理开发不断提出的科技新需求，包括河工实体模拟方法在内的河流模拟理论与方法一定会不断得到发展。

同样，土壤侵蚀更是一种涉及多动力驱动、多环境要素耦合的复杂水文地貌动力演变过程，水土流失阻控作为生态保护治理的重要途径，其蕴含的理论与技术的诸多难题也是更难突破的。由于实体模拟试验所具有的三维再现性、全过程反演性、多工况情景性的特点，其在土壤侵蚀规律研究中所起的作用亦将日趋重要。尽管目前的发展差强人意，但随着人们对土壤侵蚀发生发展机理的认识不断深化，土壤侵蚀实体模拟技术也将不断完善和发展。

大数据挖掘、智慧智能技术的兴起和发展必将为水科学实体模拟技术的发展提供新的理论与技术支撑，给其带来新的发展前景。可以坚信，水沙实体模拟亦将成为与数字化、智能化、自动化、影像化等现代技术紧密融合的且具有极大发展生命力的研究领域，水力相似理论的进一步完善，实体模拟与虚拟模拟、物理过程再现与数学仿真反演、量测智能控制与挖掘分析处理的融合，将是水沙实体模拟技术未来发展的新方向。为此，有些问题仍须进一步研究。

（1）要实现水沙实体模拟技术的突破及其与新理论新技术的融合，必须在相似比尺设计、实体模型建造、模拟试验方法和量测方法与信息处理技术上开展整体创新，赋予水沙实体模拟研究领域新的发展生命力。在比尺设计上需要解决水沙多过程模拟比尺的一致性、协调性问题；在实体模型建造方面要解决制作的模型地貌边界无插值连续化、定量化、精细化和自动控制化问题；在试验方法上需要解决与数学模型反演、大数据挖掘处理有效融合和试验过程的自动化、智能化控制问题；在量测技术方面需要攻克高含沙水流量测技术，研发床面泥沙运动与床面层边界精准辨识技术，即通过对泥沙交换层微观层面的测量判识床面现象，解决在微观层面测量界面的问题，当然研发新的量测仪器与设备是最基础性的工作。

（2）水流运动时间比尺与河床变形时间比尺的一致性问题是水沙实体模拟的重要问题，也是一直未能从理论上解决的问题，如何通过深化揭示泥沙运动动力学机理，构建描述水流运动与泥沙输移本构关系的理论方程，寻求从理论上解决两者比尺和谐性的问题，并进而建立更为系统、准确描述河型变化条件下的相似律体系，这是尚待进一步研究的问题。

（3）对于变态模型而言，变率是关系到模型试验精度的重要因子，而目前尽管提出了很多计算变率的方法，但这些方法多属于经验统计方法或试错的经验方法，由此确定的模型变率，无疑会造成人为因素误差和不确定性不唯一性的问题。那么，如何从理论上解决模型变率的优选方法，也是值得进一步研究的问题。

（4）如何解决雨强、雨滴直径、雨滴动能和径流过程、侵蚀过程等多过程相似比尺一致性的比尺关系及其模拟方法，仍是当前需要深化研究的问题。另外，植被下垫面的模拟技术及其相似率、侵蚀地貌形态相似的模拟技术、土壤侵蚀实体模型的模型沙参数确定和模型沙优化比选，以及模型比尺的多方案验证等尚需要进一步开展研究。由于土壤侵蚀的径流深往往比较浅、床面变形快且地貌形态对水流的响应敏感，因此，如何在实体模拟试验中解决河床边界的尺度效应问题也是值得引起关注和研究的。当然，这些问题的研究必须建立在对土壤侵蚀机理的深化认识上，仅靠野外试验观测的方法却很难同时解决这些问题，因此，通过野外定位试验观测、实体概化模型试验、数学模型模拟等多方法并进，逐步深化研究，方可有效推进土壤侵蚀实体模拟技术的不断发展。

（5）土壤侵蚀过程中，尤其是坡面侵蚀的径流深浅而坡度陡，片蚀、细沟、冲沟等侵蚀地貌多样且往往交织发育，水流分散且表面张力作用大，因此，如何精准测量水流水力过程参数，尤其是径流流速、含沙量的垂向分布等参数，仍是亟须解决的重要问题，这些问题的解决必将使土壤侵蚀研究领域取得重大的突破性进展。

尽管水沙过程复杂，模拟难度大，但可以坚信，人们通过对水沙运动规律的深化认识、持续探索和创新，水沙实体模拟理论与技术将不断趋于完善，进而在水科学研究领域发挥出更大的技术支撑作用。

参 考 文 献

白世录，于荣海．1999．河工模型相似设计及特殊处理技术．泥沙研究，（1）：39-43.

卞华，李福田，刘长辉，等．1998．二维加糙明渠紊流结构的试验研究．河海大学学报，（1）：95-100.

蔡守允，雷学锋，魏延文．1999．河工模型试验测量与控制系统．水利水运科学研究，（4）：402-407.

蔡守允，刘兆衡，张晓红，等．2008．水利工程模型试验测量技术．北京：海洋出版社．

长江水利委员会长江科学院，黄河水利委员会黄河水利科学研究院．1995．河工模型试验规程 SL 99—1995．北京：中国水利水电出版社．

长江水利委员会长江科学院，黄河水利委员会黄河水利科学研究院．2012．河工模型试验规程 SL 99—2012．北京：中国水利水电出版社．

陈浩．1993．流域坡面与沟道的侵蚀产沙关系研究．北京：气象出版社．

陈红，唐洪武，丁赞，等．2013b-05-08．一种水位仪高程标定装置及标定方法：中国，2011102831665.

陈红，唐洪武，吕升奇，等．2014a-03-26．一种泥沙颗粒批量图像采集装置及其方法：中国，2012100372058.

陈红，唐洪武，唐立模，等．2013a-04-10．一种泥沙沉速的测量装置及其测量方法：中国，201010175580X.

陈红，唐洪武，唐立模，等．2014b-05-07．一种光学泥沙溶液含沙量测量装置及其测量方法：中国，2012101518038.

陈惠玲．1995．水工试验设计．南京：河海大学出版社．

陈先朴．1998．淮河干流淮滨至正阳关段河工模型设计．蚌埠：安徽省（水利部淮河水利委员）会水利科学研究院．

陈稚聪，安毓琪．1995．河工模型中时间变态与水流挟沙力关系的试验研究．人民长江，26（8）：51-54.

成都科学技术大学．1980．水力学（上册）．北京：人民教育出版社．

辞海编辑委员会．1999．辞海．上海：上海辞海出版社．

崔灵周，李占斌，曹明明，等．2001．陕北黄土高原可持续发展评价研究．地理科学进展，20（1）：29-35.

戴昌晖，等．1991．流体流动测量．北京：航空工业出版社．

丁文峰，李占斌．2001．土壤抗蚀性的研究动态．水土保持应用技术，（1）：36-39.

窦国仁．1977．全沙模型相似律及设计实例．水利水运科技情报，（3）：3-22.

窦国仁．2001．河口海岸全沙模型相似理论．水利水运工程学报，（1）：1-12.

窦国仁，柴挺生．1978．丁坝回流及其相似律的研究．南京：南京水利科学研究院研究．

段文忠，詹义正，张政权．1998．河工模型变态问题//李义天．河流模拟理论与实践．武汉：武汉水利电力大学出版社．

福樱盛一．1982．水滴の打击にる破の影について水滴の打击と土壌散に关する基础的な研究（Ⅰ）．农土论集，101：26-32.

傅文德．1994．高浊度给水工程．北京：中国建筑工业出版社．

高建恩，吴普特，牛文全，等．2005．黄土高原小流域水力侵蚀模拟试验设计与验证．农业工程学报，

21 （10）：41-45.

高建恩，杨世伟，吴普特，等 . 2006. 水力侵蚀调控物理模拟试验相似律的初步确定 . 农业工程学报，22 （1）：27-31.

高木东 . 1986. 雨裂からの土砂流出に关する解析 . 农土论集，126：51-58.

高祥宇，窦希萍，潘昀，等 . 2017. 河工泥沙模型时间变态问题研究//窦希萍，左其华 . 第十八届中国海洋（岸）工程学术讨论会论文集 . 北京：海洋出版社 .

韩其为 . 1980. 悬移质不平衡输沙的研究//中国水利学会 . 第一次河流国际学术讨论会论文集 . 北京：光华出版社 .

韩巧兰 . 1998. 小浪底水库拦沙运用期温孟滩河段冲淤计算及成果分析 . 郑州：黄河水利科学研究院，黄科技第 BZ-9806-044 号 .

何人杰，王素群 . 1993. 带率定装置的超声多普勒流速仪//中国水利学会水利技术研究会 . 水利量测技术论文集 . 北京：兵器工业出版社 .

河南黄河河务局规划设计院 . 1995. 黄河小浪底水利枢纽温孟滩移民安置区河道工程修改补充设计 . 郑州：河南黄河河务局 .

洪大林，朱立俊，缪国斌，等 . 1999. 松性土新开挖河道动床冲刷模型设计方法 . 水科学进展，10 （1）：59-63.

胡旭跃 . 1998. 航道整治工程方案的模型试验优化方法//李义天 . 河流模拟理论与实践 . 武汉：武河水利电力大学出版社 .

黄建成，惠钢桥 . 1998. 粒子图像测速技术在河工模型中的应用 . 人民长江，29 （12）：21-24.

黄雯 . 2003-12-02. "三条黄河" 建设快速推进 . 黄河报，第 1 版 .

惠遇甲，王桂仙 . 1999. 河工模型试验 . 北京：中国水利水电出版社 .

简森，等 . 1986. 河工原理 . 卢汉才，译 . 北京：人民交通出版社 .

蒋定生，周清，范兴科，等 . 1994. 小流域水沙调控正态整体模型模拟实验 . 水土保持学报，8 （2）：25-30.

蒋明虎，徐保蕊，张晓光 . 2016. 基于 CFD 数值模拟技术双锥型水力旋流器的操作参数优选研究 . 矿山机械，44 （2）：55-62.

焦爱萍，张耀先，封克俭 . 2002. 河工物理模型和泥沙数学模型的关系 . 人民黄河，24 （7）：22-23.

金德生，刘书楼，郭庆武 . 1992. 应用河流地貌实验与模拟研究 . 北京：地震出版社 .

金海生，倪晋仁 . 1995. 实验地貌学研究进展//金海生 . 1995. 地貌实验与模拟 . 北京：地震出版社：5-6.

雷阿林，史衍玺，唐克丽 . 1996. 土壤侵蚀模型试验的土壤相似性问题 . 科学通报，41 （19）：1801-1804.

雷阿林，唐克丽 . 1995. 土壤侵蚀模型实验中的降雨相似及其实现 . 科学通报，40 （21）：2004-2006.

黎诚，娄恒 . 2015. 海口大桥钢管混凝土配合比设计分析 . 建材发展导向，（12）：74-78.

李保如 . 1958. 用空气模型研究水工问题的理论基础及模型设计 . 黄河建设，（8）：46-51.

李保如 . 1963. 自然河工模型试验//黄河水利委员会水利水电科学研究院 . 水利水电科学研究院科学研究论文集（第二集，水文水渠）. 郑州：河南科学技术出版社 .

李保如 . 1991. 我国河流泥沙物理模型的设计方法 . 水动力学研究与进展，6 （Sup）：113-122.

李保如 . 1992. 游荡性模型几何比尺变率的限制条件 . 黄河科研，（1）：1-6.

李保如 . 1994. 李保如河流研究文选 . 北京：水利水电出版社 .

李保如，屈孟浩 . 1985. 黄河动床模型试验 . 人民黄河，（6）：26-30.

李保如，屈孟浩 . 1989. 黄河河道演变的物理模型试验//黄河水利委员会水利科学研究院 . 科学研究论文集（第一集，泥沙 . 水土保持）. 郑州：河南科学技术出版社 .

李昌华，金德春.1981.河工模型试验.北京：人民交通出版社.

李昌华，吴道文，夏云峰.2003.平原细沙河流动床泥沙模型试验的模型相似律及设计方法.水利水运工程学报，（1）：1-8.

李昌华.1966.论动床河工模型的相似律，水利学报，（2）：1-9.

李纯良.1991.定床加糙的试验研究.华北水利水电学院学报，（3）：59-64.

李赋都.1988a.黄河问题//李赋都治水论文集编委会.李赋都治水论文集.郑州：中州古籍出版社.

李赋都.1988b.黄河下游河道演变和整治的试验研究//李赋都治水论文集编委会.李赋都治水论文集.郑州：中州古籍出版社.

李赋都.1988c.中国第一水工试验所//李赋都治水论文集编委会.李赋都治水论文集.郑州：中州古籍出版社.

李国英.2005.维持黄河健康生命.郑州：黄河水利出版社.

李甲振，郭永鑫，甘明生，等.2017.河工模型试验加糙方法综述.南水北调与水利科技，（4）：129-135.

李勉，李占斌，刘普灵.2002.中国土壤侵蚀定量研究进展.水土保持研究，9（3）：243-248.

李鹏，李占斌，郑良勇.2002.植被保持水土有效性研究进展.水土保持研究，9（1）：76-80.

李书钦，高建恩，赵春，等.2010.坡面水力侵蚀比尺模拟试验设计与验证.中国水土保持科学，18（1）：6-12.

李旺生.2001.变态河工模型垂线流速分布不相似问题的初步研究.水道港口，22（3）：113-117.

李旺生，崔喜凤.2003.悬移质泥沙变态模型的沉降相似问题.水道港口，24（2）：60-64.

李仪祉.1988.三者会派工程师往德国作治导黄河试验之缘起//黄河水利委员会.李仪祉水利论著选集.北京：水利电力出版社.

李泽刚，姚文艺.1999.河口物理模型试验调研报告.黄科技第SJ-2001-01号.郑州：黄河水利科学研究学院.

李占斌，朱冰冰，李鹏.2008.土壤侵蚀与水土保持研究进展.土壤学报，45（5）：802-809.

李贞儒.1998.河道整治工程对断面流速分布的影响//邵维文，赵文谦，等.中国水利水电工程技术进展.北京：海洋出版社：219-222.

李最森，唐洪武，戴文鸿.2011.透水四面体框架群防护特性及其与抛石防护的对比研究.泥沙研究，（6）：75-80.

梁斌，陈先朴，邵东超，等.2001.大变态非恒定流河工模型的加糙技术.水利水电技术，32（10）：26-28.

林俊.2000.CS-3光栅跟踪水位//李业彬.水利量测技术论文集.北京：中国农业科学出版社.

刘春晶，曹文洪，刘飞，等.2019.河工模型试验量测新技术的开发及应用.水利水电技术，50（8）：122-127.

刘国庆，王蔚，范子武，等.2020.平原河网区河道交汊口分流特性模型试验研究.水利水运工程学报，（1）：1-8.

刘杰，乐嘉海，杨永获.2004.黄浦江河口潮汐物理模型控制与测量技术.水利水动工程学报，（2）：68-71.

刘明明，吕家才，傅宗甫.2000.水位、流速自动控制及采集系统原理与应用.河海大学学报，28（2）：88-91.

刘沛清，李玉柱，冬俊瑞，等.1997.冲坑发展过程动态采集系统.水利水电技术，28（1）：49-52.

卢绮玲，赵克梅，张去岗.1998.以沉降为主的悬沙模型设计//李义天.河流模拟理论与实践.武汉：武河水利电力大学出版社.

卢永生 . 1995. NSY-2 宽域粒度分析仪比测成果简介 . 水文, (1): 21-25.

陆中臣, 贾绍凤, 黄克新, 等 . 1991. 流域地貌系统 . 大连: 大连出版社 .

吕秀贞 . 1992. 河工模型几何变态对坡面上推移质输相相似性的影响 . 泥沙研究, (1): 9-20.

吕秀贞, 戴清 . 1989. 泥沙河工模型时间变态的影响及其误差校正途径 . 泥沙研究, (2): 12-24.

吕秀贞, 彭润泽 . 1996. 几何变态模型中悬沙输移相似性的研究 . 泥沙研究, (1): 37-47.

罗小峰, 陈志昌 . 2003. 粒子测速系统在潮汐河口河工模型中的应用 . 水利水动工程学报, (3): 69-72.

罗友芳 . 1995. 新型潮汐河工模型测控系统 . 人民珠江, (6): 33-35.

马健, 孙东坡, 曹卫平, 等 . 2009. 概化弯道段潮汐模型系统设计与制作 . 海洋工程, (2): 104-109.

马健, 孙东坡, 张土乔, 等 . 2006. 潮汐弯道段取排水口温度场研究 . 水力发电学报, (6): 119-124.

马劲松, 刘新合, 高广智 . 1993. 河工模型浑水地形仪研制总结//中国水利学会量测技术会 . 水利量测技术论文选集 . 北京: 兵器工业出版社 .

马劲松, 刘新合, 赵云枝, 等 . 1989. 河工模型尾部水位自动控制系统//李保如 . 黄河水利委员会水利科学研究院 . 科学研究论文集（第一集, 泥沙 · 水土保持）. 郑州: 河南科学技术出版社 .

毛野 . 2002. 水工定床模型相似度的研究 . 水利学报, (7): 64-69.

毛野, 王勇华 . 2003. 河工动床模型研究述评 . 河海大学学报（自然科学版）, 31 (2): 124-127.

美国科学技术政策办公室 . 1999. 21 世纪的美国环境科学与技术 . http://www. llas. ac. cn/rep_21c_usa. htm. [2014-9-8].

南京水利科学研究院 . 1959. 水工模型试验 . 北京: 水利水电出版社 .

南京水利水电科学研究院 . 1999. 水工与河工模型常用仪器校验方法 SL/T 233—1999. 北京: 中国水利水电出版社 .

潘贤娣, 赵业安, 李勇, 等 . 1994. 三门峡水库修建后黄河下游河道演变//三门峡水库经验总结项目组 . 黄河三门峡水利枢纽研究文集 . 郑州: 河南人民出版社 .

彭瑞善 . 1986. 论变态动床河工模型及变率的影响 . 泥沙研究, (4): 94-96.

彭瑞善 . 1988. 关于动床变态河工模型的几个问题 . 泥沙研究, (3): 86-94.

彭瑞善, 周文浩, 等 . 1988. 黄河下游花园口至黑岗口河段河道整治模型试验 . 北京: 中国水利水电科学研究院 .

钱宁 . 1957. 动床变态河工模型率 . 北京: 科学出版社 .

钱宁, 张仁, 周志德 . 1987. 河床演变学 . 北京: 科学出版社 .

钱宁, 周文浩 . 1965. 黄河下游河床演变 . 北京: 科学出版社 .

钱意颖, 曲少军, 曹文洪, 等 . 1998. 黄河泥沙冲淤数学模型 . 郑州: 黄河水利出版社 .

清华大学 . 1981. 水力学 . 北京: 人民教育出版社 .

清华大学水利系治河泥沙专业 . 1976. 河工模型试验中人为拐弯和轻质沙的应用 . 北京: 清华大学 .

屈孟浩 . 1959. 河工模型试验的自然模型法 . 黄河建设, (7): 65-71.

屈孟浩 . 1981. 黄河动床河道模型的相似原理及设计方法 . 泥沙研究, (3): 29-42.

屈孟浩 . 2005. 黄河动床模型试验理论和方法 . 郑州: 黄河水利出版社 .

尚宏琦, 鲁小新, 高航 . 2003. 国内外典型江河治理经验及水利发展理论研究 . 郑州: 黄河水利出版社 .

沈冰, 李怀恩, 江彩萍 . 1997. 论水蚀试验的相似性研究 . 土壤侵蚀与水土保持学报, 3 (3): 94-96.

时明立, 姚文艺 . 2005-09-24. 建设黄土高原土壤侵蚀实体模型的要求分析 . 黄河报, 第 2 版 .

史建慧 . 2011. 正交法及其在汽车离合器膜片弹簧设计中的应用 . 车辆工程, (19): 168-172.

舒安平 . 1994. 高含沙水流挟沙能力及输沙机理的研究 . 北京: 清华大学 .

水利部黄河水利委员会 . 1995. 黄河河防词典 . 郑州: 黄河水利出版社 .

水利部黄河水利委员会 . 2004. "模型黄河"工程规划 . 郑州: 黄河水利出版社 .

水利部黄河水利委员会.2013.黄河流域综合规划.郑州:黄河水利出版社.

苏杭丽,张东生,徐金环,等.2002.水工复合模型的接口技术.海洋工程,20(4):89-92.

谈广鸣,陈立.2001.河床变形混交模型预测技术及其进展.水利水电科技进展,24(7):14-17.

唐洪武,陈红,陈诚,等.2012-06-27.实体模型表面流场图像测试的高性能示踪粒子及制作方法:中国,2007100217206.

唐洪武,肖洋,袁赛瑜,等.1995.光电反射地形仪的研制及应用.河海大学学报,23(1):21-25.

唐洪武,肖洋,袁赛瑜,等.2015.平原河流水沙动力学若干研究进展与工程治理实践.河海大学学报(自然科学版),43(5):414-423.

唐懋官,赵玲.1993.超声传感泥沙颗分新技术的研究//中国水利学会量测技术会.水利量测技术论文选集.北京:兵器工业出版社.

滕海英,祝国强,黄平,等.2008.正交试验设计实例分析.药学服务与研究,8(1):75-76.

田维勇,卢惠章.2000.新型节能河工潮汐模型生潮系统//李业彬.水利量测技术论文集.北京:中国农业科学出版社.

王德昌,汪家寅,刘海凌,等.1993.小浪底至坡头河段河床演变模型试验报告,黄科技第93050号.郑州:黄河水利科学研究院.

王晋军,董曾南.1994.粗糙床面明槽水流能谱特性.应用基础与工程科学学报,(4):371-376.

王国兵.2001.高含沙模型相似理论.水利水运工程学报,(1):1-12.

王国栋.2002-02-01.国内大型河工模型简介.黄河报,第3版.

王庆新,黄启明.1998.水工模型试验自动化测控系统.水利水电技术,29(8):43-45.

王韦,许唯临,蔡金德.1994.弯道水沙运动理论及应用.成都:成都科技大学出版社.

王兴奎,庞东明,王桂仙,等.1996.图像处理技术在河工模型试验流场量测中的应用.泥沙研究,(4):21-26.

王学功.2000.改进大尺度河流物理模型的模拟技术//周连第.第十四届全国水动力学研讨会文集.北京:海洋出版社.

王学功.2002.三维变态河工模型可行性分析.安徽水利水电职业技术学院学报,2(2):6-9.

王兆印,黄金池.1987.泥沙模型试验中的时间变态问题及其影响.水利学报,(10):48-53.

吴国英,刘刚森.2014.黄河口实体模型生潮设备和控制技术研究与讨论.中国水运(下半月),14(11):190-191.

吴建纲.2000.数字量水堰.河海大学学报,28(2):85-57.

吴艳春,吴昌林,惠钢桥,等.1999.神经网络预测与模糊控制在河流模型水位控制中的应用.水利水动科学研究,(3):273-278.

武汉水利电力学院.1983.河流泥沙工程学(下册).北京:水利电力出版社.

夏毓常,张黎明.1999.水工水力学原型观测与模型试验.北京:中国电力出版社.

谢葆玲,王振中.1996.宽级配卵石夹沙河床动床模拟的若干问题.泥沙研究,(2):17-21.

熊绍隆.1995.潮汐河口泥沙物理模型设计方法.水动力学研究与进展(A辑),10(4):398-404.

熊绍隆,胡玉棠.1999.潮汐河口悬移质动床实物模型的理论与实践.泥沙研究,(1):1-6.

徐秋燕,张录录,陈益人.2014.嵌织式抗静电织物的设计与性能研究.武汉纺织大学学报,27(6):1-5.

徐锡荣,周汝盛,唐洪武,等.1999.多边界非恒定流控制监视系统的研制与应用.河海大学学报,27(4):116-118.

许炯心.1996.中国不同自然逻的河流过程.北京:科学出版社.

许炯心.2001.黄河下游游荡河段清水冲刷期河床调整的复杂响应现象.水科学进展,12(3):291-299.

许明，胡向阳.2012.河工模型试验供水供沙系统的自动化控制.长江科学院院报，29（7）：90-94.

严伟.1995.应用激光轨迹仪量测水工模型表面流场.人民长江，26（3）：39-42.

姚文艺.1995.黄河温孟滩河段河道整治模型初步试验报告（一），黄科技第95007号.郑州：黄河水利科学研究院.

姚文艺.2002.美国物理模型试验考察报告.郑州：黄河水利科学研究院.

姚文艺.2004."模型黄河"工程的总体布局和建设任务.人民黄河，26（3）：8-9.

姚文艺，等.2017.土壤侵蚀模型及工程应用.北京：科学出版社.

姚文艺，冷元宝，周扬，等.2004-08-21.关于"模型黄河"数字化工程的思考.黄河报，第2版.

姚文艺，汤立群.2001.水力侵蚀产沙过程与模拟.郑州：黄河水利出版社.

姚文艺，王德昌，吉祖稳，等.2003.黄河下游河道挖河减淤机理及泥沙处理对环境的影响.郑州：黄河水利出版社.

姚文艺，肖培青，张攀.2020.补强砒砂岩区治理短板筑牢黄河流域生态安全屏障.中国水土保持，（9）：61-64.

伊锋.2020.黄河入海泥沙减少对潮滩地貌冲淤影响的物理模型研究.烟台：鲁东大学.

余明智，邓国英.1993.快速响应旋桨流速仪及其在低频紊流量测中的应用//中国水利学会量测技术会.水利量测技术论文选集.北京：兵器工业出版社.

虞邦义.1990.河工模型加糙技术的试验研究.蚌埠：安徽省、水利部淮河水利委员会水利科学研究所.

虞邦义，吕列民，杨兴菊，等.2021.淮河中游洪水出路与河道治理研究进展.泥沙研究，46（5）：74-80.

虞邦义，吕列民，俞国青.2006.河工模型时间变态问题试验研究.泥沙研究，（4）：22-28.

虞邦义，俞国青.2000.河工模型变态问题研究进展.水利水电科技进展，20（5）：23-26.

乐培九.1998.泥沙模型起动相似问题的商榷//李义天.河流模拟理论与实践.武汉：武河水利电力大学出版社.

乐培九.2000.悬移质运动扩散方程的应用.水道港口，21（3）：7-12.

乐培九.2002.悬沙模型的水流输沙相似条件.水道港口，23（1）：1-6.

曾乐.2007.河工模型中时间变态的影响初步研究.南京：河海大学.

张光辉，刘宝元，李平康.2007.槽式人工模拟降雨机的工作原理与特性.水土保持通报，27（6）：56-60.

张红武，冯顺新.2001.河工动床模型存在的问题及其解决途径.水科学进展，12（9）：418-423.

张红武，江恩惠，白咏梅，等.1994.黄河高含沙洪水模型的相似率.郑州：河南科学技术出版社.

张红武，刘磊，卜海磊，等.2011.尾矿库溃坝模型设计及试验方法.人民黄河，33（12）：1-5.

张红武，徐向舟，吴腾.2006.黄土高原沟道坝系模型设计实例与验证.人民黄河，28（1）：1-8.

张红武，张清.1992.黄河水流挟沙力的计算公式.人民黄河，（11）：7-9.

张红武.1992.复杂河型河流物理模型的相似律.泥沙研究，（4）：1-13.

张红武.1998.悬移质泥沙相似律的研究现状//李义天.河流模拟理论与实践.武汉：武汉水利电力大学出版社.

张洪江.2006.土壤侵蚀原理.北京：中国林业出版社.

张俊华，张红武，王严平，等.1999.黄河三门峡库区泥沙模型的设计.泥沙研究，（4）：32-38.

张丽春，周建军，府仁寿.2000.时间变态对水流泥沙运动影响的初步分析.泥沙研究，（5）：37-44.

张瑞瑾，段文忠，吴卫民.1983.论河道水流比尺模型变态问题//中国水利学会.第二次国际学术讨论会论文集（中国·南京）.北京：水利电力出版社.

张瑞瑾.1961.河流动力学.北京：中国工业出版社.

张瑞瑾. 1980. 关于河道挟沙水流比尺模型相似律问题. 武汉水利电力学院学报，（3）：1-16.

张瑞瑾. 1996a. 论河道水流比尺模型变态问题//张瑞瑾论文集编委会. 张瑞瑾论文集. 北京：中国水利水电出版社.

张瑞瑾. 1996b. 论重力理论兼论悬移质运动过程//张瑞瑾论文集编委会. 张瑞瑾论文集. 北京：中国水利水电出版社.

张土乔，马健，孙东坡，等. 2007. 复式断面弯道段的水流流态研究. 浙江大学学报（工学版），（6）：990-994.

张巍，王琳. 1994. 微机在潮汐模拟和地形测量中的应用. 泥沙研究，（1）：85-89.

张耀哲. 1996. 悬移质动床模型设计中的时间比尺和含沙量比尺. 西北水资源与水工程，7（6）：44-48.

赵纯清，蔡崇法，丁树文，等. 2012. 土壤侵蚀模拟试验的小型水槽设计. 农业工程，2（1）：64-66.

赵宇，赵立新，徐保蕊，等. 2016. 基于正交法的一体化二次分离旋流器结构参数优选. 流体机械，44（3）：29-33.

郑典模，陈创，屈海宁，等. 2014. 离子交换法制备硅溶胶工艺的优化. 硅酸盐通报，33（11）：2863-2867.

中国水利学会泥沙专业委员会. 1992. 泥沙手册. 北京：中国环境科学出版社.

中华人民共和国水利部. 1995. 中华人民共和国行业标准——河工模型试验规程（SL 99—95）. 北京：中国水利水电出版社

中华人民共和国水利部. 2012. 中华人民共和国行业标准——河工模型试验规程（SL 99—2012）. 北京：中国水利水电出版社

种田行男. 1971. 农地保全工学. 东京：农科技术出版社.

周汝盛，徐锡荣，郑巧红. 1999. 半河局部河工模型纵向边界问题初探. 河海大学学报，27（2）：107-109.

周宜林，陈立，王明甫. 2004. 冲积河流的水流挟沙能力. 水利水运工程学报，（2）：9-16.

朱崇诚，郑锋勇. 2004. 港工物模试验数据采集仪控制软件开发与应用. 水道港口，25（4）：222-225.

朱节民，李梦雅，郑德聪，等. 2018. 重庆市垃圾焚烧飞灰中重金属分布特征及药剂稳定化处理. 环境化学，37（4）：880-888.

朱鹏程. 1986. 论变态动床河工模型及变率的影响. 泥沙研究，（1）：14-29.

朱咸，温灼如. 1957. 利用室内流域模型检验单位线的基本假定. 水利学报，（2）：42-52.

左东启. 1984. 模型试验的理论和方法. 北京：水利电力出版社.

深田三夫，藤原男. 1989. 裸地斜面に发育した网±の数值化. 山口大工研报，40（1）：189-196.

藤原辉男，南信弘. 1984. 降雨の算定式に关する研究. 农土论集，114：7-13.

松本康夫，五十崎恒. 1980. 造田に伴う侵食の发生形态について. 农土论集，85：19-27.

三原义秋. 1951. 雨滴と土壤浸食. 农技研报，A1：1-59.

长泽澈明，梅田安治，李里漫. 1993. USLEにおける降雨数の关について北海道における土侵食抑制に关する研究（Ⅰ）. 农土论集，165：121-133.

日下达朗，田中宏平. 1981. 表层流に对する粘性土の抵抗条件头侵食量雨水流による土の侵食特性（Ⅱ）. 农土论集，92：1-7.

细山田健三，藤原辉男. 1984. 侵食流亡土量の予测に关するUSLEの适用について（Ⅰ）USLE 适用の背景および降雨系数. 农土学会杂志，52：315-321.

Adrian R J. 1986. Multi-point optical measurements of simultaneous vectors in unsteady flow a review. International Journal of Heat and Fluid Flow, 127（7）：127-145.

Allsop N W H, Mcconnell K J. 1999. Handbook of Coastal Engineering. New York：McGraw-Hill.

Alonso C V, Shields J F D, Temple D M. 2005. Experimental study of drag and lift forces in prototype scale models of large wood. Dawson: Environmental and Water Resources Institute World Congress Proceedings.

Amorocho J, Hartman W, DeVries J. 1980. Comprter controlled physical model of the Sacramento River. Chicago: Proceedings of the Specific Conference on Comput and physical Model in Hydraul Engineer.

Asim M, 王龙, 郑钧, 等. 2008. 明渠试验加糙方法研究. 水利水电技术, (2): 67-70.

Barber B. 2018. Through the Eyes of Leonardo Da Vinci. 苏木, 译. 武汉: 湖北美术出版社.

Barfuss S L, Tullis J P, King J R. 1997. Hydraulic model testing for dam safety. Pittsburgh: Assiciation of State Dam Safety Officials Annual Conference.

BellG L, Bryant D B. 2021. Red River structure physical model study: bulkhead testing. Vicksburg: Coastal and Hydraulics Laboratory.

Blench T. 1955. Scal relations among sand-bed rivers including models. Vicksburg: Proceedings Separate ASCE.

Braudrick C A, Dietrich W E, Leverich G T, et al. 2009. Experimental evidence for the conditions necessary to sustain meandering in coarse-bedded rivers. Proceedings of the National Academy of Sciences, 106 (16): 936-941.

Breteler M K, Bezuijen A. 1991. Simplified design method for block revetments. London: Proveedings ICE Conference on Coastal Stuctures and Breakwaters.

Breteler M K, Bezuijen A. 1998. Design criteria for placed block revetments. Rotterdam: Balkema.

Burton M G, Morgan V J B. 1998. Using digital topo maps for hydraulic modeling. Reston: Proceedings of the 1998 25th Annual Conference on Water Resources Planning and Management.

Carvalho R F D, Lorena M. 2012. Roughened channels with crossbeams flow features. Journal Irrigation & Drainage Engineering, 138 (8): 748-756.

Casulli V. 1990. Semi-implicit finite difference methods for the two-dimensional shallow water equations. Journal of Computational Physics, 86: 56-74.

Chakrabatl S K. 1981. Hydrodynamis coefficients for a vertical rube in array. Applied Ocean Research, 3 (2): 121-128.

Chakrabatl S K. 1982. In-line and transverse forces in a tube array in tandem with waves. Applied Ocean Research, 4 (1): 25-32.

Chang H H. 1984. Modeling of river channel changes. Journal of Hydraulic Engineering, 110 (2): 157-172.

Chen H, Tang H W, Liu Y, et al. 2013. Measurement of particle size based on digital imaging technique. Journal of Hydrodynamics: Ser B, 25 (2): 242-248.

Chen X P, Tan P W, Chen L Y, et al. 1995. Experiment study of the Huaihe River flood control model in the reach from Huaibin to Zhengyangguan. Beijing: Proceedings of the Second International Conference on Hydro-Science and-Engineering.

Cheng N S. 2015. Resistance coefficients for artificial and natural coarse-bed channels Alternative spproach for large-scale roughness. Journal of Hydraulic Engineering, 141 (2): 325-337.

Claude N, Leroux C, Duclercq M, et al. 2018. Limiting the development of riparian vegetation in the Isère River: a physical modelling study. Paris: International Conference on Fluvial Hydraulics.

Cui Y T, Parker G, Paola C. 1996. Numerical simulation of aggradation and downstream fining. Journal of Hydraulic Research, (34): 185-204.

Dabney S M, Shields J F D, Temple D M, et al. 2004. Erosion processes in gullies mofified by establishing grass hedges. Tansactions of the American Society of Agricultural Engineers, 47 (5): 1561-1571.

Dong Z N. 1995. Some turbulence characteristics of open channel flow rough bed with different slopes// Ervine D

A. HYRA2000. London: The Proceedings of the XXVI th Congress of the International Association for Hydraulic Research.

Dyhiuse G R. 1993. Federal levee effects on flood heights neat St. Louis. St. Louis: Proceedings paper.

Egashira S, Jin H, Ashida K D. 1997. Numerical model for river moth sand- bar flushing and its application to river mouth regulation. San Francisco: Proceedings of 27 th congress of IAHR.

Einstein H A, Chien N. 1956. Similarity of distorted river model with movable beds. Transactions ASCE, 121: 440-462.

Einstein H A, Harder J A. 1954. Velocity distribution and the boundary layer at channel bends. Transactions, American Geophysical Union, 35 (1): 114.

Fathi- Maghadam M, Kouwen N. 1997. Nonrigid, nonsubmerged, vegetative roughness in floodplains. Journal of hydraulic Engineering, 123 (1): 51-57.

Fenot T. 1995. Turbulent measurement in open channel flow using laser doppler velocimetry combined wity laser induced fluorescence technique// Erivne D A. Hydro 2000. London: The proceedings of XXVI th Congress of the International Association for Hydraulic Research.

Foster G R, Lane L J. 1987. User requirements, USDA- Water Erosion Prediction Project (WEPP), NSERLReportNo1. West Lafayette: USDA- ARS National Soil Erosion Research Laboratory.

Foster G R, Nearing M A, Laflen J M. et al. 1995. Hill slope Erosion Component, ch11. USDA- Water Erosion Prediction Project, Hill slope Profile and Watershed Model Documentation, Ind: NSER L Report (10), USDA- ARS. West Lafayete: Purdue University.

Foster J E. 1975. Physical modeling techniques used in river models. San Francisco: Symphonic on Model Technology, 2nd Annual, Proceeding.

Friedkin J F. 1945. A laboratory study of the meandering of alluvial rivers. Vicksburg: US Waterways Experiment Station.

Funke E R, Crookshank N L. 1978. A hybrid model of the St. Lawrence river estuary. Coastal Engineering, 3: 2855-2872.

Gilbert G K. 1917. Hydraulics Mining Debris in the Sierra Nevada. Washington DC: U. S. Government Printing Office.

Gregory H, Smitha S, Fergusonb R I. 1996. The gravel- sand transition: flume study of channel response to reduced slope. Geomorphology, 16 (2): 147-159.

Hanson G J, Cook K R, Temple D M. 2003. Research results of large- scale embankment overtopping breach tests. Tampa: Proceedings of The Association of State Dam Safety Officials.

Hanson G J, Morris M, Vaskinn K, et al. 2005. Research activituies on the erosion mechanics of overtopped embankment dams. Journal of Dam Safety, 3 (1): 4-15.

Hanson G J, Robinson K M, Cook K R, et al. 2004. Modeling of erosion from headcut development in channeliged flow. Brishane: Proceedings of the 6th International Coference in Hydro- Science and Engineering.

Hartung F, Scheuerlein H. 1975. Mathematical and physical modeling of sedimentation at the junction of a river and a navigation canal. SAE Special Publications, (2): 33-39.

Hathaway G A. 1948. Observationon channel changes degradation 2nd scour below dams. Stockolm: Proceedings of the International Association for Hydraulic Struture Research Meeting.

Havis R N. 1996. Modeling sediment in gravel-bedded streams using HEC-6. Journal of hydraulic Engineering, 122 (10): 559-564.

Holz K P. 1976. Analysis of time conditiions for hybrid tidal models. Vicksburg: Proceedings of 15th Conference of

Coastal Engineering（Ⅳ）.

Hudson R Y, Herrmann F A, Sager R A. 1979. Coastal hydraulic models. Vicksburg：Army Coastal Engineering Research Center.

Hydraulics research station of the department of scientific and industrial research. Hydraulics Research 1959. 1960. London：Hydraulics research station of the department of scientific and industrial research.

Hydraulics research station of the department of scientific and industrial research. Hydraulics Research 1960. 1961. London：Hydraulics research station of the department of scientific and industrial research.

Hygelund B, Manga M. 2003. Field measurements of drag coefficients for model large woody debris. Geomorphology，（51）：175-185.

Hyun B S, Sun E J, Kim T Y. 2007. Turbulent flow over two-dimensional rectangular-shaped roughness elements with various spacings. Singapore：OCEANS 2006-Asia Pacific.

Ingham D B, Tang T, Morton B R. 1990. Steady tow-dimensional flow through a row of normal flat plates. Journal of Fluid Mechanics，210（1）：281-302.

Ishigaki T. 1995. Coherent structure near the side-wall in open channel flow. London：Thomas Telford.

Ivicsics L. 1975. Hydraulic Models. Research Institut for Water Resources Development.

Jaggar T A J. 1908. Experiments illustrating erosion and sedimenflation. Geological Series，（8）：285-305.

Jia Y, Wang S S Y. 1999. Numerical Model for channel flow and morphological change studies. Journal of Hydraulic Engineering，125（9）：924-933.

Johnson R P, Kotras T V. 1980. Physical hydraulic model study of anice-covered river. Chicago：Proceedings of the Spec on Computer and physical Model in Hydraul Engine.

Järvelä J. 2002. Flow resistance of flexible and stiff vegetation：a flumestudy with natural plants. Journal of Hydrology，269：44-54.

Kamphuis J W. 1995. Composite modeling an old tool in a new context. Ervine D A. HYRA200. London：The Proceedings of the XXVI th Congress of the International Association for Hydraulic Research.

Keane R D. 1991. Particle-imaging techniques for experimental fluid mechanics. Annual Review of Fluid Mexhanics，23：261-304.

King J R, Frithiof R K, Tullis J P, et al. 1996. Hydraulic model testing for Wirtz Dam overtopping protection. Seattle：Association of State Dam Safety Officials Annual Conference.

Kobus H. 1980. Hydraulic Modelling. London：Pitman Books Limited.

Kobus H. 1989. Hydraulic Modelling. 清华大学水利系泥沙研究室，译. 北京：清华大学出版社.

Laflen J M, Lwonard J L, Foster G R. 1991. WEPP a new generation of erosion prediction technology. Journal of Soil and Water Conservation，46（1）：34-38.

Lambert M F, Sellin R H J. 1996. Velocity distribution in a large-scale model of a doubly meandering compound river channel. Proceedings of the Institution of Civil Engineers-Water Maritime and Energy，118（1）：10-20.

Lauson L M. 1925. Effect of Rie Grande storage on river erosion and deposition. Engineering New-Record，95（10）：372-374.

Leopold L B, Wolman M G, Miller J P. 1964. Fluvial processes in geomorphology. New York：Freeman and Company.

Letter J V J, McAnally W H J. 1975. Physical hydraulic models：assessment of predictive capanilities emdah report 1. Hysrodynamics of the delaware river estuary model. Vicksburg：Army Engineer Waterways Experiment Station.

Lisle T E, Smith B. 2003. Dynamic transport capacity in gravel-bed river system. Sapporo：Proceedings of

International workshop "source-to-link" sediment Dynamics in Catchment Scale.

Lisle T E, Smith B. 2003. Dynamic transport capacity in gravel-bed river system. Proc. Int. workshop "source-to-link" sediment Dynamics in Catchment Scale. Sapporo: Hokkaido University: 16-20.

Lokhorst I R, de Lange S I, van Buiten G, et al. 2019. Species selection and assessment of eco-engineering effects of seedlings for biogeomorphological landscape experiments. Earth Surface Processes and Landforms, (44): 2922-2935.

Ma L, Ashworth P J, Best J L, et al. 2002. Computational fluid dynamics (CFD) and the physical modeling of an upland urban river. Geomorphology, 44: 375-391.

Mamisao Jesus P. 1952. Development of an agricultural watershed by similitude [D]. US. Iowa: Iowa State college. 25-130.

Mcgahey C, Samuels P G, Knight D W. 2009. Avice, methods and tools for estimating channel roughness. Water Management, 162 (6): 353-362.

Meyer L D, McCune D L. 1958. Rainfall Simulator for Runoff Plots. Agricultural Engineering, 39 (10): 644-648.

Mikec D. 1998. User guide and scientific documentation. Horsholm: Denmark Danish hydraulic Institute.

Moldenhauer W C. 1965. Procedure for studying soil characteristics using dislurbed samples and simulated rainfall. Transactions, American Society of Agricultural Engineer, 8 (1): 30-35.

Mullarney J. 2003. Laboratory experiments on nonlinear rossby adjustment a channel. http: //Gfd. whoi. Edu/proceedings/2003/PDF/Julia. pdf [2022-06-01].

Murphy E, Ghisalberti M, Nepf H. 2007. Model and laboratory study of dispersion in flows with submerged vegetation. Water Resources Research, 43 (5): 1-12.

Myers W R C. 1990. Physical modeling of a compornd river channel. Washington DC: 2nd International Conference on River Flood Hydraulics.

Nearing M A, Foster G R, Lane L J, et al. 1989. A process-based soil erosion model for USDA-Water Erosion Prediction Project technology. Trans ASAE, 32 (5): 1587-1593.

Nearing M A, Lane L J, Alberts E E, et al. 1990. Prediction technology for soil erosion by water: status and research needs. Soil Science Society of America Journal, 54 (6): 1702-1711.

O' Neil S, Podber D P. 1999. Sediment transport dynamics in a dredged channel. Reston: Proceedings of the 1997 5th International Conference on Estuarine and Coastal Modeling. Reston: ASCE.

Peltier E, Duplex J, latteux, B, et al. 1991. Finite element model for bed-load transport and morphological evolution//Arcilla, et al. Computer Modeling in Ocean Engineering. Rotterdam: Balkema.

Pokrefke T. 1988. Physical river model results and prototype response. Colorado Springs: Proceedings of the 1988 National Conference on Hydraulic Engineering.

Post M E, Trump D D, Goss L P, et al. 1994. Two-colour particle-imaging velocimetry using a single argin-ion Laser. Experiments in Fluids, 16: 263-272.

Prandle D, Funke E R, Crookshank N L, et al. 1980. The use of array processors for numerical modelling of tidal estuary dynamics. Sydney: Proceedings of 17th Coastal Engineering Conference.

Renard K G, Foster G R, Weesies G A, et al. 1997. Predicting soil erosion by water: a guide to conservation planning with the Revised Universal Soil Loss Equation (RUSLE). Tucson: Agriculture Handbook.

Sarpkaya T, Cinar M, Ozkaynak S. 1980. Hydrodynamic interference of two cylinders in harmonic flow. Houston: Offshore Technology Conference Offshore Technology Conference.

Schumm S A. 1956. The evolution of drainage and slopes at Perth Amboy. Geology Socioty of America, (67):

597-646.

Sellin R H J, Thomas B, Loveless J H. 2003. An improved for roughening floodplains on physcal river models. Journal of Hydraulic Research, 41 (1): 3-14.

Sharp J A, Williams L M, Bryant D B, et al. 2021. Rough River Outlet Works Physical Model Study. Vicksburg Mississippi: Engineer Research and Development Center.

Shi Z, Hughes J M R. 2002. Laboratory flume studies of microflow environments of aquatic plants. Hydrological Processes, 16 (16): 3279-3289.

Sloff C J, Jagers H R A, Kitamura Y. 2004. Study on the channel development in a wide reservoir. Napels: Proceedings of 2nd International Conference on Fluvial Hydraulics River Flow.

Sonderegger A L. 1935. Modifying the physiographical balance by conservation measures. Transactions of the American Society of Civil Engineers, (100): 284-304.

Song C C S, Yang C T. 1979. Modeling of river with sediment transport. San Francisco: Proceedings of the Specical Conference on Conservation and Utility of Water and Energy Resour.

Spasojevic M, Holly F M. 1990. 2-D bed evolution in natural watercourses-New simulation approach. Journal of Waterways, Port, Coastal, and Ocean Engineering, 116 (4): 425-443.

Sres A. 2009. Theoretische und Experimentelle Untersuchungen zur Künstlichen Bodenvereisung im Strömenden Grundwasser. Zurich: Swiss Federal Institute of Technology.

Stephan U, Gutknecht D. 2002. Hydraulic resistance of submerged flexi bleve getation. Journal of Hydrology, 269: 27-43.

Sultan A, Laukhuff R L J. 1995. Simulation on hydraulic scale model of sand and silt transport in the lower Mississippi River. San Francisco: Proceedings of the International Conference on Hydropower-Waterpower.

Tao W, Yang K L, Guo X L, et al. 2012. Experiment study hydraulic roughness for Kan Tin mainndrainage channel in Hong Kong. Journal of Hydrodynamics, 24 (5): 776-784.

Temple D M, Hanson G J, Britton S L. 2004. Practical considerations in modeling earth dam overtopping and breach. Brisbane: Proceedings of the 6th International Conference on Hydro-Science and-Engineerting.

Thompson G T, Roberson J A. 1976. A theory of flow resistance forvegetated channels. Transactions of the Asae, 19 (2): 288-293.

Tiffany J B J, Nelson G A. 1939. Studies of meandering of modelstreams. Washington DC: American Geographical Union.

Tuh. eds. 1995. Velocity measurements in unsteady compound open-channel flows. Porto: The Proceedings of XXVI th Congress of the International Association for Hydraulic Research.

Turner A K, Channeesi N. 1984. Shallow flow of water through non-submerged vegctation. Amsterdam: Agrcultural Water Management.

van Dijk W M, Teske R, van de Lageweg W I, et al. 2013a. Effects of vegetation distribution on experimental river channel dynamics, Water Resources Research, 49: 7558-7574.

van Dijk W M, van de Lageweg W I, Kleinhans M G. 2013b. Formation of a cohesive flfloodplain in a dynamic experimental meandering river. Earth Surface Processes and Landforms, (38): 1550-1565.

Vollmers H J. 1980. Tidal models with movable bed. Berlin: German Association for Water Resources and Land Improvement Bulletin.

Wischmeier W H, Smith D D. 1965. Predicting of rainfall erosion losses from cropland east of the Rocky Mountains. Washington DC: Department of Agriculture.

Wischmeier W H, Smith D D. 1978. Predicting rainfall erosion losses a guide to conservation planning. Washington

DC: Department of Agriculture.

Wolfram J, Naghipour M. 1999. On the estimation of Morisin force coefficients and their predictive accuracy for very rough circular cylinders. Applied Ocean Research, 21: 311-328.

Wu W, Rodi W, Wenka T. 2000. 3D numerical modeling of flow and sediment transport in open channels. Journal of Hydraulic Engineering, 126 (1): 4-15.

Yalin M S, da Silva F M. 1990. Physical modeling of self forming alluvial channels: Hydraulic Engineering. London: Proceedings of the 1990 National Conference.

Yalin M S. 1971. Theory of Hydraulic Models. London: The Macmillan Press Ltd.

Yalin M S. 1982. On the similarity of physical models. Hydraulic Modelling in Maritime Engineering. London: ICE.

Yang C T, Song C C. 1979. Theory of minimum rate of energy dissipation. Journal of the Hydraulics Division, ASCE, 105 (7): 769-784.

Yang C T. 1971. Potential energy and stream morphology. Water Resources Research, 7 (2): 311-322.

Yen B C. 2002. Open channel flow resistance. Journal of Hydraulic Engineering, 128: 20-39.

Zwamborn J A. 1966. Reproducibility in hydraulic models of prototype river morphology. La Houille Blanche, 3: 2991-2998.